中国城市规划学会学术成果

中国城乡规划实施研究

——第九届全国规划实施学术研讨会成果

李锦生　主　编

龙小凤　吴左宾　于　洋　副主编

中国建筑工业出版社

图书在版编目（CIP）数据

中国城乡规划实施研究 . 9，第九届全国规划实施学术研讨会成果 / 李锦生主编；龙小凤，吴左宾，于洋副主编 . —北京：中国建筑工业出版社，2023.11
ISBN 978-7-112-28980-6

Ⅰ . ①中… Ⅱ . ①李… ②龙… ③吴… ④于… Ⅲ . ①城乡规划—研究—中国 Ⅳ . ① TU984.2

中国国家版本馆 CIP 数据核字（2023）第 142454 号

责任编辑：毋婷娴
责任校对：刘梦然
校对整理：张辰双

中国城乡规划实施研究 9
——第九届全国规划实施学术研讨会成果
李锦生　主　编
龙小凤　吴左宾　于　洋　副主编
*
中国建筑工业出版社出版、发行（北京海淀三里河路 9 号）
各地新华书店、建筑书店经销
北京雅盈中佳图文设计公司制版
建工社（河北）印刷有限公司印刷
*
开本：880 毫米 ×1230 毫米　1/16　印张：$14\frac{1}{2}$　字数：418 千字
2023 年 11 月第一版　2023 年 11 月第一次印刷
定价：**78.00** 元
ISBN 978-7-112-28980-6
　　（41672）

本书编委会

主　　　　编：李锦生

副　主　　编：龙小凤　吴左宾　于　洋

副主任委员：叶裕民　赵　民　赵燕菁　林　坚　张　佳　田　莉
　　　　　　　邹　兵

委　　　　员（按姓氏拼音排序）：

陈锦富　陈思宁　陈小卉　戴小平　邓红蒂　丁　奇
耿慧志　韩昊英　韩　青　郝志彪　何明俊　何子张
黄　玫　李东泉　李锦生　李　强　李　泽　李　忠
廖绮晶　林　坚　龙小凤　路　虎　罗　亚　孟兆国
秦铭键　施嘉泓　施卫良　施　源　孙　玥　谭纵波
田光明　田建华　田　莉　田　燕　涂志华　汪　军
王富海　王　伟　王学斌　王　勇　王　正　吴晓莉
吴左宾　熊国平　许　槟　杨冀红　杨　明　叶裕民
俞斯佳　占晓林　张　佳　张　健　张　磊　张正峰
赵　民　赵燕菁　赵迎雪　周　婕　周　岚　朱介鸣
邹　兵

编　辑　单　位：中国城市规划学会
　　　　　　　　中国城市规划学会规划实施学术委员会
　　　　　　　　西安市城市规划设计研究院
　　　　　　　　西安建大城市规划设计研究院有限公司

会议主办单位：中国城市规划学会
　　　　　　　　中国城市规划学会规划实施分会

会议协办单位：西安市城市规划设计研究院
　　　　　　　　西安建大城市规划设计研究院有限公司
　　　　　　　　中国人民大学公共管理学院

前 言

改革开放以来，城乡规划对我国城乡经济社会的快速发展起到了重要的作用，一座座大都市、城市群的崛起和中小城市、小城镇的迅速壮大无不体现着中国特色城乡规划的发展引领和实践探索，城乡规划也发展形成了完善的法律体系、管理体系和学科体系，特别是在城乡规划实施上，创造出不少中国实践、地区经验和优秀案例，促进了城镇化健康发展。但综观走过的路，城乡规划实施也出现过一些偏差及失误，城乡规划依法实施、创新实施、管理改革的任务还十分艰巨。今天，中国经济和社会发展进入重要的转型调整期，规划体系和管理制度出现重大变革。在新型城镇化背景下，由城乡规划体系向国土空间规划体系的转型发展强烈呼唤规划实施主体、实施机制乃至实施效果评估全面转型。面对发展的"新常态"，我们规划工作者也面临着规划实施的新任务、新挑战、新问题和新对策。

为了应对新时期规划实施发展的挑战和任务，2014 年 9 月 12 日，中国规划学会在海口召开的四届十次常务理事会上，讨论通过了关于成立城乡规划实施学术委员会的决定，将其作为中国规划学会的二级学术组织。12 月 5 日城乡规划实施学术委员会在广州市召开了成立会议，会议确定了学委会主任委员、副主任委员、秘书长及委员，通过了学委会工作规程，提出今后几年的学术工作规划。在 2018 年国家规划体系改革后，城乡规划实施学术委员会更名为规划实施学术委员会，并在随后的历年年会中增设了对国土空间规划体系、制度创新和实施评估方面的专题论坛。2023 年，更名为中国城市规划学会规划实施分会。

规划实施分会主要有六大核心任务：一是总结规划实施实践，系统总结我国在不同时期的规划实施经验，研究不同区域、典型城镇的城镇化实践；二是探讨和建设规划实施理论与方法，结合国情，研究大、中、小城市和小城镇、乡村的规划实施特点，提高规划实施科学水平，促进城乡健康可持续发展；三是研究规划实施改革，开展政府规划职能转变、依法进行政策改革创新和学术研究，探索实践机制和管理体制；四是交流规划实施经验，积极推进各地规划管理部门技术交流合作，加强管理能力建设，提升公共管理水平；五是开展国际交流合作，研究国外城市规划实施管理先进经验，扩大我国规划实施典范和实践经验的国际认知；六是普及规划科学知识，广泛宣传城乡规划法律法规、先进理念和科学知识，提高全社会对规划实施过程的了解、参与和监督，维护规划的严肃性。

围绕主要任务，规划实施分会每年以系列化的形式逐年出版学术论文成果和典型实践案例，也欢迎大家踊跃投稿、参加学术交流活动、提供优秀案例。

李锦生

目　录

分论坛四　历史保护规划与城市更新的实施理论与技术

博士生论坛　由经验总结向理论构建

分论坛一

国土空间规划实施的理论

央地博弈视角下的高铁新城规划实践研究

李峰清　程　遥*

【摘　要】近十年来，我国高铁网络建设在取得巨大成就的同时，也带动了一系列高铁新城、新区的规划实践。本文以高铁新城（区）规划实践中的"央地关系"为切入点，通过皖北若干相邻地区不同阶段高铁新城开发的对比案例，阐释了中央和地方政府博弈对高铁土地开发实践的影响作用。案例研究指出，2014 年中央部委企业化改革带来的央地土地利益调整对站点选址博弈具有关键影响作用，而站点选址则决定了高铁新城规划实施的成效。案例研究的发现对高铁等重大项目带动下的土地开发实践具有重要启示意义。

【关键词】高铁新城；高铁新区；央地关系；土地开发；规划实践

1　引言

在历次经济、疫情等全球性危机带来的衰退压力集中释放期间，各主要大国都将基础设施投资视为拉动经济增长、促进就业和推动地区发展的重要途径。其中，高铁是国家、地方政府和市场力量大规模投资建设的国家级基础设施。2008 年全球经济危机后，我国加速兴建的国家高铁、城际系统已成为全球运营里程最长的高铁网络，高铁运营里程从 2008 年的 1052km 快速增长到 2020 年末的 3.8 万 km，城市群之间的出行便捷程度极大提升，带来的"时空压缩"效应已经深刻改变了区域格局，对国家新型城镇化高质量发展带来了积极的促进作用。

高铁对我国城镇化的作用不仅体现在区域格局的重构，还直接体现在依托高铁的新城、新区土地开发中。实际上，重大交通设施项目带动周边地区土地开发是国内外规划实践的常见模式，交通可达性提升带来的土地溢价可以回馈基础设施投资，如香港、深圳轨道交通站点周边的站城一体化（TOD）开发可以给地铁网络建设、运营带来有效支撑。理论上，高铁自身作为一种人流量和重要性远大于地铁的重大交通基础设施，不仅可以极大改善城市区域交通条件，也将显著提升站点周边土地开发价值。此外，高铁等国家基础设施建设的投资主要来自中央政府，而投资带来的土地收益外溢，则自然成为地方政府通过站点周边土地开发式"内部化"的正外部收益。据此，近年来全国各地掀起了数轮建设"高铁新城""高铁新区"的热潮（图 1），尤其是 2014 年后高铁新城（新区）迎来了数量的显著增长。据公开资料统计，2014—2016 年间，全国高铁网络的运营里程仅增长了 37%，但同期规划建设的高铁新城（新区）数量从 36 个迅速增长到 118 个，增幅达 3.2 倍，高铁新城成为继开发区、大学城、科技城、生态城之后的又一个新城建设热点。

* 李峰清，上海大学建筑系，副教授。
　程遥，同济大学城市规划系主任，副教授。

立足规划实践的视角，本文致力于揭示：是
什么原因导致了 2014 年前后高铁新区、新城"井
喷式"增长？中央、地方政府和企业在规划实施
中承担了怎样的角色？不同时期的高铁新城规划
实践案例有什么显著特征及差异？本文将针对上
述问题，结合政策回顾梳理和具体案例对比研
究进行针对性研究，并提出机制层面的解析和
探讨。

2 高铁土地开发中的央地博弈机制

通过政策研究可以发现，在我国十几年来的
高铁新城建设历程中，2013—2014 年是一个关键
的时间节点。在这一时期，国务院改组铁道部并
成立了国家铁路总公司，由其负责全国铁路系统
的建设和运营。由此带来的央地博弈演变对我国
高铁新城建设发展具有重要的影响作用。

图 1 我国典型的高铁新城规划项目
（来源：无锡市自然资源和规划局）

2.1 铁道部时期的高铁新城建设中的央地博弈逻辑（2008—2013 年）

从 1994 年分税制改革以来，中央政府仅规定和监管土地出让金的使用方式（如支持土地复垦、乡村
振兴建设等），地方政府则获取土地出让金的支配权，土地收益已成为我国地方政府最重要的财政来源。
国家铁道部作为中央政府分管铁路规划建设和运营的部委，主要承担高铁线路和站点规划建设运营成本，
并获得票价、站房商业经营等相应运营收益，但高铁建设带来的"正外部性"土地收益并不能被国家铁
道部获取。与之相对，在高铁建成运营后，地方政府可以通过"搭便车"的方式获得站点周边地区的土
地溢价。

在上述收益分配条件下，铁道部对于站点选址着重考量的因素是尽可能缩短主要城市的线路里程，
在节约建设成本的同时减少列车运行时间，以维持高铁相对于航空、高速公路等出行方式的比较优势；
与之相对，站点具体选址和周边土地开发的收益并不在铁道部考虑范畴，这造成了 2013 年前，我国诸多
城市高铁新城站点选址过于远离中心城区，以保证较短的里程和造价，但对于居民日常使用十分不便。
城市政府高额投入发展的"高铁新城、高铁新区"也往往由于太过遥远而长期难以有效聚集人气，并带
来基础设施和公共服务配建的低效使用。

2.2 铁路总公司时期的高铁新城建设中的央地博弈逻辑（2014 至今）

2013 年，为更好地进行高铁网络建设运营，国务院改组铁道部并设立铁路总公司，开始了中央权力
在高铁领域的企业化运作。铁路总公司也同时继承了铁道部在高铁网络建设中累积的巨额债务以及后续
继续建设面对的巨大投入。为解决财务和融资困境，铁路总公司作为国有企业，积极寻求推动获取高铁
站周边土地开发收益，尤其希望通过捆绑土地开发权与高铁建设运营权，将土地收益用于还本付息、维
持日常运营、支撑后续建设乃至吸引市场力量投资高铁网络建设。

在此条件下，2014 年国务院办公厅国办发〔2014〕37 号印发《关于支持铁路建设实施土地综合开发的意见》（以下简称《意见》）。该《意见》分为土地综合开发的基本原则、支持盘活现有铁路用地推动土地综合开发、明确盘活存量铁路用地与综合开发新老站场用地相结合等几个方面。《意见》提出"支持铁路运输企业以自主开发、转让、租赁等多种方式盘活利用现有建设用地，鼓励铁路运输企业对既有铁路站场及毗邻地区实施土地综合开发，促进铁路建设投资等主体对新建铁路站场及毗邻地区实施土地综合开发，提高铁路建设项目的资金筹集能力和收益水平"。《意见》进一步规定，进行"站点综合开发"的土地若不符合划拨目录的，可以按照协议出让的形式进行经营性开发，这就明确了铁路总公司进入高铁土地市场的可操作路径。

对于综合开发用地的规模问题，《意见》提出"综合考虑建设用地供给能力、市场容纳能力、铁路建设投融资规模等因素，依据土地利用总体规划和城市、镇规划，合理划定综合开发用地边界"，"各个站点的综合开发规模（扣除站场后）最多不超过 100hm²"。总体而言，进行综合开发意味着铁路总公司与地方政府在高铁站周边的土地收益上有了明显交集。铁路总公司在进行高铁站点选址时除了考虑线路建设成本和票价竞争力，还需要慎重考虑站点选址带来的土地收益，企业化的中央权力与地方政府形成了土地开发的利益共同体。在此条件下，地方政府更容易说服铁路总公司将站点选址于尽可能靠近市中心边缘、用地开发条件良好的地区，各地进行高铁新城、新区开发的积极性也得到了很大增强，这也揭示了 2014 年后全国规划建设的高铁新城、新区爆发式增长的内在机制。

3 高铁新城土地开发博弈案例

3.1 宿州案例（2011 年通车，京沪高铁）

宿州是皖北发展中地区的地级市，2020 年常住人口约 532 万人，下辖 1 区 4 县。宿州是我国最重要的高铁动脉——京沪高铁的途经站。在 21 世纪初京沪高铁规划阶段，经安徽省发改委争取，铁道部在可行性研究阶段明确了京沪高铁在宿州范围设站，但具体站点位置则需要在规划阶段进行论证。据前文所述，由于铁道部主要关注线路自身建设和运营收益，且作为京沪高铁的控股方，铁道部是高铁线路规划和站点选址中的决定性角色。

宿州地方政府则把京沪高铁的设站视为城市跨越式发展的重大机遇，筹划围绕高铁站点设置高铁新城。地方政府希望高铁站设置在城市建成区东部 10km 处，这里距离中心城区距离适宜，且站点西侧有大片平整的农用地可以作为高铁新城建设拓展空间。但铁道部在考虑线路成本—收益后，认为站点位置还应尽可能东移，从而缩短徐州到南京之间的运营里程，并减少高铁线路造价成本。

在铁道部的要求下，宿州高铁站需要在原选址基础上进一步东移。但 A 选址东部是大片生态敏感的湖区以及地下矿藏开采区，明显不利于土地开发建设。经过多轮协调，地方政府由于话语权较小，只能接受铁道部的意见，明确了宿州高铁站（宿州东）的选址（图 2）。相对于选址 A，选址 B 距离宿州中心城超过 25km，尽管选址方案优化可以减少约 20km 的高铁线路里程，但地方政

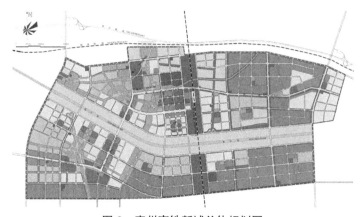

图 2　宿州高铁新城总体规划图
（来源：宿州马鞍山现代产业园管委会）

府投入的基础设施造价会更高，且由于距离市区过远，尽管进行了详尽的土地功能规划和产业协作政策创新（图3），但该地区规划实施十多年来一直缺乏人气，产业入驻情况也不甚理想。事实上，对于高铁系统自身而言，宿州东站由于距离中心城区过远，也显著地降低了高铁的便捷程度，影响了高铁出行选择。

图3 宿州高铁新城规划实施现状照片

3.2 五河案例（2015年立项，合新城际）

2015年，皖北地区重要的合肥—新沂城际高铁（合新城际）正式立项，此时铁路总公司已经取代原铁道部成为主导我国高铁建设运营的中央企业，国务院〔2014〕37号《关于支持铁路建设实施土地综合开发的意见》也已正式出台，高铁站点土地收益成为铁路总公司在站点选址中的重要考量因素，围绕高铁土地开发的央地博弈关系开始逐渐变化。

合新城际高铁规划通过安徽省五河县并设站。五河县隶属于蚌埠市，与宿州市同属皖北发展中地区，在地理位置上相邻，全县2020年常住人口约52万人，约为宿州市1/10。在行政等级和经济重要性上，县级城市五河明显低于地级市宿州，而宿州在高铁站选址博弈中相对铁道部仍处于明显的弱势地位。但是，由于土地利益的共享，铁道部的继任者——铁路总公司更为倾向在土地开发中与地方政府形成合力，通过土地收益支撑造价和运营费用高昂的高铁建设。此外，合新城际高铁属于城际铁路，安徽省及沿线地方政府投资比重高于京沪高铁，因此地方话语权也得到了相应提升。

五河县境内淮、浍、漴、潼、沱五水汇聚并由此得名，合新城际五河段高铁建设涉及多座桥梁选址，不同桥梁选址方案决定了站点的最终选址方案。铁路总公司根据铁路线位里程、桥梁造价考量，提出了在淮河东岸设站，并依托站点西侧与淮河之间的空地建设高铁新区，形成与五河传统城区沿淮河东西两岸开发的选址方案。但这个方案会导致城市建设跨越近500m宽的淮河，不利于基础设施建设和共享，且对于五河这样的欠发达地区，县城跨越淮河发展的财政压力过大，容易造成我国高铁新区常见的缺乏产业和人口入驻的情况。

在此条件下，五河地方政府更倾向将高铁站选址于传统城区西南的浍河对岸，该地区拥有更充裕的用地拓展条件，且浍河是一条不足百米宽的小型河流，城市跨越浍河发展的经济可行性明显高于淮河。该选址的缺陷则是，根据高铁线路设计的技术要求，铁路跨浍河后还需要跨越怀洪新河、沱湖等一系列水系，相应架设的桥梁会明显提升高铁线路的造价。但由于在土地开发收益中达成了利益共同体，地方政府可以通过土地溢价事实上补偿铁路总公司在铁路造价上的损失，且站点综合开发带来的土地收益也同样使得铁路总公司获利。鉴于这样的新机制，铁路总公司最终同意了选址于浍河南岸的A方案。

4 结论

高铁是中央大规模投资主导的国家级基础设施建设项目，拥有极大改善区域交通格局、促进新型城镇化建设的优势，但同时也具有很高的建设运营成本。我国通过中央－地方自上而下的模式推进高铁网络建设取得了全球瞩目的成就，但也累积了需要消化巨大债务并面临后续投资的巨大压力。而通过站点土地综合开发，将高铁建设运营与土地运营捆绑，自然成为一条具有可操作性的规划实施策略。

本文通过皖北相邻地区的宿州、五河两个市县案例，简明阐明了以 2013—2014 年为转折的两个重要时期，中央权力和地方政府围绕高铁站点选址、土地开发的博弈过程的转变。在宿州案例中，铁道部与地方政府在站点土地开发收益中没有交集，前者具有决定性的话语权，但仅关注铁路运营里程和造价，导致高铁站点选址远离市中心，而相对弱势的地方政府无法扭转铁道部的决策，只能承担高铁站选址过偏带来的高铁新城额外设施建设成本、招商引资及运营障碍，也给市民日常使用高铁出行带来了明显不便。

在五河案例中，地方政府行政级别更低，地区人口和经济影响力更弱，但企业化的铁路总公司通过站点土地开发与地方政府达成了利益共同体，更愿意与地方协商形成有利于土地开发的站点选址方案。如在该案例中，地方政府获得了浍河南岸的理想选址，铁路总公司额外的桥梁建设费用可以通过站点综合开发的土地开发溢价进行补偿，在此前提下，双方顺利达成了一致意见。

宿州和五河案例仅仅是局部的个例，但可以视为我国高铁建设两个不同阶段央地博弈的缩影。2014 年之前铁道部时期的高铁站点选址往往远离城市建成区，而 2014 年铁路总公司时期的高铁站选址往往倾向于靠近城市建成区乃至靠近城市中心，在方便乘客的同时，地方政府与企业化中央权力在高铁土地开发中的利益结合也极大促进了高铁新城、新区的规划建设，这也解释了本文开篇指出的 2014—2016 年两年间高铁新城、新区大规模涌现的原因。当然，高铁选址方便乘客、促进土地开发无疑是合理的，但实践中大规模的"高铁新城热"也是一把"双刃剑"。诸多研究和实践都表明，高铁的时空压缩效应不仅会改善中小城市的区域交通可达性，也可能增大中心城市对中小城市的"虹吸效应"。因此，中小城市应该对高铁新区的数量、规模谨慎论证，合理选择入驻产业和基础设施、务实审视公共服务建设标准，以避免新一轮的土地和财政浪费。

参考文献

[1] 王缉宪，林辰辉 . 高速铁路对城市空间演变的影响：基于中国特征的分析思路 [J]. 国际城市规划，2011（1）：20-27.

[2] 顾新 . 香港轨道交通规划与经营理念对深圳的启示 [J]. 城市规划，2009（8）：87-91.

[3] 李峰清 . 基于高铁网络的我国城镇化空间模式再探：基于上海－长三角腹地的检验及辨析 [J]. 城市规划，2018（3）：110-118.

面向实施的高新区国土空间规划技术路线初探①

黎懿贤　谢来荣 *

【摘　要】高新区经过近 30 年创新和发展取得了瞩目的成绩，但却面临着产业特色不鲜明、发展不平衡、驱动力不足的转型挑战，其规划也面临着定位不清、内容冲突、缺乏协调等实施难题。在加快生态文明建设、构建国土空间规划体系的背景下，高新区国土空间规划应填补定位上的空白，以便更好地融入"五级三类"国土空间规划体系之中。本文分析了高新区发展背景的演变以及传统规划编制体系下高新区实施的困难，基于国土空间规划体系总体要求，从层级定位、方向传导、主题内容、关系处理四个方面进行梳理，对高新区国土空间规划"实地调研—背景解读—专题分析—规划编制—成果报批—实施反馈"技术路线进行初步探索。

【关键词】高新区；国土空间规划；技术路线；实施导向

1　引言

　　高新技术产业开发区，简称"高新区"，是各级政府批准成立的科技工业园区，是改革开放后在一些知识密集、技术密集的大中城市和沿海地区建立的、以发展高新技术为目的而设置的特定区域。改革开放以来，作为当地经济增长快、投资回报率高的产业发展综合区，高新区的建设与发展在经济建设和科学技术方面取得了瞩目的成绩。然而部分高新区仍然存在着创新驱动力不足、产业特色不鲜明、集聚效益低质量等不平衡的发展特征。同时，作为独立的特殊管理单元，高新区的规划在指导园区发展之时，同样面临着上位规划层级不明、规划边界相互冲突、专项规划缺乏协调等实施问题，留下的诸多"历史遗留"问题亟待解决。

　　党的十九大以来，生态优先、绿色发展的生态文明理论成为地方未来发展的主旋律。伴随着《中共中央、国务院关于建立国土空间规划体系并监督实施的若干意见》的颁布实施，我国"五级三类"的国土空间规划编制体系逐步清晰，各地国土空间规划已经进入编制实践阶段。然而，高新区作为特殊的管理单元，在国土空间规划体系中未得到明确的定位回应，高新区国土空间规划开发区国土空间规划暂时处于"空白"阶段。作为高质量发展的先行区，高新区是各类空间要素管控功能进一步落地实施的重要载体和有效途径，需要用底线思维强化各类空间关键性资源要素的配置管控。因此，有必要在国土空间规划体系中，以实施为导向对高新区国土空间规划技术路线进行探讨，以此进一步推进高新区的规划工作。

① 国家自然科学基金项目成果（项目号：51978299）

* 黎懿贤，华中科技大学建筑与城市规划学院硕士研究生。
　 谢来荣，武汉华中科大建筑规划设计研究院有限公司副所长。

2 高新区发展背景的演变

2.1 高速发展转向高质量发展

自 1988 年国务院开始批准建立国家高新技术产业开发区以来，高新区踏着中国高速发展的浪潮，以发展高科技、实现产业化为追求目标，成为各地乃至我国国民经济发展的重要支撑和新的增长点。然而高速发展体系下运转的高新区，经济发展失衡、产业特色不够鲜明、产业体系逐渐掉队、高新技术企业创新能力不足等问题，在不同的发展过程中也逐步暴露。《关于促进国家高新技术产业开发区高质量发展的若干意见》（以下简称《意见》）的颁布，给高新区在新时代下一个全新定位——创新驱动发展的示范区和高质量发展的先行区。这意味着高新区将从高速度发展阶段转型向高质量发展阶段迈进，高新区未来的历史性责任，是要为国家创新发展和高质量发展探路。

2.2 关注经济效益转向重视绿色发展

过往的高新区重开发轻保护，只强调经济收益、忽略资源成本的片面开发思维会使高新区出现不可持续发展的严重失误。当前，生态文明建设对国家高新区构建高品质空间提出新要求。《国家高新区绿色发展专项行动实施方案》提出，要践行绿水青山就是金山银山的理念，将碳达峰、碳中和纳入高新区规划工作部署。作为高质量发展先行区，国家高新区需要以生态为底色，实现传统产业绿色转型，积极推动构建绿色发展现代化道路。

2.3 产城分离、功能单一转向产城协同、功能复合

"有园无城"是目前国内高新区存在的普遍问题，由于长期注重产业导入，忽视生产、生活服务功能的配套，导致高新区城市功能结构单一，职住分离，公共服务配套设施缺乏的现象较为普遍。《意见》的颁布，彰显了新时代高新区发展需要成为社会主义现代文明新社区的内涵。高新区未来将在产城融合的理念上深化落实生态融合、功能融合、设施融合等发展新要求，加快现代化公共服务配套设施体系构建。高质量城乡综合服务区将成为高新区未来发展的重点之一。

3 高新区传统规划编制实施的难题

3.1 层级定位不清，管辖主体不明

高新区作为城市中特殊的管理单元，其管辖范围往往跨越多个行政区域，以城市内的高新区为例，其分布范围往往覆盖某些城区或某些乡镇。因此，高新区行政主体资格一直是困扰其发展的一个难题。目前除行政区与高新区合一的国家高新区外，还没有法律或行政法规授予国家高新区行政主体资格。高新区管理委员会、地方政府、国土分局多重管辖，规划实施过程中曾多次出现各执一词的混乱局面。如何处理好高新区的行政关系，做好规划管理方式的衔接，关系到高新区相关工作的推进，也关系到开发区能否健康发展。

3.2 系统衔接不足，规划内容脱节

传统规划编制体系中规划种类多、层次多。长久以来，各领域各专业规划自成体系，系统衔接不足，尤其是面对开发性质占主导的高新区产业区，规划范围缺乏有效对接、规划内容出现前后矛盾，从而导致高新区内多个边界重叠但规划内容矛盾或是范围覆盖不到位呈现空白的现象发生。同时，行政主体的

留白导致传统编制体系中不同层次之间的规划指导出现偏差，高新区规划实施过程中往往出现规划与内容脱节、与管理分离的问题。中上层次规划对下层次规划的指导缺乏针对性，下层次规划无法完全实现上层次规划意图两个方面，出现"发展比规划快"的难以管制的乱象。

3.3 管控效力偏低，管理措施失衡

尽管高新区的规划编制了控制性详细规划、专项规划等深入细化的方案指导未来布局，但由于新区建设政策时效性强、战略引领不稳定性较高、高新区建设发展速度较快等因素，针对新区的规划控制法律管控效力较低，高新区的规划往往呈现只有定位目标的概念阐述。同时，高新区追求经济效益与规划管理的不平衡、产业导入及功能选择的不稳定，致使部分高新区走向两个极端：或是出现产业导入"来者不拒、多多益善"，最终形成低质量、低效益的产业"病态"发展模式；或是高新区管制僵硬、要求过高，导致高新区招商困难的问题发生。不稳定的战略指导、不平衡的规划控制，导致高新区规划实施出现困难。

4 国土空间规划体系下面对实施的高新区规划总体思路

为贯彻落实新时代生态优先、绿色发展的生态文明理念，致力将高新区打造成为创新驱动发展示范区、高质量发展先行区，国土空间规划体系下的高新区规划，应遵循科学性、实用性、可操作性的原则，将创新技术驱动、绿色持续发展的发展思路融入进来，整合高新区基础底数，结合多源头、多尺度、多集成的数据统计方法，将不同领域规划重点内容融合到一个区域上，实现"一张蓝图干到底"，构建指导性强、操作性高的规划技术体系，在形成我国高新区规划模式并开展应用示范。

以实施为导向，本节将从底线思维、一体化思维、管制思维三个维度分析高新区国土规划。

4.1 底线思维

长久以来，高新区作为我国实体经济发展的重要载体，其规划一直处于扩张开发的"兴奋"状态，用地管理模式较为粗放，建设空间侵占生态空间、农业空间的现象时有发生，缺乏对生态空间、农业空间的底线考量。国土空间规划体系下的高新区规划，要树立红线不可触碰、底线不可逾越的规划思维，必须是绿色发展、循环发展、低碳发展，不以牺牲生态环境和土地资源为代价的发展模式。高新区往往涉及城镇开发边界与生态空间、农业空间的交界处，因此对于开发边界内的产业布局，要避让重要生态功能，不占或少占永久基本农田。

4.2 一体化思维

可操作性高、落地性强应作为此次高新区规划的重点所在。构建规划"空间—时间"一体化体系是规划实施的重要保证。空间上，在第三次国土调查的基础上形成符合规定的高新区国土空间利用现状和工作底数。形成坐标一致、边界吻合、上下贯通的工作底图，保证划编制过程中能"一张蓝图干到底"，实现规划编制空间范围的同一性；时间上，按照"问题解决—建议反馈"的逻辑思维，研究空间规划重点内容提出存在的主要问题，根据工作编制专题和方法创新进行深入研究，提出实施策略与机制，推动实现了高新区中产业发展与空间统筹的互动与互促，实现编制内容与时序的统一性。

4.3 管制思维

高新区规划中的管制思维主要体现在三大部分：①底数管制。规划伊始，应摸清所规划的高新区范

围内的工作底数，对规划范围内的资源资产所有权、使用权的边界进行确权登记，从而实现空间开发保护数字化管控和项目审批核准并联运行的规划信息管理平台。②用途管制。无论是自然生态保护还是开发建设活动，各类空间关键性资源要素的配置要一同纳入空间管制之中。无论是规划的编制审批还是实施监督，需要针对开发保护两方面分别阐述不同的管制思路。例如区域准入制度的构建过程中，可针对产业准入分别设置利于高新区产业发展的白名单和不利于生态保护的黑名单。③行政管制。高新区规划需要明确不同内容的管制主体，建立分级、分领域的编制审批机制，建设一体化信息管理基础平台，提升公共服务能力，保证行政管理逻辑统一。

5   面向实施的高新区国土空间规划路线探究

5.1   明确层级定位——高新区规划准备的前提

"五级三类"的国土空间规划编制体系已达成共识，然而在该体系中没有明确指明高新区国土空间规划处在什么层级，对高新区国土空间规划也缺乏独立描述与特殊说明。这导致高新区国土空间规划在体系中处于一个尴尬的"不确定"时期。探究高新区规划所属层级并找准其在体系中的合适位置是高新区国土空间规划的前提。

在"五级三类"的国土空间规划编制体系中，"五级"即按照国家—省域—市域—县域—乡镇五个行政等级编制国土空间规划，"三类"即总体规划、详细规划和专项规划。从高新区空间分布特征来看，高新区一般会落地到某个地级市市区或某个县级单元（县或县级市），根据高新区不同层级，高新区可以视为一种市级以下县级以上或县级以下镇级以上的特定行政单元区域，其所遵循的上位规划应当是市（县）级国土空间规划（图1）。若视其为市（县）级层级上的详细规

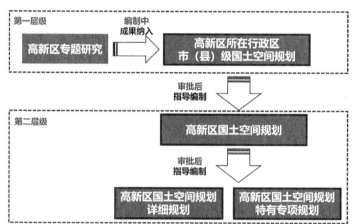

图1   高新区国土空间规划层级定位
（来源：作者自绘）

划，其将成为上位规划的深化版，对于建设高新区所要求的"创新驱动发展的示范区和高质量发展的先行区"的空间发展诉求将大幅减弱。若视其为市（县）级层级上的专项规划，可更好地彰显赋予高新区"依靠科技和经济实力，最大限度地把科技成果转化为现实生产力，促进科研、教育和生产结合的综合性基地"的特有职能，同时也方便对高新区规划范围内空间开发保护利用作出的特有安排。

因此，编制过程中，将高新区国土空间规划视为市（县）级国土空间总体规划的专项规划。在市（县）级国土空间总体规划编制完成前，作为专项研究纳入总体规划编制成果；在市（县）级国土空间总体规划审批完成后，落实上位规划总体要求，编制特有的高新区专项规划来指导高新区未来工作深化开展。

5.2   厘清横纵传导——高新区规划编制的骨架

高新区国土空间总体规划中重点体现市（县）级国土空间规划的指导要求，兼顾管控与引导，侧重实施性。在面向实施的高新区国土空间规划纵向步骤传达中，依据传统的"调研准备—规划编制—成果审批—规划实施"等几大步骤的空间规划技术路线，结合"现象—问题—解答"的实施思维，将原有的

前期准备进一步细化为具体三大工作，依据"实地调研—现状研读—专题分析—规划编制—论证报批—实施反馈"六大纵向传导体系。

高新区国土空间规划的每个步骤都涉及各个不同领域，在不同的步骤操作过程中，存在着不完全一致的因果逻辑顺序。各大步骤之间的横向关系传导，主要是体现出不同领域情况引导规划内容编制、规划内容指导不同领域内容落实，三大逻辑线为：在规划调研过程中体现出横向关系上的引导性，在规划编制过程中体现出横向关系上的反馈性，在规划实施过程中体现横向关系的指导性。

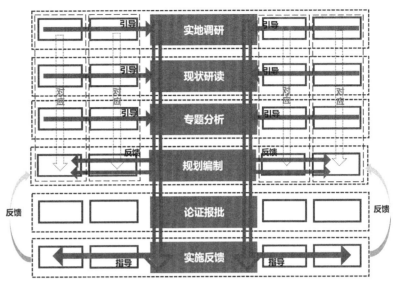

图2 高新区国土空间规划横纵传导
(来源：作者自绘)

纵向稳步推进的时序表达与横向条理清晰的因果逻辑将形成一个关系矩阵，实现高新区国土空间规划中的因果逻辑搭建——"从发现问题中来，到解决问题中去；从反馈问题中来，到完善问题中去"（图2）。

5.3 重构规划内容——高新区规划编制的主体

5.3.1 规划前期增强部署，调研成果空间落地

以实地调研为主要载体的规划前期准备一直是规划编制的重要前提，国土空间规划体系下的规划前期准备要进一步深化调研工作的广度与深度。面向高质量发展的规划背景和操作性强、实施性高的技术路线总体要求，高新区国土空间规划的前期工作部署应呈现出庞杂内容收集后的体系梳理结果和已有资料落地的空间定位呈现。面向底数统一的工作底图整理、面向空间布局的重大项目摸排、面向发展分析的部门资料收集、面向全域覆盖的实地走访调研、面向群众关心的未来发展诉求将成为前期工作主要内容，调研之后应进行空间梳理、图表绘制、文档总结，这些调研成果将成为高新区现状表达的空间形态，也将成为未来规划的重要依据。

5.3.2 专题研究突出重点，特色内容适当增设

在以往传统的高新区规划编制内容中，高新区产业发展与高新区产业空间布局一直是规划聚焦的重点所在。《意见》的颁布以及各地区促进高新区高质量发展若干措施中，可以看出打造自主创新新高地、培育经济发展新动能、构筑现代产业新体系、构建区域协同发展新模式等几大方面仍将是未来高新区发展探索的关键点。高新区国土空间规划的专题研究依然需要围绕上述两大方面展开，并对高新区定位与发展目标、高新区产业体系与空间布局、高新区产城融合发展模式进行研究。同时，在国土空间规划体系覆盖全域全要素的要求下，可根据实际情况，增加"城乡融合"与乡村布局体系、生态保护与整治修复等专题拓展。

5.3.3 规划内容覆盖全域，绿色发展融于内核

在国土空间规划体系下，高新区国土空间规划需要像其他层级的国土空间整体规划一样，凸显"生态文明"特性、体现"覆盖全域"特征、强化底线思维，整体谋划高新区新时代空间格局。因此，规划

编制主体内容将从开发保护格局、资源保护利用、生态修复和国土整治、基础支撑体系、城镇发展重点地区空间布局展开，同时特设有关于"区域协同发展格局"内容编制，突出高新区规划特色，增强产业高新区、城镇综合服务区、乡村布局体系"区—城—乡"三者之间耦合关系研究。

同时，《国家高新区绿色发展专项行动实施方案》的颁布，意味着当前国家高新区的规划编制需要把绿色发展理念贯彻到一切工作之中。这不仅仅只是一句口号，除了强化"资源保护利用、生态修复和国土整治"等保护格局规划编制之外，更需要在开发格局上体现出相应决心，例如发展绿色产业、推动产城生态融合、打造绿色智慧的基础设施体系。

5.3.4 关系博弈妥善处理，保障内容多方构建

新时代下，高新区需要同时处理好国土空间开发与保护之间的博弈：不仅面临着开发运营、招商引资等园区发展壮大的需求，同样需要保证其行政范围内的生态保护区、永久基本农田等生态空间、农业空间得到安全保护。因此，从规划体系的完善、规划政策的保障、国土空间规划体检与评估、近期计划与行动计划组成的实施保障体系中，要实现"总体—开发—保护"的体系构建，既要旗帜鲜明地将园区升级、城乡发展等开发性规划内容与生态保护、保障基本农田等保护内容的规划实施标准区分开来，构建不同的准入体系，也需要同时考量二者之间的保障效果是否出现冲突，强化底线思维，当建设开发活动与生态保护活动发生矛盾时，要以生态保护活动优先。

5.4 处理三级关系——高新区规划实施的保障

地方政府、当地公众、规划编制是高新区国土空间规划编制审批、实施监督中的三个重要部分，处理好三者之间的相互关系，是高新区国土空间规划依法实施的重要保障。

（1）政府协调和规划过程

高新区国土空间规划往往由当地市（县）级政府或高新区国土（规划）分局牵头，与编制规划单位共同合作，完成对其未来的蓝图构想。市（县）级政府、高新区管理委员会、国土（规划）分局在高新区规划过程中有着不同的职能要求，这需要政府部门通力合作、相互协调。规划前期，政府部门应发挥和调动各部门积极参与城市规划编制工作的积极性，为规划前期调研提供服务保障及文件数据。在规划编制阶段，积极加入政府部门与规划编制单位"磋商"工作；规划实施过程中，需要为其提供政策支持与空间落实。

（2）公众参与和规划过程

公众参与应体现在高新区规划立项、编制、实施等各个阶段。规划立项阶段，公众有权在政府官方平台查询未来空间规划编制的相关公开工作信息及园区公开数据。在规划编制前期准备过程中，规划编制人员应采取实地走访、问卷调查、座谈反馈等形式，积极向当地居民、产业开发商等有关利益群体，展开规划基础信息、发展诉求及规划愿景等收集工作；在规划成果评审过程中，规划初步成果公众版应以线上平台、线下展板等多种媒体传播形式进行公示，当地居民、行业专家等对其进行合理评价。在规划实施管理过程中，公众可积极参与到规划实施监督过程中来，对规划实施过程中尚可改进的行为或有悖规划要求的行为进行反馈。

（3）政府协调与公众参与

人民政府是人民的公仆。在高新区国土空间规划的整个过程中，地方政府应坚持公开透明的原则，充分尊重当地人民群众的知情权，既要做到及时发布规划编制过程中的公开数据、规划成果公示版、规划实施过程中的高新区实施评估报告，又要为人民群众创造意见反馈平台，及时为公众解疑释惑，用有力的事实引导人们辩证看待、理性对待高新区规划内容。当地人民群众可以积极参与地方政府组织的与

高新区规划相关的座谈会，积极向政府相关部门表达规划意愿。

5.5　高新区规划路线技术框架

经过以上层级定位、关系传达、内容敲定、关系处理四部曲，最终形成高新区规划技术路线，初步成果见图3。

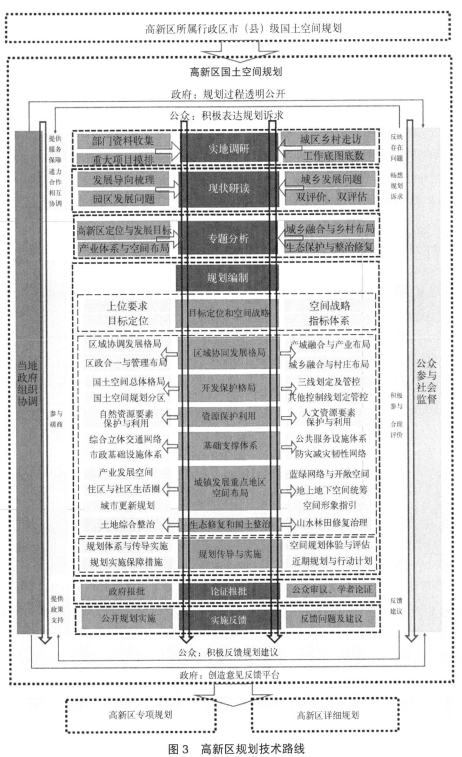

图3　高新区规划技术路线
（来源：作者自绘）

6 结语

高新区国土空间规划是国土空间规划体系细化、优化、深化过程中的重要一环。针对高新区发展背景的转变与当前高新区实施过程中出现的难题，面向实施的各项要求，本文从高新区规划层级地位、横纵关系传导、编制内容更新、主体关系处理四个方面，对新时代国土空间高新区总体规划的技术路线进行了探索。希望探索成果能对未来高新区国土空间规划从编制到实施有一定的借鉴意义。未来，高新区需要进一步明晰规划定位，结合创新驱动、绿色发展的产业发展要求，区政合一、分面实施的行政管理要求，形成高新区特有的开发保护总体格局，走向高新区高质量发展的康庄大道。

参考文献

[1] 李忠杰.【共和国之路】高新技术产业开发区 [EB/OL].（2020-09-27）[2022-09-26]. https://article.xuexi.cn/articles/index.html?art_id=10385760929636100626&t=1601192340100&showmenu=false&study_style_id=feeds_default&source=share&share_to=wx_single&item_id=10385760929636100626&ref_read_id=acf76363-02fd-4707-b1a8-83d390911119_1630250543227.

[2] 陈向.开发区空间规划体系构建探索 [J]. 智能城市，2020，6（7）：136-137.

[3] 刘琴. 国家高新区成绿色发展先行军 [EB/OL].（2021-07-28）[2022-09-26]. https://article.xuexi.cn/articles/index.html?art_id=8444336575022685580&t=1627930801022&showmenu=false&study_style_id=feeds_default&source=share&to_audit_timestamp=2021-07-28%2015%3A52%3A38&share_to=wx_single&item_id=8444336575022685580&ref_read_id=acf76363-02fd-4707-b1a8-83d390911119_1630250543227.

[4] 王明田.国土空间规划体系中开发区规划管理定位研究：以新疆昌吉州为例 [J].小城镇建设，2019，37（11）：26-30，45.

[5] 赵哲.面向实施的株洲云龙新区规划编制体系创新 [J].住宅与房地产，2018（19）：93-94.

[6] 喻锋，张丽君，李晓波，等.国土空间开发及格局优化研究：现状述评、战略方向、技术路径与总体框架 [J].国土资源情报，2014（8）：41-46，9.

[7] 胡婉茹.新时代的城市层面空间规划编制体系研究 [D].济南：山东建筑大学，2020.

海洋经济发展背景下沿海城市"十四五"产业规划与国土空间规划的整合研究——以厦门市为例

林美新 许旺土[*]

【摘 要】在新一轮"十四五"规划与当前国土空间规划编制需求下,如何考虑"十四五"产业规划与国土空间规划的整合对接,使它们发挥引领作用,成为我国现阶段的重要论题。本文以沿海城市"十四五"规划的海洋产业规划、国土空间总体规划的整合为主题,首先剖析新国土空间规划体系下对产业规划的要求。其次,提出面向"十四五"的沿海城市产业规划与国土空间规划的整合对接方案,即摸清产业空间基底、明确产业战略目标、谋划产业空间格局、优化产业要素配置以及完善实施保障机制。再次,聚焦沿海城市所特有的海洋经济,提出"十四五"海洋经济产业规划与国土空间规划相对接的方案,即以陆海统筹推进海洋经济与海洋生态文明协调发展、构建纵向衔接横向支撑的海洋经济产业规划体系以及制定科学的陆海国土空间统筹分类方案。最后,以厦门市的相关规划为例,介绍了厦门市在"十四五"产业规划与的国土空间规划整合实践探索,分析了厦门市海洋产业规划如何与国土空间规划相适应,以期为新时期新体系下其他沿海区域城市的"十四五"产业空间规划提供可借鉴的思路和实证参考。

【关键词】国土空间规划;产业规划;海洋经济产业;"十四五"规划;规划整合

"十四五"时期是我国全面建成小康社会、实现第一个百年奋斗目标后,开启社会主义现代化新征程的第一个五年。习近平总书记对"十四五"规划编制工作作出重要指示,要把加强顶层设计和坚持问计于民统一起来,齐心协力把"十四五"规划编制好。2019 年 5 月,自然资源部印发《关于全面开展国土空间规划工作的通知》,强调"各地要加强与正在编制的国民经济与社会发展五年规划的衔接,落实经济、社会、产业等发展目标和指标,为国家发展规划落地实施提供空间保障,促进经济社会发展格局、城镇空间布局、产业结构调整与资源环境承载能力相适应"。由此可见,国土空间规划在为国家发展建设谋划布局的同时,也应该注重其与"五年规划"间的统筹协调,提升国土空间规划和五年规划的协同性,降低两者间的协调成本,这是两大规划体系发挥各自作用的重要保障。

一直以来,产业规划是引导城市产业发展的导向性规划,涵盖城市产业发展方向与城市产业空间布局,解决城市"发展什么产业、怎么发展产业、在哪发展产业"等重要问题。有效的产业规划不仅能高效配置城市土地资源,为城市的经济增长在空间和时间上做出科学安排,还能促进城市产业的转型升级,提升城市的核心竞争力。但长久以来,产业规划由于"招商引资难""产业失配"等原因,无法发挥其真正效用,严重影响了城市建设与经济发展。在新国土空间规划体系提出的背景下,产业规划应该积极融入新体系并响应新体系提出的新要求,以期更好地引导城市产业发展。

---

* 林美新,厦门大学建筑与土木工程学院城市规划系硕士研究生。
   许旺土,厦门大学建筑与土木工程学院副教授,博士生导师。

早在新的国土空间规划体系正式提出与建立之前，诸多学者就已经对产业规划与城市规划整合对接的有关内容进行了积极的探索与研究。首先是涉及产业规划相关内容编制的五年规划与城市规划两大体系的协同方面，相关研究从规划体制改革的角度提出，消除"规划冲突"的根本办法是通过部门机构改革，由一个统一的部门进行各规划的编制与管理。同时，也有研究着眼于技术方法层面，指出五年规划和城市规划整合的核心是土地的供给、需求和空间分配分析。也有学者在重构空间综合规划体系的前提下，认为国、省级五年规划和空间综合规划可以并重成为这一层级的法定规划，而地方层面则以空间综合规划为主导，细化落实上级发展战略和空间管制要求。在产业规划与城市规划的整合研究方面，有认为应从政策机制到工作方法全面创新，实现二者的紧密结合；也有强调在土地资源相对短缺的情况下，需要结合产业发展特征与需求，因地制宜建设，充分挖掘产业空间的潜力，使得地区建设兼具高效性与时效性；除此之外，许多研究以典型城市（如深圳）为案例，研究我国产业空间规划的变革创新并总结实践经验，提倡构建韧性规划方式，推崇增强产业需求与空间供给的有效匹配，促进产业的可持续发展。随着国家机构改革和国土空间规划体系的提出和建立，不少学者针对产业空间配置问题从逻辑架构、技术方法、数据体系等方面在省级国土空间规划层面做了相应的探索研究。

随着我国"海洋强国"战略的不断推进，海洋经济已成为沿海区域经济发展的新引擎、新动力。关于海洋经济方面的研究，目前多是围绕"海洋经济产业结构与布局""海洋经济产业集群""区域海洋经济差异""海洋资源的可持续性开发与利用"等主题开展。而海洋空间作为沿海区域进行资源开发及经济社会发展的重要空间载体，决定了海洋经济产业规划具备一定的特殊性。在海洋经济产业规划方面，有研究从规划实施结果、效果、效率这三方面构建了海洋经济产业规划的评估指标体系；也有关于海洋产业集聚区规划的研究，提倡以海陆共生理念为引导，提出生态先行、空间协同以及文化引领等方面策略。对于多数沿海城市而言，新一轮的国土空间规划如何与"十四五"海洋经济产业规划相衔接，在"陆海统筹""海洋生态产业互补"的要求下安排下一个重要的五年，乃至更长时期内的经济发展模式，是当前面临的重要课题和难题。然而，现有研究对于产业规划（尤其是沿海城市的海洋经济产业发展规划）和国土空间规划整合的讨论，主要集中在机构改革层面对接，缺少适合当前迫切需要的理论方法与实操技术。

此外，新时代的国土空间规划体系建立对产业规划相关内容提出了新要求，"十四五"产业规划也迎来了变革的新契机；而目前，在新的国土空间规划体系下讨论"十四五"产业规划与国土空间规划整合对接问题，由于相关规划体系重构等原因，尚处于初步探索阶段。另外，对于所有沿海城市，其"十四五"海洋经济产业规划作为沿海区域产业规划中的特殊组成部分，与国土空间规划的有效对接将是统筹海陆经济协调发展的重要指南，更是我国海洋生态文明建设的重要保障。

在上述背景和研究基础上，本文聚焦海洋经济发展背景下的沿海城市，对"十四五"时期产业规划与国土空间规划的整合对接进行积极探索，以期为沿海区域城市的产业空间规划提供可借鉴的思路和实证参考。

1　新国土空间规划体系下对产业规划的要求

宏观层面，在国家加快推进生态文明建设的大背景下，生态文明建设优先是新一轮国土空间规划体系构建的核心价值观。因此，产业规划也应该基于生态理念，确保生态文明建设的过程中资源环境保护与社会经济发展有一个基本和谐的关系。微观层面，在自然资源部最新发布的《市级国土空间总体规划编制指南（试行）》中，对产业规划相关内容作了如下要求："坚持高质量发展的要求，明确产业发展的重要原则和重点区域，结合城镇和重大基础设施，提出产业园区的空间安排，有条件的地区应明确高新技术产业、战略新兴产业的发展方向和空间安排，给予新产业、新业态、新模式相应的空间保障。对于产业集中发展区，可提出产业的资源消耗强度和产出指引。"可见，未来的产业规划应该更加注重与生态环境保护格局的协调性，在顺应城市产业经济高质量发展的同时，兼顾城市生态资源的保护与利用。

另外，目前我国正在加速建设高质量发展的制造强国，一方面受信息技术和高新技术对制造业、服务业的影响，城市产业空间资源需求将更加多元化、多变化，对国土空间的利用提出更多的要求；另一方面在高质量发展背景下，新国土空间规划的目标体系、产业发展时序及空间布局指引、存量产业用地及增量用地结构、重大产业项目和平台建设、新兴产业需要的基础设施及新基建等建设布局，是产业空间规划的重要支撑，也都需要国土空间来承载和协调。因此，有效衔接产业规划和国土空间规划具有很大必要性，是当前亟待解决的重点问题。

2 "十四五"产业规划与国土空间规划整合方案

2.1 "十四五"产业规划与国土空间规划整合的前提

由上述分析可知，无论是在原来的城乡规划体系还是在"五年规划"体系中，产业规划的法定地位都尚不明晰，且有关产业规划的内容存在诸多不足与局限性，使城市建设与经济社会发展都出现不同程度的问题。而新时期，"十四五"产业规划应该积极融入新的国土空间规划体系，以适应未来的发展需求。

2.1.1 明晰产业规划的地位——法定性

首先需要明晰"十四五"产业规划在新的国土空间规划体系所处的位置以及与其他规划的关系。"十四五"产业规划属于国土空间规划"五级三类"体系中的"专项规划"类规划中的专项规划的部分内容（近期建设规划体现）（图1）。在横向上，"十四五"产业规划要同时受同级"十四五"国民经济与社会发展规划的统领发展以及同级国土空间规划的空间管控（图2）。另外，要增强"十四五"产业规划作为专项规划的法定地位，保障其在规划衔接与规划实施过程的权威性。各级国土空间规划条例中，应明确"十四五"产业规划编制、审批、实施管理要求，明确相关工作程序及相关部门工作职责，明确专项规划编制范围、编制内容、编制成果规范等。

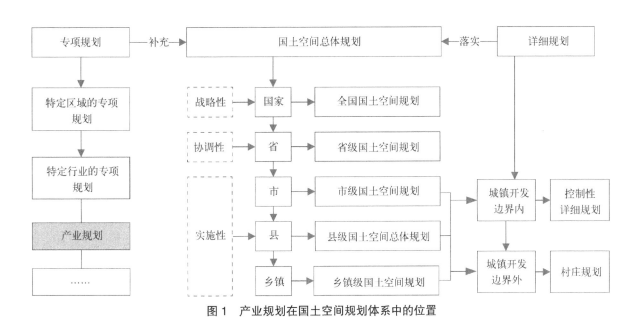

图1 产业规划在国土空间规划体系中的位置

2.1.2 厘清各层级产业规划内容——传导性

"十四五"产业规划除了需要兼顾五年规划和国土空间规划的发展要求和空间管控外,在此基础上,还需厘清产业规划的编制层次,明确不同层次规划的编制深度。在纵向上,国家、省、市、县、乡镇不同层级对"十四五"产业规划都有相对应的内容要求(表1)。

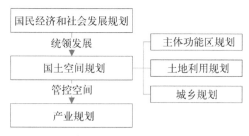

图 2 产业规划与其他规划的关系

不同层级产业规划的主要内容   表 1

层级	与"十四五"产业规划相对应的内容
全国国土空间规划	提出全国产业发展指引总纲,调整优化全国产业空间布局结构,安排全国性工业集聚区、新兴产业示范基地、农业商品生产基地布局。
省级国土空间规划	建立省域产业发展目标体系,确定省域产业的发展战略、产业结构、产业空间布局、产业发展定位和产业用地规模,并对重点/特色产业发展与布局进行统筹引导;提出各层次区域及地级市单元的产业用地规模和产业空间准入要求,明确各市县和开发区的产业空间发展方向和空间利用模式。
市级国土空间规划	分解省域单元产业发展目标体系,贯彻省域产业发展导向及空间准入要求;明确市域产业体系、产业空间结构、产业发展定位、产业用地规模及开发强度,建构市域产业布局体系;统筹市县产业发展的分工竞合关系、城区与园区的协调关系,细化明确下辖各个县级单元的分类指引方向和各类园区产业体系构建、产业用地供给和配置模式等。
县级国土空间规划	分解上位规划的产业发展目标,落实市域单元的产业发展导向、分类指引要求;明确本单元全域产业体系、重点/特色产业发展定位、产业用地规模及开发强度、产业空间结构、划定各类产业用地边界和产业配套支撑体系;确定中心城区、各个乡镇和园区的产业发展与布局。
乡镇级国土空间规划	分解上位规划的产业发展目标,落实县级规划的产业发展战略,制定乡村产业发展和新型业态发展规划,做好农业产业园、科技园、创业园等产业发展空间安排,要明确产业发展方向,制定村庄禁止和限制发展产业目录。对于独立产业园区,按照省国土空间规划产业发展和布局要求,结合资源环境承载力评价结果,综合考虑乡镇产业发展及功能布局,确定独立产业园区发展定位、规模、用地布局、土地开发强度以及环境污染防治等内容。

(来源:整理自全国各地市已发布的各层级国土空间规划编制指南及五年规划)

(1)全国国土空间规划是全国国土空间保护、开发、利用、修复的政策和总纲,侧重战略性,这一层级产业规划侧重提出全国的产业发展总体纲要与战略;

(2)省级国土空间规划是对全国国土空间规划的落实,指导市县国土空间规划编制,侧重协调性,这一层级产业规划形成产业发展到产业空间的完整内容体系;

(3)市县和乡镇级国土空间规划是本级政府对上级国土空间规划要求的细化落实,是对本行政区域开发保护做出的具体安排,侧重实施性,这些层级更注重对上级"十四五"关键指标与内容的分解传导和产业空间的具体布局与规模大小等。

总体而言,不同层级产业规划在内容上具有自上而下的垂直性和一致性,其内容需要与各个层级国土空间规划编制重点相匹配。

2.1.3 认清产业规划的矛盾——协同性

国土空间规划是基于空间用途管制的规划,是在保障生态空间不受侵占破坏的情况下,城市得到尽可能大的发展空间。"双评价"与"三区三线"划定意味着城市的发展规模受到有限空间的制约,城市建设不再像从前一样无节制扩张,在新的国土空间规划体系下,"十四五"产业规划面临的主要矛盾是五年产业发展诉求与国土空间使用不当之间的矛盾。这种矛盾主要表现在,粗放式的经济增长模式催生大量能源、建材、化工等资源劳动密集型产业,对生态环境产生巨大干扰。这些高耗能、重污染产业长期占据地方产业的主导地位,对生态环境造成严重破坏,并与国家推进产业转型升级的大方向背道而驰。在新的发展形势下,以往粗放式的产业发展模式不再适用,"十四五"期间,需要在生态环境保护与经济效益之间进行权衡,推进产业与城市的绿色发展。

可见,"十四五"产业规划是国家和城市下一个重要五年内经济社会发展的动力源泉,从宏观视角来看,"十四五"产业规划的编制对国民经济和社会发展意义重大,是政府科学有效干预市场的核心公共政策,是推进经济转型升级的重要手段,对于优化生产力布局、构建现代产业体系、提升经济综合竞争力具有重大意义。而从微观视角来看,"十四五"产业规划作为对产业发展布局和产业结构调整进行的整体布局和规划,是产业园区、产业功能区科学有序开发发展的引领性保障。总体而言,充分发挥"十四五"产业规划作用的必要前提是推进产业规划与国土空间规划的整合工作;而"十四五"产业规划与国土空间规划的整合要点在于要充分理解产业规划的三大特性即产业规划的法定性、传导性和协同性。

2.2 "十四五"产业规划与国土空间规划整合实施方案

"十四五"产业规划既要落实五年规划"做什么"的要求,又要落实国土空间规划15年期内"在哪做"的要求,这就要求产业规划在两大规划体系中符合时间与空间维度的一致性。以"十四五"产业规划空间与时间的一致性为目标,根据国土空间规划编制程序,二者在整合上需要摸清产业空间基地、明确产业战略目标、谋划产业空间格局、优化产业要素配置、完善实施保障机制(图3)。

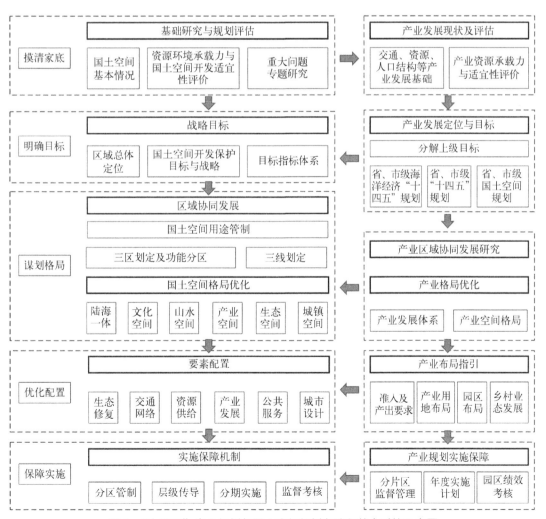

图3 "十四五"产业规划与国土空间规划各流程整合对接示意图

2.2.1 摸家底——摸清产业空间基底

首先，新一轮国土空间规划编制进程中，需要在第三次全国国土调查（简称"三调"）成果基础上，整合市级国土空间规划编制所需的空间数据与信息，形成统一的"一张底图"并进行"双评价"（资源环境承载能力和国土空间开发适宜性评价）、"双评估"（国土空间开发现状和现有各类规划实施情况评估和风险评估）以及专题研究。与之相对应的，"十四五"产业规划需要明晰"十三五"时期城市的交通、资源、人口等产业发展相关的基础数据资料。另外，需要针对城市的"十四五"产业用地进行资源环境承载力与开发适宜性评价分析，为后续的产业空间布局提供重要依据。

2.2.2 明目标——明确产业战略目标

分析市级国土空间开发保护中的重大问题，落实国家、省重大战略部署，综合确定城市定位，并提出国土空间开发利用、保护修复、人文品质等方面的目标，形成具体的目标体系。与之相对应的，"十四五"产业规划应以省、市级"十四五"规划中制定的战略目标为导向，确保国土空间规划体系中产业规划相关内容的约束性指标、发展方向、重大政策、重大工程和项目与"十四五"规划保持一致、达成共识。对于一些存在争议的内容，由国土空间规划编制部门与发展规划编制部门共同审查论证，共同研究提出解决方案。在前述基础上，最终确定城市产业发展的总体目标、具体目标以及指标体系。

2.2.3 谋布局——谋划产业空间格局

"十四五"期间，一方面，各个城市应该提出与周边市县在产业发展、生态治理、重要基础设施特别是交通设施等方面的协调措施。另一方面，应发挥国土空间规划用途管制的基本功能，划定"三区三线"，最终实现生产空间与生活、生态空间的协调，形成"三生"空间融合发展的国土空间格局。与之相对应的，"三区三线"是规划产业发展不可逾越的红线，"十四五"产业规划需要在"三区三线"划定的基底上，合理谋划"十四五"产业空间布局。同时，"十四五"产业规划不但要确保产业空间不侵占生产空间，而且要使产业空间结构与城市的空间发展结构相适应。

2.2.4 优配置——优化产业要素配置

在以"双评价"和"双评估"为基础，结合规划目标和战略，统筹"山水林田湖草"等保护类要素，形成国土空间开发保护格局后，需要进行产业、交通等发展类要素的具体配置工作。根据此要求，"十四五"产业规划需要对产业用地的布局做出具体指引，界定产业园区的范围与规模，明确产业园区发展的方向与重点。在产业园区的准入及产出方面，可结合城市环保负面清单，禁止准入某些不符合产业政策、不符合规划、高耗能高排放、影响城市生态环境保护的项目。除此之外，在现阶段以"国内大循环"为主的经济形势下，要注重城乡产业融合发展，发挥乡村振兴的重要引擎作用。

2.2.5 建机制——完善实施保障机制

最后，需要建立和完善实施保障机制，确保产业规划的最终落实。在法规方面，可以通过强化产业规划法定地位与作用，将"十四五"产业规划有关要求，提炼后作为《国土空间规划法》《国土空间规划管理法》等法律的参考内容，并依托"十四五"专项规划完善"十四五"产业规划相关法规，以此来规范引导"十四五"产业规划编制工作。而对于省国土空间规划条例及地方国土空间规划条例，需明确"十四五"产业规划编制、审批、实施管理要求。在实施监督方面，产业规划需改变原有的以五年近期建设规划为实施载体的方式，转而通过年度实施计划的方式，与同样依赖各类年度计划完成项目实施的五年规划进行衔接。另外，可通过定期的园区绩效考核评估形式，达到对产业园区的监督作用，及时淘汰不达标的产业项目。

3　沿海城市"十四五"海洋经济产业规划与国土空间规划的整合方案

根据新一轮全国国土空间规划的总体要求，沿海区域城市需要更加关注海洋经济相关产业的转型与布局优化，更加注重与海洋生态环境的协调关系。基于前文"十四五"产业规划与国土空间规划整合对接思路，本小节将聚焦沿海区域城市，从规划理念、话语体系等方面进一步提出"十四五"海洋经济产业规划与国土空间规划整合对接的方案。

3.1　规划理念贯彻——以陆海统筹推进海洋经济与海洋生态文明协调发展

首先，海洋经济发展应该与以生态文明建设为背景的国土空间规划理念相统筹对接，即坚持以陆海统筹推进海洋经济与海洋生态文明协调发展的总理念。从国土空间规划的角度出发，"十四五"海洋经济产业的发展需要陆域产业经济的支持，海洋生态环境的治理问题需要国土空间资源的陆海统筹，也就是说，对于沿海城市而言，应积极推动"十四五"陆海产业的融合发展，同时加强海洋环境保护与治理。

"十四五"期间，在推动陆海产业融合发展方面，最重要的是实现陆海之间生产要素的自由流动，这就需要依赖以陆海统筹为原则的国土空间规划来实现。一是可通过国土空间产业布局，基于区位优势、产业基础等，以产业园区为核心加快建设海洋产业集群，吸引陆地高科技、资本、人才向园区集聚。二是针对不同区位的海域，提出不同的功能定位和产业发展重点。比如深海空间以高新技术开发为重点，近岸海域空间以生态保护和环境治理为主。

在海洋环境治理方面，要对开发活动的规模和范围、产业准入进行控制。一方面，要强化陆域国土空间开发的管控力，应单独编制"十四五"海域、海岛和海岸资源保护与利用规划专章，统筹保护海洋资源和海陆生态环境，对各类海洋保护利用分区提出差异化用途管制要求。另一方面，严格控制高污染、高能耗企业在沿岸敏感区域布局，引导"十四五"期间海洋经济企业调整产业结构或转型升级。总之，在"十四五"期间，不论是进行海洋经济相关产业布局还是沿海产业空间布局，都应该严格遵守海洋生态保护红线的划定要求，不侵占与破坏海洋生态空间。

3.2　横纵体系协调——构建纵向衔接、横向支撑的"十四五"海洋经济产业规划体系

首先，正如前文所提及，国家经济与社会发展规划处于规划体系的顶端，是统领其他各级各类规划的顶层设计。所以，"十四五"时期海洋经济产业规划也必定要遵循"十四五"规划和"十四五"海洋经济发展规划的总要求。在新的国土空间体系建立后，对"十四五"海洋经济产业规划起直接引导与空间管控作用的将是国土空间规划。由于"十四五"海洋经济产业规划相关内容属于国土空间规划体系中产业规划与海洋空间规划的交叉重叠内容（图4），所以对于"十四五"海洋经济产业规划而言，既需要延续产业规划中的总体发展布局思路，又要满足海洋空间规划提出的海洋生态环境保护与修复要求，这也与"十四五"海洋经济产业规划的总理念即以陆海统筹推进海洋经济与海洋生态文明协调发展相呼应。

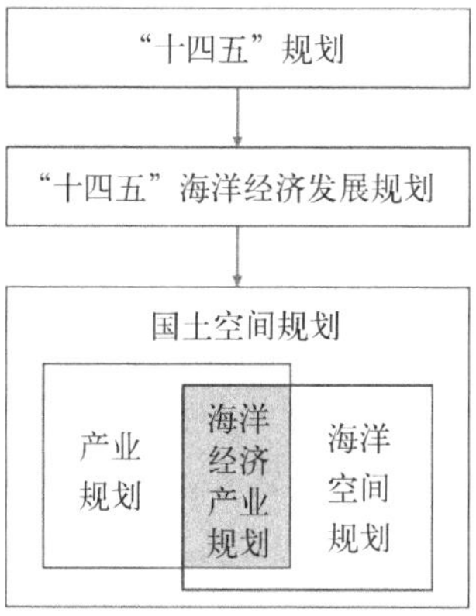

图4　海洋经济产业规划与其他规划关系

（1）在纵向上，形成国家、省、市县三级衔接的海洋经济产业规划体系，满足国土空间规划三级管控的要求。国家级海洋经济产业规划侧重战略性，主要是对全国沿海具有海岸带、海岛以及管辖海域的11个省市区在海洋经济方面进行统筹规划；省级海洋经济产业规划侧重协

调性,主要是对全国"十四五"海洋经济产业规划纲要的落实,指导和协同市县一级的"十四五"海洋经济产业体系;市县级"十四五"海洋经济产业规划侧重实施性,主要是对上级海洋经济产业规划的细化落实。

(2)在横向上,海洋经济产业规划除了要受同级"十四五"规划的发展引导外,还需受同级国土空间规划的约束。具体而言,国土空间总体规划中应该在海域环境承载力和开发适宜性"双评价"基础上划定开发利用和生态保护等导向不同的海洋功能区。"十四五"海洋相关专项规划(如海岸带综合保护与利用规划)应该统筹包括产业在内的各类要素配置。"十四五"海洋经济产业规划要在严守海洋生态保护红线与自然岸线的划定前提下进行海洋经济产业相关的空间配置。

总体而言,要形成纵向衔接、横向支撑、横纵协调的海洋经济产业规划体系(图5),既要满足上级规划的传导要求,又要符合同级规划的管控要求。

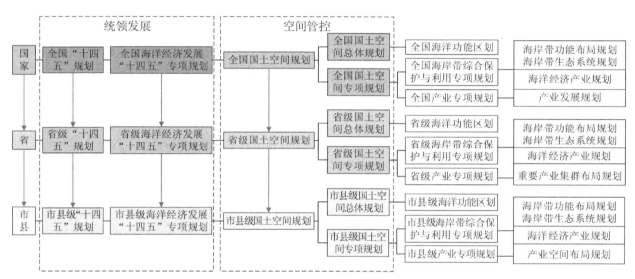

图5　横、纵向上与海洋经济产业相关规划的层级关系

3.3　统筹空间分类——制定科学的陆海国土空间分类方案

统筹制定科学的国土空间分类方案是国土空间规划编制及国土空间用途管制的基础。在新的国土空间规划体系下,陆海国土空间用地用海分类面临着生态文明建设、陆海统筹、海洋经济高质量发展等提出的新要求。由于大部分海洋经济产业是以陆地及其邻近海域作为主要的空间载体,所以"十四五"海洋经济产业规划与国土空间规划的整合对接必须以制定科学的陆海国土空间分类方案为前提条件,这也是后续监管规划各个环节的关键"钥匙"。与国土空间用地分类层级一致,国土空间用海分类采用三级分类体系,部分与海洋经济产业相关用海分类参见表2。在设计用海分类标准时,不仅以海域用途为主要分类依据,而且充分考虑到国土空间规划对国土空间生态的保护作用。比如,对工业用海,根据其是否对居住和海洋生态环境产生显著干扰、污染程度以及产业自身的安全防护要求等,将二级类进一步划分为一类工业用海、二类工业用海、三类工业用海,以此来增加对国土空间用途监管的适应性。

与海洋经济产业相关的国土空间规划用海分类（部分）　　　　表2

一级分类	二级分类	三级分类	含义
渔业用海	渔业基础设施用海		指为开发利用渔业资源、开展海洋渔业生产所使用的海域 指用于渔船停靠、进行装卸作业和避风，以及用以繁殖重要苗种的海域，包括渔业码头、引桥、堤坝、渔港港池（含开敞式码头前沿船舶靠泊和回旋水域）、渔港航道及其附属设施使用的海域
	增养殖用海	围海养殖用海 开放式养殖用海	指用于养殖生产或通过构筑人工鱼礁等进行增养殖生产的海域 通过筑堤围海进行封闭或半封闭式养殖生产的海域 在海水自然流动环境下进行底播、网箱、筏式等养殖生产的海域
	捕捞用海	人工鱼礁用海	通过人为设置鱼礁等构筑物进行增养殖生产的海域 指开展适度捕捞的海域
工矿用海	工业用海		指开展临海工业生产和矿产能源开发所使用的海域 指开展海水综合利用、船舶制造修理、海产品加工等临海工业建设的海域
		一类工业用海	对海洋公共环境基本无干扰、污染或安全隐患的工业用海
		二类工业用海	对海洋公共环境有一定干扰、污染或安全隐患的工业用海
		三类工业用海	对海洋公共环境有严重干扰、污染或安全隐患，规划布局有防护、隔离要求的工业用海
	盐田用海		指用于盐业生产的海域，包括盐田取排水口、蓄水池等所使用的海域
	固体矿产用海		指开采海砂及其他固体矿产资源的海域
	油气用海		指开采油气资源的海域
	可再生能源用海		指开展海上风电等可再生能源利用的海域
排污倾倒用海	污水达标排放用海 倾倒区用海		用于受纳达标污水和倾倒废弃物的海域 污水达标排放的指定海域 受纳废弃物的指定海域
交通运输用海	港口用海		指用于港口、航运、路桥等交通建设的海域 指供船舶停靠、进行装卸作业、避风和调动的海域，包括港口码头、引桥、平台、港池、堤坝及堆场等所使用的海域
	航运用海		指供船只航行、候潮、待泊、联检、避风及进行水上过驳作业的海域
	路桥用海		指用于连陆、连岛等路桥工程建设的海域，包括跨海桥梁、跨海和顺岸道路等及其附属设施所使用的海域
游憩用海	风景旅游用海		指开发利用滨海和海上旅游资源，开展海上娱乐活动的海域 指开发利用滨海和海上旅游资源的海域
	文体休闲娱乐用海		指旅游景区开发和海上文体娱乐活动场建设的海域

（来源：整理自参考文献 21 及《国土空间规划用地用海分类指南（试行，征求意见稿）》等相关文件。）

综上，可以从理念引领、体系构建以及空间分类三方面进行"十四五"海洋经济产业规划与国土空间规划的整合对接。第一，贯彻以陆海统筹推进海洋经济与海洋生态文明协调发展的规划理念，在保护陆海生态空间新格局下推动陆地经济与海洋经济的融合发展；第二，构建纵向衔接、横向支撑的海洋经济产业规划体系，实现规划层级自上而下的有效衔接以及各类横向相关规划的支撑作用；第三，制定科学的陆海国土空间分类方案，反映国土空间利用的基本功能并满足陆海空间资源统一管理的需求。

4　实证研究

在上述理论分析的基础上，本节以厦门市的相关规划为实例，说明厦门市"十四五"产业规划与国土空间规划如何在编制流程与实施管理层面进行整合对接（图6）。

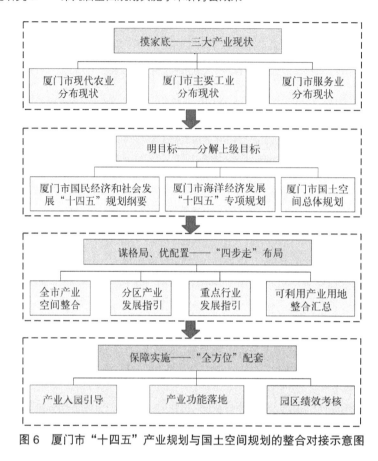

图6　厦门市"十四五"产业规划与国土空间规划的整合对接示意图

厦门市的空间规划改革工作探索起始于2013年，经历了"多规合一一张图"空间规划体系和"全域空间一张图"空间规划体系的发展历程。时至今日，厦门市已经形成了比较成熟的"立体空间一张图"空间规划体系。与此同时，厦门的产业规划也伴随着空间规划体系改革工作的推进而适应性变化，不断朝着"全市产业空间一张图"的目标靠近。厦门市于2017年组织编制产业空间规划，随后由于2018年起厦门市陆续划定工业控制线、出台新的环保负面清单以及新国土空间规划体系建立等原因，在2017年的产业空间规划基础上为进一步跟上新形势适应新需求，修编了厦门产业空间规划（2020年）。本小节将以厦门市产业空间规划为例，探讨其产业规划与国土空间规划的整合对接具有重大参考意义。

4.1　厦门市产业空间布局现状研究与分析（"十三五"时期）

首先，厦门市主要从现代农业、制造业和高新产业、第三产业这三大类型产业对"十三五"时期产业空间布局的现状进行分析与研究，总结出厦门市在这三大类型产业分别存在的问题。在现代农业方面，厦门市的都市现代农业格局基本形成，但总体规模较小，空间分布不均衡，主要集中在城市近郊区，城区内以小规模的农产品加工、交易场所为主；在制造业和高新产业方面，厦门市的电子和机械装备两大支柱产业规模快速发展，但全市产业集群规模化程度不够高、空间较为分散，整体土地使用效率与发达地区差距较大，各区发展不平衡，工业园区生活配套设施有待完善，设施水平较低端；在第三产业方面，现代服务业逐渐取代传统服务业，成为推动厦门经济增长的新引擎，但服务业主要集中在本岛，发展空间受限，岛外零星发展，空间集聚性较差，现状空间规模也较小。

4.2　厦门市"多层次"产业规划编制方法

针对产业空间布局存在的问题，厦门市结合《厦门市国土空间总体规划（2019–2035年）》《厦门市工业布局规划（2019–2035年）》《厦门市物流专项规划（2019–2035年）》《厦门市全域旅游专项规划（2019–2035年）》等相关规划，采取"四步走"模式进行产业空间布局规划。

第一步，全市产业空间整合。厦门市结合本市国民经济和社会发展规划以及各行政区、指挥部发展诉求，统筹规划，对现有产业空间进行全面梳理整合，形成主导产业清晰、分区错位发展的产业空间格局。大体上，厦门市将全市的产业空间分为服务型产业区、生产型产业区、文化旅游区以及生态旅游区四大类型产业片区。第二步，分区产业发展指引。厦门市以行政区和指挥部管辖范围为基本单元，在全市产业空间整合基础上，进一步细化各区、新城片区产业发展指引（图7）。第三步，重点行业发展指引。厦门市梳理相关产业发展规划，明确发展重点产业类型，对接招商需求，梳理形成重点产业空间发展指引。最后一步，将可利用产业用地整合汇总。厦门市对全市近期可开发利用的产业用地进行汇总，形成近2年与近5年的可供工业用地分布图。

图7　厦门市各大新城片区产业空间布局图
（来源：《厦门市新城片区产业空间整合提升规划（2019年）》）

整体而言，厦门市形成了架构完整、上到顶层设计下至实施计划的产业空间规划体系。其规划容全面，统筹考虑了物流、工业、全域旅游、商业网点设施等要素。具体涵盖了以《厦门市战略性新兴产业发展规划》等为主的战略层面规划，以《厦门市产业空间布局规划》《厦门市全域旅游专项规划》等为主的市级层面规划，以《厦门市集美区产业布局规划》《厦门市新城片区产业空间整合提升规划》等为主的区级层面规划，以《厦门市新一代人工智能产业发展行动计划》《厦门市重点项目建设年度计划》等为主的实施计划（图8）。

4.3　厦门市"全方位""十四五"产业规划实施保障

在"四步走"产业规划编制模式基础上，厦门市还采取了一系列全方位保障"十四五"产业规划实施的措施。目前，厦门市主要采取加强产业入园引导、推进产业功能落地以及建立绩效考核机制等三方面保障措施，来更好地引导"十四五"期间招商项目的落地，助力厦门产业经济朝更高质量发展。

（1）加强产业入园引导

厦门市由发改委牵头，工信、文旅、农村农业部门和各区政府、管委会配合，定期发布产业发展导向目录。各有关单位在项目招商、行业审查、土地预审、项目立项、规划选址等环节严格执行，以引导资金、技术、人才等要素的投入。在项目招商方面，各指挥部和相关部门，围绕各自产业发展主线加强招商管理，形成差别化的招商方向。除此之外，厦门市还特别构建了"厦门招商地图"网上平台，依托统一的国土空间规划，对现状用地进行系统梳理，包括批而未供、供而未用、低效使用的土地，以及闲置的房产资源等。通过制定统一的招商地图，加大招商引资力度，从而提高空间的利用效率。

（2）推进产业功能落地

厦门市的各区政府、各指挥部根据各片区"十四五"产业发展定位，开展控制性详细规划

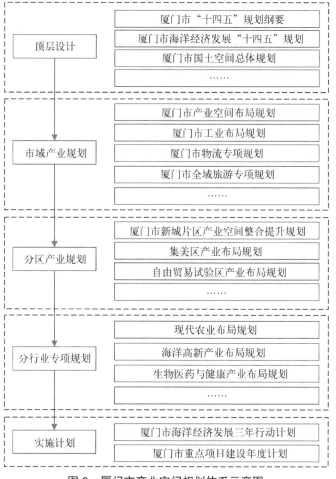

图 8 厦门市产业空间规划体系示意图

修订工作，调整土地利用规划，将产业功能落实到具体地块上。同时，各指挥部详细梳理产业用地，综合运用规划、土地、资金等各种手段，加大村庄拆迁和土地整备力度，形成更多的成片土地资源，保障并拓展"十四五"产业发展空间。

（3）建立绩效考核机制

厦门市开展园区集约节约用地考核，依据年度土地变更调查结果和最新卫星影像图，结合产业园区土地集约节约利用评价更新成果，市国土房产局、市经信局、市发改委、市统计局等部门组成考核小组，定期对各园区集约节约用地情况进行考核，促进产业园区节约集约利用土地。

4.4 厦门市"十四五"海洋经济产业规划与国土空间规划的整合

（1）依托海洋经济创新发展示范区，开展"十四五"海洋经济产业规划

进入新时代以来，厦门市作为全国首批 14 个海洋经济创新发展示范区之一，对海洋经济的发展高度重视，加快海洋经济高质量发展成为厦门实施海洋强市战略的重要手段。厦门市重点布局海洋生物、邮轮游艇、海洋高技术服务、海洋文化创意等新兴产业，逐步形成海洋经济产业集群与海岸带生态岸线协调发展的格局，示范区建设取得明显成效。目前，厦门市在全力推进"两港一区"载体建设，通过高崎中心渔港、欧厝渔港建设提升和推动欧厝渔港以东形成海洋高新产业聚集园区，打造"十四五"期间厦门海洋经济发展的重要平台。未来，厦门市将继续依托海洋经济创新发展示范区开展"十四五"海洋经济产业规划，明确"十四五"海洋经济发展战略定位、发展方向、空间布局和支撑政策，不断优化产业

结构、调整产业布局，推动海洋产业全面、创新、集聚发展。

（2）顺应城市发展规律，推动"十四五"产业空间结构与城镇开发空间结构相适应

对比厦门市海洋经济产业空间结构图、产业空间结构图、城镇开发空间结构图，可以看出，厦门市"一核引领、两翼拓展、环湾统筹、南北依托"的海洋经济产业空间结构以及"一主、两副、多节点"的产业空间结构与构建"一岛、一带、多中心"的城市空间结构是相对应吻合的。具体而言，厦门市的产业空间结构围绕"一主"厦门岛，"两副"马銮湾新城与环东海新城，形成多层次的高端服务业集聚区。同时，海沧南部工业区、环马銮湾工业区、集美工业区、同安工业基地、同翔工业基地、翔安航空工业区等六大制造业集聚区形成环湾工业带，与厦门城市空间结构的环湾城市带相互契合，确保产业空间作为城市"发展带"与"环湾城市带"同步向东西方向延伸。

"十四五"期间，厦门市将延续产业空间结构与城镇开发空间结构相适应的协调关系，在确保空间规划体系下产业空间结构布局与《厦门市"十四五"规划》中确定的产业空间结构保持一致的同时，也确保其与厦门市的城镇空间开发结构相适应。在相对应的海洋经济产业方面，厦门市海洋经济产业空间结构也与《厦门市海洋经济发展"十四五"规划》中确定的空间结构相契合，这是"十四五"产业规划与国土空间规划整合对接的重要体现。

（3）践行生态文明建设，确保"十四五"产业空间与生态空间相协调

将厦门市的产业空间与陆域生态空间相叠合，可以看出厦门市的产业空间布局与生态控制线和城市开发边界是相适应的。除了部分生态旅游区类型的产业空间与生态空间重合外，并未出现产业空间侵占城市生态空间的现象。同样，将厦门市的产业空间与海洋生态保护红线相叠合，可以看出厦门市的沿海产业布局与海域生态空间也是基本相适应的。比如与海洋保护区（禁止类）相接的海岸带部分产业布局主要类型为文化旅游区类，在少部分存在生产型产业片区的沿海区域，厦门市按照《厦门市海域生态空间管控单元环境准入清单》要求，严格限制保护区内准入项目，禁止准入任何破坏或改变自然岸线的项目。

"十四五"期间，厦门市将继续保持产业空间与陆海生态空间格局之间良好的协调关系，既满足"十四五"产业经济发展需求，又符合生态文明建设背景下空间规划的陆海生态保护格局要求，从而进一步实现海洋经济与海洋生态文明的协调发展。

总而言之，厦门市紧紧围绕国土空间规划的要求，由产业现状评估到产业空间布局，再到产业规划的实施保障，不断推进"十四五"产业规划与国土空间规划的整合对接。通过上述对厦门市产业规划相关实践探索的介绍分析，发现产业在促进城市经济社会发展的同时，产业空间的拓展不能够侵占与破坏城市的生态保护空间。一方面，城市的产业空间结构需要与城市总体的发展结构同步契合；另一方面，城市产业空间需要与海陆生态空间保持良好协调关系，严格遵循陆地生态红线与海洋生态保护红线划定等要求。

5 结论与展望

在"十四五"规划新时期与国土空间规划新体系背景下，原有的产业规划模式迎来了变革的新契机，面对新时期、新体系、新要求，产业规划亟待与国土空间规划进行整合对接，以更好发挥其作用。

本文通过研究发现，"十四五"产业规划与国土空间规划整合对接的要点在于需要明晰产业规划的法定地位，厘清各个层次产业规划的内容及编制深度，认清在国土空间规划体系下产业空间建设的主要矛盾。其中最重要的是，产业规划要考虑对城市生态环境的影响，并发挥其真正作用即推动城市的经济社会发展。其主要体现在两方面：（1）在横向上，产业规划既要体现城市经济社会发展思想又要符合城市生态文明建设要求。在发展上，以国民经济与社会发展为引领，通过产业发展带动城市发展；在生态上，

受国土空间规划体系中划定的"三区三线"管控，产业空间应与生态空间相协调。（2）在纵向上，产业规划需要明晰其在国、省、市、县、乡镇每一层级国土空间规划的内容与编制深度。国家级侧重战略性，省级侧重协调性、市县和乡镇级侧重实施性。除了自上而下地逐级传导外，产业规划还需要以横向上同级国民经济与社会发展规划的发展目标为统领，并符合同级国土空间规划的管控要求。

除此之外，结合"十四五"规划新时期的发展趋势和新国土空间规划体系的发展需求，提出产业规划与国土空间规划整合对接的根本在于保证产业规划在时间和空间维度保持一致性，解决"做什么""在哪做"的问题。对此，提出相应的整合对接思路：摸清产业空间基地、明确产业战略目标、谋划产业空间格局、优化产业要素配置、完善实施保障机制。同时，针对海洋经济发展背景下的沿海城市，应该更加关注海洋经济相关产业的转型与布局优化，更加注重与海洋生态环境的协调关系。同时，针对沿海区域海洋经济产业规划与国土空间规划的整合对接，提出以陆海统筹推进海洋经济与海洋生态文明协调发展、构建纵向衔接横向支撑的海洋经济产业规划体系以及制定科学的陆海国土空间分类方案。

另外，以厦门市为实证案例，探究"十四五"规划、国土空间规划、产业空间规划以及海洋经济产业规划的整合对接工作，不仅对其他城市的产业空间规划有极大参考价值，也为指导经济社会发展与空间保护开发的协调统一，实现经济高质量发展与生态文明建设的有机结合给予方法上的指导。

最后，需要指出的是，产业规划侧重于对某区域产业发展思路的制定、产业空间布局的设想、产业发展时序的安排，其主要作用是服务于招商并为区域产业招商引资提供理性的理论支撑和成体系的发展思路。产业规划与国土空间规划的整合并不是简单地在国土空间规划体系中嵌入产业规划的相关内容，而应该更加注重增加产业策划相关内容，而丰富国土空间规划体系中产业规划的内涵，这些内容还有待在未来的国土空间规划实践中进一步深入研究。

参考文献

[1] 黄征学．发展规划和国土空间规划协同的难点及建议 [J]．城市规划，2020，44（6）：9-14．

[2] 沈体雁，张丽敏，劳昕．系统规划：区域发展导向下的规划理论创新框架 [J]．规划师，2011，27（3）：5-10．

[3] 钱前，甄峰，王波，等．基于公众参与的城市产业规划编制思路与方法研究：以《南京中央门产业发展规划》为例 [J]．城市发展研究，2012，19（11）：49-56．

[4] 丁成日，李智，何莲娜，等．城市经济产业与城市土地利用之间的关系：利用非调查方法估计 [J]．城市规划，2018，42（6）：9-14．

[5] 何克东，林雅楠．规划体制改革背景下的各规划关系刍议 [J]．理论界，2006（8）：49-50．

[6] 丁成日．"经规""土规""城规"规划整合的理论与方法 [J]．规划师，2009，25（3）：53-58．

[7] 谢英挺，王伟．从"多规合一"到空间规划体系重构 [J]．城市规划学刊，2015（3）：15-21．

[8] 薛富智，杨荣喜．城市规划与产业规划的互动协同 [J]．开放导报，2015（1）：36-38．

[9] 姜秋全，刘昆轶，陈浩．空间规划与产业发展的互动研究与实践：以株洲产业新城为例 [J]．城市规划学刊，2012（S1）：211-215．

[10] 贺传皎，王旭，邹兵．由"产城互促"到"产城融合"：深圳市产业布局规划的思路与方法 [J]．城市规划学刊，2012（5）：30-36．

[11] 张惠璇，刘青，李贵才．"刚性·弹性·韧性"：深圳市创新型产业的空间规划演进与思考 [J]．国际城市规划，2017，32（3）：130-136．

[12] 余建辉，李佳洺，张文忠，等．国土空间规划：产业空间配置类单幅总图的研制 [J]．地理研究，2019，38（10）：2486-2495．．

[13] 韩增林，李彬，张坤领，等．基于 CiteSpace 中国海洋经济研究的知识图谱分析 [J]．地理科学，2016，36（5）：643-652.

[14] 高金柱，张坤珵，何广顺，等．海洋经济规划评估技术方法与实证研究 [J]．海洋环境科学，2019，38（1）：111-119.

[15] 张赫，王明竹，贾梦圆．填海造地产业集聚区的海陆共生规划策略：以蓬莱市西海岸海洋产业集聚区规划为例 [J]．规划师，2017，33（5）：66-70.

[16] 杨保军，陈鹏，董珂，等．生态文明背景下的国土空间规划体系构建 [J]．城市规划学刊，2019（4）：16-23.

[17] 熊威．"两型"社会背景下以生态维育为导向的城市产业空间规划研究：以咸宁市为例 [J]．规划师，2010，26（7）：85-89.

[18] 狄乾斌，韩旭．国土空间规划视角下海洋空间规划研究综述与展望 [J]．中国海洋大学学报（社会科学版），2019（5）：59-68.

[19] 程遥，李渊文，赵民．陆海统筹视角下的海洋空间规划：欧盟的经验与启示 [J]．城市规划学刊，2019（5）：59-67.

[20] 周鑫，陈培雄，徐伟，等．面向国土空间规划的用海分类探索 [J]．中国国土资源经济，2020，33（6）：25-33.

[21] 林坚，李修颉．论海洋资源监管、用途管制与规划管理 [J]．规划师，2020，36（11）：27-32.

[22] 陈志诚，樊尘禹．城市层面国土空间规划体系改革实践与思考：以厦门市为例 [J]．城市规划，2020，44（2）：59-67.

武汉东西湖区控制性详细规划评估及优化探索
——基于国土空间规划语境

屠商杰　罗　吉　彭　阳*

【摘　要】长期以来，控制性详细规划在指导城乡建设及规划管理方面发挥了重要的作用。当前，伴随着宏观政策导向及空间规划治理目标的变革，国土空间规划应运而生，作为国土空间规划重要组成部分的控制性详细规划，其职能延续及优化创新成为亟待研究的课题。本文以武汉市东西湖区为例，在对其现行控规进行评估的基础上，分析了控规存在的主要问题，结合新形势新要求，从规划导向、编制体系、管控方式三个方面提出了优化思路，具体包括：树立"时空"全覆盖，保护与发展并重的规划导向；构建分层传导，空间产品供需平衡的编制体系；明晰刚弹结合、"规划—设计"统筹的管控方式，以期在国土空间规划语境下为系统优化武汉市控制性详细规划的编制及治理能力提供参考和借鉴。

【关键词】国土空间规划；控制性详细规划；规划评估；优化探索

1　研究缘起

伴随着 20 世纪 80 年代计划经济向市场经济的转变，为适应我国经济社会快速发展的需要，控制性详细规划（以下简称"控规"）应运而生。控规是用以控制建设用地性质、使用强度和空间环境的规划，30 余年中，控规在指导我国城市土地开发建设及规划管理方面一直都发挥着重要的作用。当下，随着新时期生态文明建设、高质量发展、城乡统筹协调发展等规划目标导向逐渐成为共识，自 2018 年 3 月《国务院关于提请审议国务院机构改革方案》通过后，我国已相继完成了从国务院到省、市、县多级的行政机构改革。原住建部门的城乡规划管理、国土部门的土地管理、发改部门的主体功能区规划以及相关部门的水利、农业、林业、海洋、测绘等，由新组建的自然资源部门系统整合统一管理。2019 年 1 月通过的《关于建立国土空间规划体系并监督实施的若干意见》（以下简称《若干意见》），将原城乡规划、土地利用规划、主体功能区规划等空间规划融合成为统一的国土空间规划，这一变革意味着宏观政策导向及空间规划治理目标的重大转变。

空间规划体系重构背景下，控规作为"五级三类"中详细规划的一种重要规划类型，应该在新时期发挥全域全要素国土空间管控、实现城乡一张图精细化管理、提高人居环境品质以及服务治理现代化等职能及作用。国土空间规划语境下，既有控规在规划导向、编制体系、管控方式等方面暴露出明显的不适应，控规实践中存在的诸多"痼疾"愈发突出，因此，如何延续控规职能及优化创新成为亟待研究的课题。

---

*　屠商杰，华中科技大学建筑与城市规划学院硕士研究生。
　　罗吉，华中科技大学建筑与城市规划学院副教授。
　　彭阳，武汉市土地利用和城市空间规划研究中心注册城乡规划师。

武汉市东西湖区，是武汉六大远城区之一，也是 2020 年确定的武汉市国土空间规划中控规修编优化的试点，辖区内能集中体现在大城市现行控规指导下增量和存量并行，保护与发展并存而产生的突出问题。鉴于此，文章以武汉市东西湖区为例，在对其现行控规评估基础上，分析现行控规存在的主要问题。同时结合新形势新要求，针对性地提出控规在国土空间规划语境下的优化思路，以期为系统优化武汉市控制性详细规划的编制及治理能力提供参考和借鉴。

2　控规评估的工作框架和主要内容

2.1　评估对象及目标

东西湖区，位于长江左岸，武汉市的西北部，是武汉市六大远城区之一，区域总面积 495km²，常住人口近 85 万人。基于上位要求，本次控规评估范围以《东西湖区分区规划》确定的集建区为主，城镇建设用地面积约 197km²（图 1、图 2）。

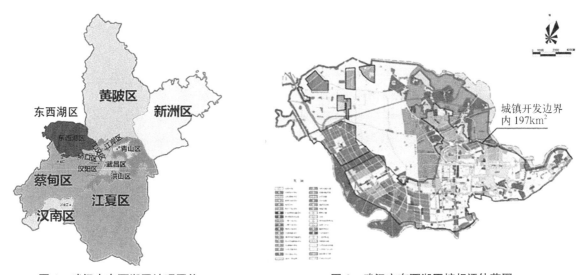

图 1　武汉市东西湖区地理区位　　　　　图 2　武汉市东西湖区控规评估范围

国土空间规划语境下，围绕新形势新要求，现行控规评估目标主要为以下三个方面：首先是落实传导国土空间规划发展理念，《若干意见》明确国土空间规划应坚持生态优先，严格落实"三区三线"；坚持以人为本，推动"人—地—空间"高质量协同发展；坚持绿色发展，推动国土空间集约高效利用。其次是落实国土空间规划编制要求，以问题为导向，积极寻求并落实自身发展诉求，重点缓解城市病和满足人民对于美好生活的需求；以目标为导向，积极落实上位规划要求，落实生态保护、提高发展质量、挖潜存量资源；以治理为导向，创新治理方式、拓展治理内容、优化空间治理。最后是创新国土空间规划背景下管控手段，积极落实以管定编，以编促管新要求，以刚弹结合的管控优化创新管控方式。

2.2　评估框架和主要内容

现行控规评估框架（图 3）包括评估基础、评估方法、评估内容和评估结论四个方面。第一，评估基础是基于上位规划变更分析（《武汉市城市总体规划（2017—2035）》《武汉临空港经济开发区（东西湖

区）分区规划（2017—2035)》)、现状用地
更新及用地动静分区识别。第二，以多源
数据（传统统计数据、互联网大数据等）
为基础，采用定量＋定性的评估方法。第
三，评估按照"整体评估、板块评估、专
项评估"三个层次开展评估工作，评估内
容包括"2+3+1"六大专项，以因地制宜
为原则明确评估深度，如生活服务区（吴
家山老城中心、泾河新城中心、老城居住
区等）评估内容及指标细化到社区或街坊。
产业功能区（物流园、自贸区、走马岭工
业园等）评估内容及指标细化到街道或功

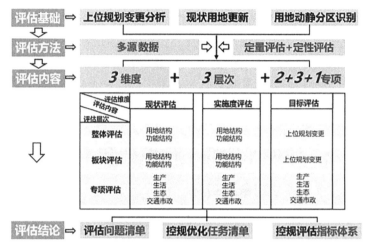

图 3　武汉市东西湖区控规评估框架

能单元。评估维度包括现状评估、实施度评估、目标评估，现状评估强调现状指标评估，现状发展阶段
评估，现状问题评估。实施度评估主要是对用地设施实施度评估，结构实现度评估；分区实施度评估，
管理有效性评估。目标评估的重点是目标一致性评估，结构一致性评估，指标达标率评估。第四，评估
结论。基于上述评估内容，分析总结评估问题清单、控规优化任务清单、控规评估指标体系。

3　现行控规存在的主要问题

3.1　规划导向：重集建区轻非集建区，重发展轻保护

根据现行控规评估可知，武汉市东西湖区总面积 495km^2，而现行控规的规划范围总面积仅为
197km^2，主要是针对城市集中建设区的用途管控，在 2008 年的《城乡规划法》中明确：规划区为城市、
镇和村庄的建成区以及因城乡建设和发展需要，必须实行规划控制的区域。在法规中全面考虑了对于城
市集中建成区以外空间（农业、生态等非建设空间）的用途管控，但现实中控规往往倾向与城市经济增
长密切相关的城镇建设空间，长期以来控规编制中重集建区轻非集建区，重发展轻保护的导向尤为明显。
在此导向下，一方面现行控规难以形成对全域全要素的空间用途管控，城镇建设用地规模不断扩张而乡
村以及非建设空间由于缺乏有效的空间用途管控，导致非集建区空间压缩、发展失衡、资源消耗、生态
破坏等现象日益严峻；另一方面，在传统规划体系中，集中建设区及非集中建设区的用途管控体系相对
独立，即城乡建设用地主要由住建部统筹管理，而非建设用地，如耕地、林地、园地、牧草地、湿地、
荒地等则由国土部门以及相关部门分属管辖，现实中各部门分管一摊或权责交叉，导致建设用地与非建
设用地及非建设用地内部之间存在矛盾重重。

3.2　编制体系：缺乏整体统筹，上下传导不畅，空间产品供需难以平衡

管控单元评估表明，现行控规中整体统筹较弱、上下传导不畅的现象较为突出，其具体表现为控规
编制单元与城市功能板块错位，难以实现上位规划有效传导。控规编制单元与总规、分规确定的功能组
团范围不存在对应关系，导致控规难以有效落实城市功能；控规调整以管理单元为基本单位，对城市、
区域发展意图的考虑较弱（图 4）。其次，整体评估表明，现行控规空间产品供需难以平衡，即以分解
落实式的用地、设施供给也因缺乏整体统筹，导致整体空间结构失衡，现状居住、公服、绿地等用地普
遍难以满足居民需求。以区域内各类公共服务设施供给为例，采用均质化、标准化的空间产品供给，而

缺乏人性尺度的考虑，导致各类用地设施服务覆盖不足，"人—地—设施"间矛盾突出，如教育覆盖缺口（小学39.7%，初中40.9%），医疗覆盖缺口（42.0%），养老覆盖缺口（62.0%），体育覆盖缺口（62.2%），文化覆盖缺口（60.8%）（图5~图10）。

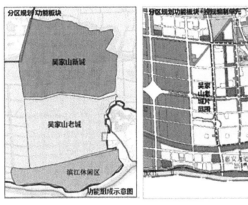

图4 分区规划功能板块与原控规编制单元

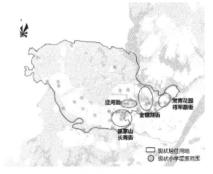

图5 小学500m覆盖区域

图6 初中1000m覆盖区域

图7 医院500~1500m覆盖区域

图8 养老500~1500~5000m覆盖区域

图9 体育1000~2000m覆盖区域

图10 文化1000~2000m覆盖区域

3.3 管控方式："编制—管理"脱节，"规划—设计"结合不力

现行控规中"编制—管理"脱节现象较为严重，其具体表现为，首先，控规规划批复与实施管理脱节，现状存量批而未建用地、增量批而未建用地斑块数量较多，占地面积较广，共计300余个，743hm²（图11）。其次，各类用地实施率整体偏低，现状居住、工业用地实施率分别为56.33%和42.79%，商业、公服设施用地实施率分别为27.61%和31.84%，

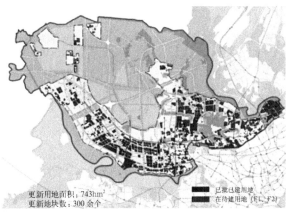

图11 武汉市东西湖区用地开发建设现状

实施相对滞后（图12、表1），即规划编制后的实施管控能力较弱。第三，政府与市场管理单元脱节，导致区域内部分医疗（将军路街道地块）、体育设施（吴家山街道地块）难以实施。此外，控规中均质化的编制模式和通则式的指标管控，由于"规划—设计"结合不力，忽视了城市宜居性品质化的内在提升，实施中难以有效地塑造品质化、特色化的城市空间，以东西湖区现状七大功能片区为例，各个片区间风貌差异较大，部分片区风貌较差，如吴家山新城、新沟产业园及泾河网安等区域

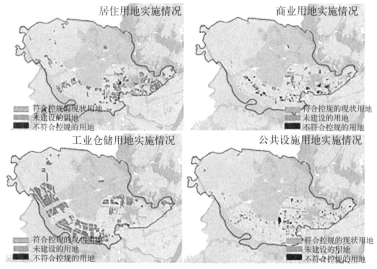

图12 武汉市东西湖区控规各类用地实施情况

（图13）。其次，东西湖区对外界面天际线较为平淡，城市中心区域建筑标志性有待凸显。从东西湖东西、南北发展主轴两大对外界面来看，天际线较为平淡，均未形成高低错落的天际线景观。东西南北轴贯穿吴家山新城中心、老城中心、金银湖副中心、走马岭副中心等城市中心，但这些重点区域景观形象不够突出、缺乏标志性建筑高潮点（图14）。究其根本在于控规编制中指标细化深度不足，片区指标赋值单一，规划与设计缺乏有效统筹及引导，由此导致了整体城市风貌的单一化、均质化现象。

武汉市东西湖区控规各类用地实施情况表 表1

	现状用地面积 /hm²	符合控规的现状面积 /hm²	控规规划用地面积 /hm²	实施率
居住用地	2310	1539	2732	56.33%
商业用地	583	323	1170	27.61%
工业用地	3103	2073	4845	42.79%
公服设施用地	472	230	873	31.84%

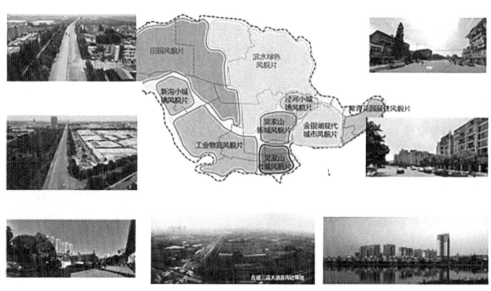

图13 武汉市东西湖区七大风貌片区现状

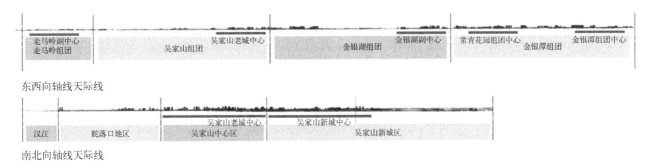

图14　武汉市东西湖区现状东西、南北发展主轴对外界面天际线

4　国土空间规划语境下的控规优化探索

当前，全国各地的国土空间总体规划编制成果相继出台，控规作为"五级三类"中重要的实施性规划类型，将成为下一阶段衔接传导并落实宏观政策导向及空间规划治理目标的核心技术工具。在国土空间规划语境下，基于武汉市东西湖区控规评估中存在的主要问题，并结合新形势、新思想、新要求，本文将从规划导向、编制体系、管控方式提出控规革新与创新的优化思路。

4.1　树立"时空"全覆盖，保护与发展并重的规划导向

4.1.1　建立全域全要素、全生命周期的用途管制机制

《若干意见》指出，国土空间规划强调对全域全要素、全生命周期的空间用途管制，为落实这一顶层目标导向，建立符合地域实践特色的用途管制机制尤为关键。较之东西湖区，在既有控规体系中强调对集中建设区的用途管制，而忽视了非集建区的有效管控，导致城镇开发边界外（乡村建设空间、非建设空间）空间管制消极，失衡失序失效等现象较为普遍。在国土空间规划语境下，如何将非集建区从消极管制向积极治理转变成为亟待探索的方向。建议借鉴上海郊野单元规划的做法，对城镇集中建设区以外的区域进行用途管控，即采取"用途管控＋指标管控＋准入规则"的管控方式，基于地域特征及保护和发展需求，合理增加准入的正负面管控清单，以"乡村振兴规划""美丽乡村建设规划"等统筹乡村建设安排，并注重对农业、生态空间的保护，在不破坏生态环境的基础上进行适度的开发利用，明确乡村产权制度，完善全域空间管制机制和分区分类实施用途管制。此外为破除既有控规中重编制轻管理的现状，关键在于加强控规编制全生命周期的制度化建设，即形成规划—实施—管理—评估—监督的闭合机制和平台建设，集成城市建设用地斑块的必要信息，如地块属性、开发强度、设施用地及规模、产权权属、人口、建筑等相关信息；非建设用地集成地块属性、产权权属、正负准入清单、保护控制引导等信息，以制度和机制建设推动控规在实施层面对全域全要素实现更加良性的全生命周期的用途管控和功能引导。

4.1.2　延续优化空间要素的"底线管控＋功能引导"

在生态文明建设背景下，生态优先、绿色高质量发展已经成为共识，随着国土空间总体规划编制的深入，控规也应从目标导向层面积极转变意识形态，由过去重发展轻保护的"经济型"思维模式向保护与发展并重的"生态型、社会型"思维模式转变。基于东西湖区现有控规对集中建设区已经形成了较为科学、系统的用途管控模式，故建议针对集中建设区采取延续既有的底线管控模式，注重生态要素的保护和多元化利用；而针对集中建设区以外的区域，尤其是农业、生态空间，在国土空间规划统筹划定三线控制的政策要求下，非集中建设区应基于区域的地域特征、空间资源、生态敏感程度等，在强化底线管控的基础上，借鉴台湾地区根据不同功能划定非都市土地为特定农业区、一般农业区、工业区、乡村

区、森林区等11类土地使用分区的管控模式，东西湖区应积极统筹山、水、林、田、湖、草等自然要素，根据地域发展特色和目标划定相应的功能分区，如生态保育区、郊野观光区、休闲度假区、农田高质量发展区等，通过加强空间和资源的挖潜，并注重在地化、特色化的优化及创新发展，结合外部资源的有效注入，赋予其更为多元的功能和价值。

4.2 构建分层传导，空间产品供需平衡的编制体系

4.2.1 构建"两区三层"的规划控制体系

为有效传导落实国土空间总体规划及上位规划的战略性、约束性、指导性要求，加强整体统筹和目标落实，控制和引导全域空间的有序发展，建议东西湖区控规构建"两区三层"的规划控制体系，即确立城镇开发边界以内的集中建设区和边界以外的非集中建设区，针对东西湖区全域全要素的空间管控，在延续东西湖区传统控规的功能板块和单元划分基础上，构建"板块—单元—街区（地块）"的三层控制体系，逐级实施不同深度、不同要求和侧重的规划调控。针对城镇集中建设区，建议落实上位功能板块，对接社会管理单元，重构"编管合一"的控规规划单元体系，延续并优化《武汉市控制性详细规划编制技术规程》中明确的编制单元和管理单元划分。在单元划分层面，其区域边界划分应与所属的功能板块对应，并且根据单元地域特征和发展诉求，区分为生产单元或生活单元，生产单元其用地规划为5~10km²，依据产业园功能分区，城市铁路、干路和自然边界划定；生活单元用地规模为3~5km²，以15分钟生活圈为基本单元划定。针对非集中建设区，在特色功能板块划分基础上，基于地域特征划分生活单元、生产单元和生态单元，其用地范围以自然山系、河流，道路为界，其用地规模根据地域特征适度调节。街区（地块）其用地规模约为1km²，是控规或郊野单元规划细则编制的实施载体，控制到地块，用于指导规划管理。

4.2.2 构建以人为本、弹性适应的动态平衡机制

在生态环境破坏、资源约束趋紧的背景下，过去"摊大饼"似的城市扩张模式显然不可持续，当前城市存量集约发展逐渐成为共识。存量发展背景下控规难以避免复杂产权、多元化诉求，因此在既有刚性指标管控基础上，探索以人为本、弹性适应的动态平衡机制尤为关键。国土空间规划背景下的控规改革和创新，不仅需要延续其权威性和稳定性，也需要适应新时期城市保护和发展的动态需求，保持一定的灵活性和适应性。控规作为微观层面的实施性规划，应更加关注于规划供给和人民对空间产品的需求，这既体现了控规的基本职能，也是法定规划体系的底层基础。鉴于此，首先，有必要在未来控规编制中预留一定的弹性空间，如借鉴新加坡规划中的"白地"规划。其次，构建在地化的适应性空间管控工具，如参考学习美国区划体系中的弹性管制工具，将叠加、浮动分区，发展权转移，激励性分区等纳入控规编管体系，并根据我国地域发展需求优化调整。再次，为实现空间产品需求与规划供给的高质量平衡，必须有效联系需求端和供给端，采取以人为核心的精准需求调查，在互联网、云平台、物联网等现代信息技术支持下综合多源开放数据，建立适应新需求水平和需求结构的分层级、多元化产品供给的细分标准，构建弹性缓冲、多方参与的空间供需平台和机制。

4.3 明晰刚弹结合，"规划—设计"统筹的管控方式

4.3.1 延续"用途—指标—名录"的刚性管控，优化"规则链接"的弹性引导

控规的刚性管控源于其公共政策的基本属性，即为保证重要的公共性、公益性空间及设施的优化配置，控规的弹性管控是应对城市发展中不确定性和多元化诉求的主要途径之一。在国土空间规划语境下，采用"刚弹结合"的管控方式是为规划编制中以目标蓝图为导向与具体实施路径相适应的动态平衡机制，

以东西湖区现有控规的管控机制为基础，建议延续并优化既有的管控方式，以落实编管合一、刚弹并济的空间治理目标。首先，以"严公益、宽市场"为用途管控原则，延续国土空间规划"用途—指标—名录"的管控方式，具体形式为公益设施用途管控到小类，市区级到边界，社区级到规模；经营性用地管控分级别，重点地区到中类，一般地区到大类；其次，优化"规则链接"的弹性引导，采取具有武汉地域特色的"规则链接"的弹性管控机制，借鉴中心城区《东西湖区用地建设强度管理规定》《武汉市规划用地兼容性规定》规则链接，补充《武汉市基本生态控制线管理条例》准入名录的链接，预留创新产业M0等空间或名录准入规则的接口。

4.3.2 统筹协调"人—地—空间"，完善两区双则管控方式

为革新并优化现行控规中采用标准化、通则式的用地和设施供给，统筹协调"人—地—空间"，差异化空间产品供给以满足多元化的社会发展需求并促进全域空间的精细化治理，建议控规以人的需求为中心，延续并优化武汉市既有的控规导则和细则的管控体系，构建分级差异化的管控图则以破除传统控规中编管一般粗，无法满足城市品质化、特色化建设要求的弊病。在管控分级维度，根据区域特征及未来发展诉求，划分重点地区、一般地区和优化调整单元，针对重点地区的用途管控，可分为重点功能区和重点景观区，重点功能区指定区集中连片的区域，建议开展城市设计研究编制控规细则，此外采用用地图则＋空间图则＋链接式规则的管控方式；重点功能区指动区较少的区域，建议编制用地空间论证和实施规划，采用用地图则＋用地空间论证／实施规划图则＋链接式规则的管控方式。针对一般地区的用途管控，指因项目建设需调整控规的地区，采用编制用地空间论证＋控规变更论证报告，并运用用地图则＋用地空间论证＋链接式规则的管控方式。用地图则中明确五线控制、开发强度、配套设施和动静分区，注重对全域空间的用途管控；空间图则中明确公共空间、交通市政、地下空间、建筑设计、公共管控和特色管控，强调对全域风貌的管控与引导。采用"导则＋细则""用地图则＋空间图则"对全域重点地区和一般地区进行精准识别、差异化管控，能最大程度上适应城乡动态发展的需求，也能促进"规划—设计"的统筹，实现全域空间的风貌维护和特色营造。

5 结语

当前，生态文明建设、高质量发展、城乡统筹协调发展等规划导向成为共识，伴随着宏观政策导向及空间规划治理目标的重大转变和国土空间总体规划编制的不断深入，控规作为国土空间规划"五级三类"体系的重要组成部分，其编制及治理的革新及优化已经成为亟待研究的重要课题。本文以武汉市东西湖区为研究对象，在现行控规评估的基础上，分析并总结了控规存在的三个方面主要问题：在规划导向方面，重集建区轻非集建区，重发展轻保护现象尤为突出；在编制体系方面，规划编制缺乏整体统筹，上下传导不畅，空间产品供需难以平衡；在管控方式方面，"编制—管理"脱节，"规划—设计"结合不力现象较为严峻。鉴于此，在国土空间规划语境下，围绕新形势新要求，针对性地提出三个方面的优化思路，具体为：树立"时空"全覆盖，保护与发展并重的规划导向；构建分层传导，空间产品供需平衡的编制体系；明晰刚弹结合，"规划—设计"统筹的管控方式，以期在国土空间规划语境下为系统优化武汉市控制性详细规划的编制及治理能力提供参考和借鉴。

控规的改革及优化研究往往需要理论及实践"螺旋式"地交互联动和优化发展，也需要体制机制及标准法律的多方支撑，因此注定难以一蹴而就。在新形势新要求下，作为国土空间用途管制最为重要的实施性工具，本文探索了控规该如何更好地从规划导向—编制体系—管控方式三大方面进行革新优化，以期能使之真正成为新时期优化国土空间资源配置，实现城乡统筹协调、绿色高质量发展。

参考文献

[1] 高捷，赵民．控制性详细规划的缘起、演进及新时代的嬗变：基于历史制度主义的研究 [J]．城市规划，2021，45（1）：72-79．

[2] 赵民，乐芸．论《城乡规划法》"控权"下的控制性详细规划：从"技术参考文件"到"法定羁束依据"的嬗变 [J]．城市规划，2009，33（9）：24-30．

[3] 杨保军，陈鹏，董珂，孙娟．生态文明背景下的国土空间规划体系构建 [J]．城市规划，2019（4）：16-23．

[4] 潘海霞，赵民．国土空间规划体系构建历程、基本内涵及主要特点 [J]．城市规划，2019（5）：4-10．

[5] 朱雷洲，谢来荣，黄亚平．当前我国国土空间规划研究评述与展望 [J]．规划师，2020，8（45）：5-11．

[6] 赵广英，李晨．国土空间规划体系下的详细规划技术改革思路 [J]．城市规划，2019（4）：37-46．

[7] 赵民．国土空间规划体系建构的逻辑及运作策略探讨 [J]．城市规划学刊，2019（4）：8-15．

[8] 王晓东．空间治理体系下的控制性详细规划改革与创新 [J]．城市规划学刊，2019（3）：1-10．

[9] 陈志诚，樊尘禹．城市层面国土空间规划体系改革实践与思考：以厦门市为例 [J]．城市规划，2020，44（2）：59-67．

[10] 张恒，于鹏，李刚，于靖．空间规划信息资源共享下的"一张图"建设探讨 [J]．规划师，2019，35（21）：11-15．

[11] 徐耀宽，刘楚君．"一张蓝图干到底"之下控规编制与管理的对策：以广州为例 [J]．中外建筑，2018（6）：68-70．

[12] 彭阳，申洁．面向城市更新的武汉市控规编制研究与实践 [J]．上海城市规划，2019（2）：98-103．

[13] 邹兵．自然资源管理框架下空间规划体系重构的基本逻辑与设想 [J]．规划师，2018，34（7）：5-10．

[14] 曹小曙，欧阳世殊，吕传廷．基于用地分类的国土空间详细规划编制研究 [J]．经济地理，2021，41（4）：192-200．

[15] 杨秋惠．镇村域国土空间规划的单元式编制与管理：上海市郊野单元规划的发展与探索 [J]．上海城市规划，2019（4）：24-31．

[16] 杜瑞宏，黄晓芳，胡冬冬．国土空间规划视角下非集中建设区规划体系构建 [J]．规划师，2020，36（19）：47-51．

[17] 陈卫龙．厦门市控制性详细规划制度改革与创新：基于面向国土空间管控 [J]．福建建筑，2021（2）：1-4．

面向规划统筹的厦门城市更新体系构建与规划策略

何子张 郑雅彬 蔡丽莉 韦 希 *

【摘 要】本文回顾近十年来的厦门城市更新历程，总结经验，提出规划统筹缺位是重要问题。从城市更新的组织架构、城市更新的规划体系、城市更新的实施路径、城市更新的政策法规和技术标准体系四个方面强化规划统筹的城市更新体系构建。提出从统筹城市更新规模和功能、统筹更新模式、统筹更新机制、统筹更新时序几个方面改进厦门城市更新的规划策略。

【关键词】城市更新；规划统筹；更新体系；厦门

1 厦门城市更新十年历程回顾

1.1 城市更新历程

1.1.1 2010—2017 年：旧工业仓储自主改造与美丽厦门共同缔造行动

2010 年末在学习广东经验的基础上，福建省发布了《福建省人民政府关于加快推进旧城镇旧厂房旧村庄改造的意见》及《福建省国土资源厅福建省住房和城乡建设厅关于旧厂房旧村庄改造推进本省的"三旧"改造工作的通知》。厦门市政府成立"三旧"改造领导小组，考虑到"三旧"改造工作涉及面广、权属关系复杂，本着循序渐进的原则，决定首先推行国有工业、仓储建设用地的改造工作，在积累经验后再逐步推广到旧城镇及旧村庄改造。厦门市规划局发布《厦门国有工业、仓储用地自行改造政策区》，为保障工业用地空间，《厦门市工业园区布局规划》中确定保留的工业园区以外的工业、仓储用地，方可纳入自行改造政策区。其次，为避免与政府的土地收储和统一开发改造规划相冲突，政府计划近期收储或由政府统一实施改造的工业、仓储用地不纳入政策区。2012 年 10 月市政府出台《关于推进工业仓储国有建设用地自行改造的实施意见》，可改造为办公、商业和酒店用途。市政府一共批复了 38 个自行改造项目图则，其中拟改造土地面积约 59.4hm²，建筑面积约 159 万 m²，改造后由政府收储作为市政道路、广场绿地及公建配套设施的用地面积合计 16.4hm²。最后实际改造建成项目 6 个，其他项目由于政策到期，已批复的图则因此已废止。

除了整体拆除重建模式，厦门针对保留建筑改变功能的也提供了相应的政策途径。保留旧厂房或按照原规划审批的建筑功能进行改造，用于发展文化创意产业的，不办理土地用途变更手续，免收土地收益金。保留旧厂房，临时变更建筑功能，用于政府鼓励发展的第三产业的，每五年进行一次建筑功能临时变更许可审批，按照基准地价标准及地价管理征收规定征收土地年租金。这种类型的项目主要分布在

* 何子张，厦门市城市规划设计研究院有限公司副总经理，教授级高级工程师，博士。
郑雅彬，厦门市城市规划设计研究院有限公司规划研究所主创规划师，硕士。
蔡丽莉，厦门市城市规划设计研究院有限公司规划研究所规划师，硕士。
韦希，厦门市城市规划设计研究院有限公司综合开发规划所主任规划师，硕士。

岛内的湖里老工业区和龙山工业区。

党的十八届三中全会后,城乡发展的重心转变为实现人的幸福和全面发展,以期通过生态文明建设促进经济、社会、政治、文化、生态的全面提升与发展,通过对公众利益与公众参与的融合,推进社会治理进。2015年为落实新的发展理念和探索新发展模式的国家战略部署,在"美丽厦门"发展的新战略、新机制与新动力探索的基础上,厦门市开展"美丽厦门共同缔造"行动,对美好环境与和谐社会共同缔造的发展理念进行深化推进与创新实践,探索社区治理创新路径,凝聚包容性发展新合力。共同缔造行动反对大拆大建,强调以美好环境建设为纽带,通过共谋、共建、共管、共评、共享,强化基层社区治理体系和治理能力建设,巩固党的执政根基。为此广泛开展了老旧社区、新社区和乡村社区的实践。2016年出台《厦门市老旧小区改造提升工作意见》,对本岛1989年底建成并通过竣工验收的非商品房小区和非个人集资房小区,按照改造资金由居民出资、市政管线由经营单位出资、财政以奖代补方式筹集。2017年住建部在厦门召开老旧小区改造全国现场会。2017年3月厦门市政府办公厅出台《关于完善提升旧住宅小区市政配套设施工作方案的通知》,改造范围扩大到全市,改造对象扩展到2000年底之前建成的小区。2021年在全市6个市辖区各选一个小区开展完整社区试点,要求与老旧小区改造、危房集中连片拆除和旧城改造等城市更新工作一起统筹考虑。

1.1.2　2018年至今:大规模城中村改造与旧城更新试点

2018年之前,厦门除了轨道、铁路、高速公路等重大项目建设需要,很少开展成片的拆迁改造工作,基层政府甚至出现为了避免一两栋房屋拆迁,频繁要求开展道路和用地地块的规划调整。但是随着厦门城市建设发展,"三旧"用地规模已经非常庞大,而且布局非常分散,导致很难在规划范围内找到大片的净地进行项目落地。特别是城中村分布量大面广,如果不开展较大规模的拆迁,将很难开展线性工程建设,城市发展战略功能平台也难以落实。特别是发展比较成熟的本岛,城中村成为本岛提升最主要的潜力空间。而在海沧、集美新城核心区的城中村因长期未拆迁,已经严重影响新城中心功能的形成,成为跨岛发展战略落实的重大阻碍。

2018年厦门开始大规模推进城中村改造。对本岛湖里东部新城内的城中村,采取政府主导片区统筹的模式,形成7个更新单元,成立征地拆迁指挥部,引入国企代建,规划拆迁面积4.9km²,其中安置用地0.71km²,居住与产业用地1.12km²,公共配套用地3.05km²,大部分已经完成拆迁,计划于2022年内完成拆迁。对本岛思明区的何厝岭兜城中村(用地面积22.84hm²),采用政府主导项目捆绑的模式,市级指挥部统筹协调规划方案和申请征拆财政资金,区级指挥部负责具体征拆工作。引入区属国企负责代建,在城中村之外的捆绑一块净地(用地面积9.17hm²),企业通过招拍挂获得捆绑用地开发权,实现征拆的经济平衡。

同期厦门还开始试点旧城和旧厂片区更新。2019年对预制板房集中的湖滨一里到四里开展整体拆除改造。作为20世纪80年代末建成的多层为主的住宅区,改造面积达到30hm²,采用政府主导,市属国企操作的模式,绝大部分采用就地回迁安置模式,通过提高容积率,实现旧改的就地经济平衡。沙坡尾作为历史街区采用的则是政府主导规划、市场参与、功能渐次更新的模式,引入国企和民企对原港区的仓库和工厂进行改造,植入新的功能。同期还开展了中山路、同文顶、杏林老工业区改造的前期研究。

随着大规模拆迁的推进,地方政府财政压力越来越大。2020年8月,市政府印发《关于深化城市更新投融资体制改革推进岛内大提升岛外大发展的通知》,明确市城投公司作为市级城市更新项目投资主体,承担市级重大更新项目投资建设职责,减轻市财政压力。同时,注重引入市场主体参与城市更新。2021年起草《厦门市城市更新和成片综合开发试点工作方案》,对存量净地和通过旧村、旧城、旧工厂改造形成的净地,按照完整社区理念进行规划,将居住、商业、办公等类型用地组合包装进行成片综合开发。也可结合轨道交通场站建设，对周边土地进行 TOD 综合成片开发。

1.2　存在问题：规划统筹的缺位

十年来，厦门城市更新取得很大的成效，但也暴露出规划统筹缺位的问题，体现在以下方面：

一是缺乏宏观城市战略的统筹，就更新项目论项目。按照厦门住房建设发展规划，"十四五"期间需要建设住宅 2950 万 m²，其中存量更新用地占比 30%，即 885 万 m²。但是按照各区上报的规划，到 2025 年更新建设预计共 1600 万 m²，接近计划的两倍。一个城市住宅市场的规模是有限的，超过这个规模的城市更新计划必然会影响政府财政资金供给能力，严重冲击住房市场。

二是缺乏城市空间功能的统筹，更新活动"挑肥拣瘦"。对于规划确定的重大公共设施和交通设施所在片区的城市更新推进缓慢，更新项目有碎片化趋势，即使按比例提供的用地也非常零散，难以利用，对于改善城市空间功能和公共配套效益不大。城市更新过于强调就地平衡，导致容积率过高，功能以居住和商业为主，对于城市产业培育研究不够。

三是城市更新以拆除重建为主，之前启动的 27 个项目，拆除重建的有 24 个，历史街区改造活化的 3 个，分散老旧小区综合整治多个。

四是城市更新项目缺乏空间布局统筹，遍地开花。27 个项目中的 20 个都已经成立市区指挥部，更新项目集中在本岛，都急于实施，财政资金压力巨大。

2　强化规划统筹的厦门城市更新体系构建

2.1　市区分级的城市更新组织架构

2020 年厦门成立由常务副市长挂帅的城市更新领导小组，副组长由分管市领导担任。设置"一办五组"的组织架构，办公室挂靠在市资源规划局，办公室主任由市资源规划局局长担任，常务副主任由市资源规划局具体负责领导担任。成立五个工作组，筹资工作组由市财政局分管领导担任，规划编制组、用地保障组、政策保障组由市资源规划局分管领导担任，配套建设组由市建设局分管领导担任（图 1）。随着试点工作的推进，城市更新中具体的难点问题将不断增加，3~5 年内可参照深圳、上海模式，将经过前期探索，较为成熟的环节权限下放给思明区和湖里区，成立区级城市更新领导小组。5 年之后可整合分散在相关部门的城市更新职能，视情况参照广州经验，成立城市更新局。

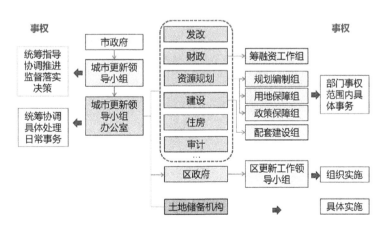

图 1　厦门城市更新组织架构示意图

2.2 "专项 + 单元"城市更新规划体系

城市更新规划体系融入法定的国土空间规划体系，在市区级国土空间总体规划指导下编制市区两级城市更新专项规划。市级城市更新专项规划须落实总体规划的目标指标，确定城市更新规模、更新方式、更新功能和更新时序，划分城市更新单元，提出单元指引，以及更新实施的保障机制。区级政府可根据实际需要编制区级城市更新专项规划，如仅有少量区域需要进行城市更新的，可编制片区城市更新统筹规划。在专项规划指导下编制城市更新单元规划，实现与单元控规的对接，城市更新单元分为重点单元和一般单元。

重点单元又分为拆除重建类、拆除保留并举类和保留整治类。拆除重建类、拆除保留并举类单元规划编制分为单元规划、方案征集、地块图则三个阶段。单元策划经市政府批准后，面向社会公众进行方案征集，确定前 6 名入围方案并推荐 3 个优胜方案，由市政府按程序确定中标方案，并提出优化意见，市资源规划局依据修改后的中标方案，按程序修改控制性详细规划后再编制地块图则（图 2）。保留整治类城市更新单元由区政府或片区指挥部组织编制策划方案，内容包括更新范围划定、详细的现状调查数据分析报告、具体的实施运营计划、投资估算、资金运维等。策划方案在征求相关单位意见修改完善后提交市政府审议确定。

依申请可启动一般城市更新单元规划，规划应明确改造措施、开发强度、公共配套设施、公共空间环境整治提升等。项目实施阶段，由实施主体再编制项目实施方案，报市政府审定。如涉及控规修改，则按程序修改控规。

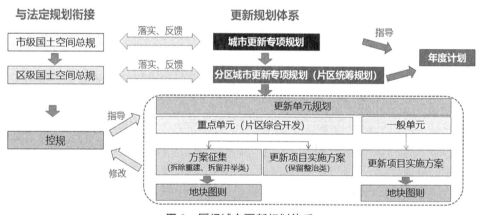

图 2　厦门城市更新规划体系

2.3 分类施策的城市更新实施路径

厦门的城市更新实施路径按照综合成片开发区域内外和改造模式进行分类（图 3）。

2.3.1 综合成片开发的拆除重建类项目

综合成片开发主要是在政府规划引领下，引入资金雄厚、开发经验成熟的社会资本参与土地一级开发，通过成片开发提升城市功能品质，减少城市财政资金压力。具体实施路径为：①引入社会资本。区政府编制征拆补偿方案和 PPP 项目申报方案，社会资本主体提出项目建设方案和资金平衡方案，达成共识后上报市政府批复后，由区政府开展 PPP 项目申报。②编制片区综合成片开发策划。市资源规划局编制片区综合开发策划，提出开发规模、强度等规划管控条件，形成《片区综合开发规划咨询设计任务

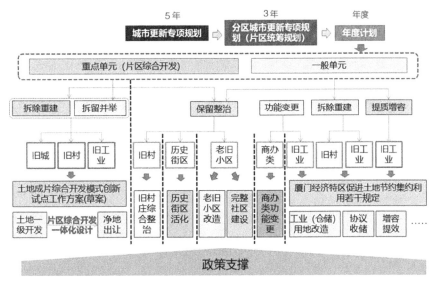

图3 厦门城市更新实施路径

书》，上报市政府审议。③签订补偿协议。区政府负责组织片区征拆意向征集，制定征拆补偿安置方案，测算片区土地开发成本，报市土地房屋征收协调领导小组审查。区政府与原权利人达成征拆补偿协议，暂不补偿安置，由实施主体在约定期限内提供资金，按照协议进行征拆安置。④招标确定实施主体。片区征拆协议签约率达到90%后，由区政府通过公开招标方式选择实施主体。市政府建立实施主体库，要求实施主体应具备较强的招商能力、开发经验和运营能力，可垫资并配合开展土地房屋征收工作。实施主体可提前参与片区策划、提出指标条件建议、城市设计和建设方案，提高成片综合开发的质量和效率。⑤编制综合成片开发方案开展土地征收。综合片区开发方案报省政府批复同意后，由区政府会同土地发展中心开展土地征收和农转用。⑥征拆补偿与一级开发。区政府负责土地房屋征收补偿工作，实施主体出资并负责房屋拆除、土地整理、安置房建设、公共配套设施建设等工作。⑦净地移交。形成净地后，由实施主体配合区政府将经营性用地移交市土地发展中心组织公开出让，公共配套设施用地及项目移交使用单位。⑧支付一级开发成本。经营性用地出让后，由市财政根据PPP项目具体要求，向实施主体支付约定的土地一级开发成本和管理费用。对于综合成片开发区域内的保留范围，纳入规划管控的强制性要求。

2.3.2 综合成片开发的保留整治类项目

整治类项目按照旧村庄、历史街区、老旧小区分类实施。

旧村庄整治由区政府按照村庄空间布局专项规划组织实施。鼓励村民自愿腾退宅基地，农村集体经济组织可在采取奖励、补助补偿等方式收回闲置的宅基地后重新分配，或依照规定予以整治、复垦，已经纳入拆迁计划的，由区政府依照规定征收。规划明确为工业、商业等经营性用途，并依法登记的集体经营性建设用地，土地所有权人可以依照国家有关规定通过出让、出租等方式交由单位或个人使用。

历史街区先行编制历史街区保护规划，保护和延续传统格局和历史风貌。城市更新单元规划不得突破历史街区保护规划的强制性内容，历史活化类的城市更新单元规划经市政府批准后，区政府通过公开招标确定历史建筑修缮、公共设施建设和环境整治建设单位，允许产权人根据相关政策要求，按照规划申请建筑修缮、翻改建和功能变更。

纳入综合成片开发的老旧小区应编制城市更新单元规划，由区政府负责，各区建设局指导，按照完整社区建设要求开展老旧小区整治提升。按照"一小区一方案"制定改造方案，各部门联合审查通过后，直接办理立项、用地和规划审批手续。不涉及土地权属变化及建设过程变化的项目，无须办理用地手续；不涉及建筑主体结构改变的项目，实行建设单位告知承诺制，可不进行施工图审查。建立老旧小区改造投融资机制，政府、居民和社会力量共同承担。鼓励以市场化方式开展老旧小区整治的投资、规划、施工和运营，对于社会投资无法自平衡的，可采用大片区统筹或跨片区捆绑方式。鼓励通过盘活片区零星地块、临时建筑、公共房屋等资源用于新增养老、托育、医疗、教培、停车场、文创旅游设施等。支持通过产权置换、资产划拨、移交使用权、腾退、收购、租赁以及公房使用权置换等方式，整合改造片区内机关事业单位、国有企业及其他单位用房，在符合规划的情况下，实施改扩建。

2.3.3 综合成片开发区域外的功能变更类项目

功能变更分为旧工业功能变更和商办类功能变更。

综合成片开发区域外，位于工业用地控制线外的旧工业仓储用地可以申请政府收储，也可以在复核产业政策以及相关规划的前提下，申请变更土地用途或临时变更建筑功能。功能变更应当遵循专业评估、程序公开的原则，经市资源规划主管部门审查同意后报市政府批准，再签订土地使用权合同或补充合同，按照市场评估价补缴土地有偿使用费和其他费用，并约定建筑功能、物业持有比例，以及使用年限、税收、节能环保等要求。不得改造为商品住宅，土地使用年限不超过变更用途的法定出让最高年期。

综合开发区域外，已批国有建设用地中含有商业、办公用途的项目，执行《厦门市商业办公项目土地用途变更和建筑功能临时变更管理暂行办法》。申请土地用途变更的，土地用途可在《土地利用现状分类》GB/T 21010—2107 一级类商服用地与二级类之间转换，也可变更为教育、科研、医疗、养老、文化、体育等公共管理与公共服务类用途。申请建筑功能临时变更的，应当符合省级（含）以上部门发布的相关产业用地政策规定，如国家、省支持的体育、养老、文化创意、电子商务快递物流项目等产业，或者补民生等短板项目和产业引导类项目。建筑功能临时变更有效期为 5 年，且不得超过批准的土地使用年限。

2.3.4 综合成片开发区域外的提容增效类项目

综合成片开发区域外，工业用地控制线内的旧工业用地，可以由政府收储或者由原土地使用权人依照申请自行改造，但不得变更土地用途、建筑功能自行改造的，可以依照规定新建、改建、扩建工业建筑，需要增加容积率的，不再增缴纳。已建成工业建筑，可以依照规定申请拆除重建。原土地使用权出让约定的产业类型与其所在片区主导产业规划不符的，土地使用权人可以依照规定进行产业调整。

2.4 城市更新的政策法规与技术标准体系

在政策法规方面，先期出台《厦门市城市更新管理办法》和《厦门市城市更新管理办法实施细则》，时机成熟后又出台了《厦门经济特区城市更新条例》。本着试点先行，结合实践出台政策的方式，不断完善城市更新全流程相关政策，包括更新片区申报指引、土地收储和征拆补偿标准、低效用地认定、土地历史问题处理、土地权属变更与登记、零星用地整合、城中村集体用地报征、土地出让、地价测算、更新项目监督实施、财税政策等。制定城市更新中产业转型、人居环境升级、历史文化保护等方面的激励政策，激励城市更新多元目标的实现。完善未纳入近期改造计划的低效用地和闲置建筑临时改造利用政策，提高资源利用效率（图4）。

在技术标准方面，制定城市更新专项规划、城市更新单元规划编制技术导则。在现有技术规定、专业技术标准基础上，制定适应城市更新的技术管理规定，如容积率转移技术指引、公共服务设施配建指引、混合用地等。出台片区综合开发一体化设计规程。明确开展片区综合开发规划咨询方案征集的适用

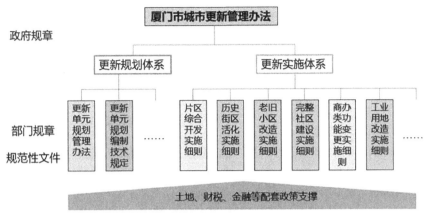

图 4 厦门城市更新法规政策与技术标准体系

范围、责任主体、基本流程等，提出任务书编制和审查、征集文件起草与确定、专家选择与评审规则、成果深化和控规修改、土地出让规划设计条件编制等。

3 基于规划统筹的厦门城市更新规划策略

3.1 对接总规战略，统筹城市更新规模和功能

国家已经进入高质量发展阶段，厦门也从原来单纯依靠增量扩张转向增存并举的时代。要实现国土空间总体规划确定的 GDP 翻番，除了做优增量，还得盘活存量，提升低效用地的地均产出。因此城市更新专项规划特别注重落实传导国土空间总体规划的目标指标，统筹城市更新规模。根据总规，到 2035 年厦门常住人口达到 730 万，全市城镇建设用地总规模控制在 603km²。城市更新专项规划测算安置安全隐患房屋需求更新用地 211hm²，通过城市更新需要解决新增人口住房需求用地 5814hm²，新增公园绿地 789hm²，新增公共设施用地 880hm²，市政及弹性留白空间约 2108hm²，工业用地升级改造及清退需求约 5110hm²，以上合计 143km²。根据更新潜力用地评价模型，厦门更新潜力用地总计 143.57km²，与更新需求规模基本相符。其中旧村更新用地约 76km²，旧工业更新用地约 51km²，旧城更新用地约 16km²。

城市更新的功能引导必须结合城市发展战略。保障产业发展需求，全市城市更新可新增产业用地约 1253hm²。鼓励旧工业区进行产业升级和空间优化，增加创新产业和高新技术产业用地，促进产城市融合。产业功能引导进行分区细化，本岛以总部经济、文化娱乐等现代服务业为主。考虑到现有办公商业建筑去库存化周期长，以及通过城市更新新增的居住对土地财政的冲击及对教育医疗交通等公共服务配套的压力，应适度控制居住及商业办公增量规模。

3.2 结合空间要素特征，统筹更新模式

结合更新空间要素特征，采用拆除重建、综合整治两大更新模式。拆除重建类主要针对安全隐患房屋较多、土地利用低效、市政交通基础支撑条件较好，位于城市中心区、重点产业发展区、交通枢纽与轨道站点周边区域及公共配套设施不足的地区。拆除重建类用地约 5740hm²，约占更新总用地面积 40%。综合整治类分为历史保护活化、保留整治、功能置换等方式。其中历史保护活化类以历史文化地区为主，包括历史文化街区、历史文化风貌片区、文保单位、历史建筑、工业遗产等，主要有鼓浪屿、中山路、集美学村等地。

3.3 发挥各类主体优势，统筹更新机制

发挥各类实施主体的优势，建立"政府主导、市场运作、多方参与、互利共赢"的更新机制。将城市重要功能区和重点地段，危房旧房集中的区域，市级重大交通市政设施和公共设施区，城市重要风貌区、历史街区、生态保护区等，划定为城市更新重点片区，探索政府部门统筹规划编制、收储征拆、项目实施的全流程以及市属国企具体操作的模式。设立"城市更新专项资金"，加强城市更新中相关市政基础设施和公共服务设施的投入，补偿历史街区、生态保护区等资金难以自我平衡的片区。规范市场主体参与拆迁重建类城市更新，鼓励其参与综合整治和功能改变类更新。鼓励多元主体参与，形成政府主导、市场运作、合作更新为主，业主自改为辅的多样化更新机制。对重点片区和重大项目，完善政府"自上而下"统筹机制，探索街道、社区和市场主体"自上而下"需求主导的更新申报通道。政府作为"引导促进者"角色提供中介服务，协助原权利人集合物权，整体开发，加快盘活存量土地资源。

3.4 促进城市持续发展，统筹更新时序

对接总规确定的近期建设目标指标，特别是衔接三年行动规划的近期建设项目，到 2025 年全市拆除重建类更新用地约 $18km^2$，远期拆除重建类更新用地约 $40km^2$。

4 小结

2020 年中国城镇化率已经达到 64%，中国的城市发展已经从快速城市化转向深度城市化阶段，城市建设的土地资源约束日益趋紧，发展重点从增量用地转向存量用地，城市更新成为迈向高质量发展的必然选择，深刻影响着城市经济社会和空间结构的转型。厦门需要系统总结十年间的城市更新得失，在借鉴先进城市更新经验的基础上，立足新发展阶段，从城市战略的高度，强化对城市更新的规划统筹能力建设，扎根地方实践，建立城市更新体系，优化工作策略。

参考文献

[1] 何子张，李晓刚. 基于土地开发权分享的旧厂房改造策略研究：厦门的政策回顾及其改进 [J]. 城市观察，2016（1）：60-69.

[2] 李郇，刘敏，黄耀福. 共同缔造工作坊：社区参与式规划与美好环境建设的实践 [M]. 北京：科学出版社，2016.

[3] 王蒙徽，李郇. 城乡规划变革：美好环境与和谐社会共同缔造 [M]. 北京：中国建筑工业出版社，2016.

[4] 王世福，易智康. 以制度创新引领城市更新 [J]. 城市规划，2021（4）：41-47.

国土综合整治体系机制研究
——以湖北咸宁为例①

吴金峰 *

【摘　要】全域国土综合整治作为落实国土空间规划愿景目标的实施平台与抓手，是实现自然资源管理的重要手段。本文以湖北咸宁国土综合整治为研究对象，通过 5 个试点项目的实地调研与座谈访谈，对咸宁国土综合整治体系、主体及实施机制进行研究，梳理咸宁现行的以服务项目立项招标投标为导向的国土综合整治体系构成，提出以强化市县国土综合整治专项规划与村庄规划的统筹协调和空间管制作用的体系优化构想；并对参与国土综合整治的主体及咸宁现行的三类国土综合整治实施机制进行分析，提出不同整治主体在不同国土综合整治阶段的责任分工内容。

【关键词】国土综合整治；国土空间规划；村庄规划；规划体系；整治主体；整治机制

国土资源是维持人与其他生物繁衍生息，促进经济社会生态发展的重要物质资源。国土资源的合理配置，直接关乎国家社会发展质量，决定人民群众的生活品质。随着乡村振兴、生态文明建设等国家新的发展战略调整和实施，国土综合整治逐渐成为新时代优化三类空间格局、改善农村人居环境、促进高质量发展的重要平台与抓手。本文将以湖北省咸宁市的国土综合整治工作为研究对象，探讨项目层面国土综合整治如何与国土空间规划、村庄规划进行有效衔接，如何以国土综合整治为抓手协调各类主体共同为优化国土空间格局、提高国土开发利用的质量与效率服务。

1　国土综合整治概念辨析

1.1　国土综合整治的概念

随着中国经济社会发展进入新常态，国家实现了从高速发展向高质量发展的转变。其中在自然资源领域，随着五大新发展理念的提出以及党和国家对于经济社会发展内外部环境的研判，优化生产生活生态三类空间，实现耕地保护、生态环境保护以及建设用地的节约集约利用成为新时代国土资源保护利用的主要目标。为了实现自然资源领域发展目标，2017 年 1 月，国务院印发的《全国国土规划纲要（2016—2030 年）》提出"实施国土综合整治重大工程，修复国土功能，提高国土开发利用的效率和质量"的总体要求；2019 年 12 月，自然资源部发布的《关于开展全域土地综合整治试点工作的通知》进一步明确了国土综合整治包含"农用地整理、建设用地整理和乡村生态保护修复"等工作，其目标是"优化生产、生活、生态空间格局，促进耕地保护和土地集约节约利用，改善农村人居环境，助推乡村全面振兴"。总体

①　国家重点研发计划资助（2018YFB2100701）。
*　吴金峰，清华大学建筑学院城市规划系博士研究生。

来看，国土综合整治通过工程、技术、生物等多种措施，对"山水林田湖草路村镇城"各类自然资源进行综合治理，以提高国土利用效率、优化空间结构、实现人与自然可持续发展，是实施国土空间规划、促进乡村振兴与生态文明建设的重要平台与抓手。

1.2　国土综合整治的演变

在国土综合整治演变历程研究方面，学者们形成了两种不同的演变特征梳理结论。夏方舟等学者通过对国土综合整治内涵演变进行梳理，认为国土综合整治自 20 世纪 80 年代由吴传钧、陈传康、陆大道等地理学家提出以来经历了 4 个阶段的发展演变过程；并发现随着经济社会发展演变以及资源环境情况的变化，国土综合整治关注重点呈现出由关注规划协调向工程技术、由区域规划向耕地保护再向全要素自然资源保护的转变特征。郭伟鹏，黄晓芳进一步以武汉黄陂区国土综合整治工作为例对夏方舟等学者提出的国土综合整治 4 个阶段发展演变特征加以印证。但杨建波等学者通过对中国农村土地整治的发展演变情况进行研究，发现国土综合整治经历了从发育阶段到发展壮大阶段再到综合发展阶段的演变过程，提出国土综合整治主要是从单一要素的农地整治逐渐向多要素综合整治转变的特征。顾竹屹以上海市国土空间综合整治为例，发现国土综合整治经历了从以农用地整治为主到"三个集中"整治为主再到土地综合整治为主的 3 个阶段演变过程，对杨建波等学者的研究发现进行了验证与补充。虽然不同学者对于国土综合整治早期探索阶段演变特征及重点存在较大争议，但是 20 世纪 90 年代末至今，学者们普遍认同国土综合整治关注对象呈现了从单一要素向多元要素，从仅关注农用地整治，向关注农用地和建设用地综合整治，再到如今关注农用地、建设用地、生态用地等全要素的综合治理过程；国土综合整治的治理手段也实现了从单纯的工程技术手段向工程技术、财税政策等多元治理手段的转变。

2　国土综合整治现状分析

2.1　咸宁国土综合整治工作背景

咸宁市位于湖北省东南部，湖北、湖南、江西三省交界地区，距离北部的武汉市约 80km，与湖南省的岳阳市、江西省的九江市相邻。咸宁市下辖 1 市 1 区 4 县（赤壁市、咸安区、嘉鱼县、通城县、崇阳县、通山县），地域面积 10033km^2。咸宁市南部的通城县、崇阳县、通山县以山区为主，北部以长江为界，北部和中部的咸安区、赤壁市、嘉鱼县以平原为主，呈现"南山北水"的空间格局。

为深入贯彻习近平生态文明思想和习近平总书记视察湖北重要讲话精神，根据湖北省和咸宁市乡村振兴战略规划和生态保护修复要求，咸宁市人民政府于 2020 年备案实施了一批全域国土综合整治试点项目，其中咸安区横沟桥镇、咸安区向阳湖镇、嘉鱼县官桥镇、通城县大坪乡、崇阳县天城镇国土整治项目已纳入市级或以上试点项目。截至 2021 年 8 月，嘉鱼县官桥镇国土综合整治项目已经完成第一批国土综合整治工作申报项目，进入项目验收与新项目筹备阶段；咸安区向阳湖镇国土综合整治项目即将开展全面实施建设，部分子项目已经实施并取得了初步效果；其他 3 个试点项目仍然处于国土综合整治项目规划的编制阶段，尚未开展各项国土综合整治具体实施工作。

2.2　咸宁目前国土综合整治工作存在的问题

2021 年 7 月，在咸宁市自然资源和规划局的组织安排下，笔者对 2020 年列入试点的 5 个市级或以上项目进行了实地考察与座谈调研，了解各试点项目的实施进展情况，总结各试点项目中形成的管理经验，提炼各试点项目实际工作中存在的问题。

通过调研发现，目前咸宁国土综合整治工作存在缺乏顶层整治任务统筹、子项目间设计实施缺乏协调、社会资本参与意愿低、项目验收方式不明晰等问题。在顶层整治任务统筹方面，湖北省自然资源厅在推动全域国土综合整治项目立项过程中，提出了项目整治后耕地面积和永久基本农田面积均增加5%的目标；然而该目标的提出，忽视了湖北省不同地区自然条件差异，位于咸宁南部山区的区县受地形条件影响适宜农业耕种的土地本身数量较少，与平原地区相比更难实现两类农业用地面积增加的整治项目立项要求。在子项目间协调方面，目前已实施的试点项目间普遍存在子项目各自为政，未能进行有效的衔接沟通，各项子项目的设计实施未能与全域国土综合整治要求相协调等问题；部分试点项目为了促进地方经济产业发展，在未能与其他整治子项目进行有效协商前提下实施产业园建设项目，将所占用耕地的调整压力转移到其他子项目中。在社会资本参与方面，咸宁市政府部门希望通过引进社会资本参与全域国土综合整治的实施建设与后期运营各项环节，但由于村庄迁并、农田复垦等土地整治工作投入成本高、收益低，相关资源价值补偿机制尚未建立，国土综合整治收益产生方式不明、产生效益低，导致社会资本参与程度低，仅部分有社会责任感的国企、区县城投公司或当地村镇成长壮大的村镇企业等愿意投资参与国土综合整治工作。在项目验收方面，咸安区向阳湖镇、嘉鱼县官桥镇等推进程度较快的试点项目均提出项目如何开展验收的问题，具体包括项目验收标准要求与国土综合整治总体目标指标间的关联，总体项目和子项目层面需要有哪些主体，根据什么标准进行验收等问题。

3　国土综合整治规划体系

3.1　国土综合整治与村庄规划等工作的关系

2018年3月，自然资源部成立，承担了"国有自然资源资产管理和自然生态监管"的主要职能。国土空间规划、国土空间用途管制、国土综合整治作为自然资源管理的重要工具，以优化三生空间为国土空间规划主要任务，以"三条底线"作为空间规划重要规划内容及用途管制的主要载体，以包含用途管制在内的空间管制与国土综合整治作为国土空间规划的实施手段平台。韩博等学者在论述国土综合整治分类体系中，提出国土综合整治应该在国土空间开发保护利用定位、发展蓝图目标、空间类型与边界划分等方面实现与国土空间规划的有效衔接，实现宏观构想与微观工程的统一、目标一致性与差异性的协调。此外，顾竹屹、郭伟鹏等学者以上海、武汉等城市为例，对国土综合整治对实施国土空间规划、落实用途管制要求的作用进行论述，并提出国土综合整治还应成为实现生态文明建设、乡村振兴战略的平台与抓手，国土空间规划也应从国土综合整治出发、从项目实施落地角度思考规划的编制内容，实现国土空间规划的有效落地。由此可以看出，国土综合整治在自然资源管理中发挥着重要的作用，是落实国土空间规划目标、承接用途管制要求的重要平台与抓手，须以项目实施为目标，统筹协调国土空间规划管理各项指标要求，落实国家对于农用地、生态用地、建设用地的管控要求，优化三生空间，实现人与自然的和谐发展。

3.2　咸宁现行国土综合整治体系梳理

3.2.1　咸宁现行国土综合整治规划体系梳理

咸宁市根据湖北省关于国土综合整治工作的要求，积极开展国土综合整治的项目立项试点工作，与村庄规划等国土空间规划的编制进行对接协调。目前咸宁各国土综合整治试点项目已完成《全域国土综合整治项目实施方案》的编制与立项工作，正在开展《全域国土综合整治项目规划设计》及各子项目的工程规划设计，形成如图1所示的国土综合整治体系及其与村庄规划等国土空间规划的衔接关系。

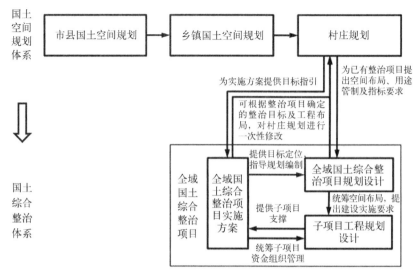

图 1 咸宁国土综合整治及规划间关系示意

咸宁目前以服务于项目的立项招标投标为主要导向构建现行的国土综合整治体系，协调与各级国土空间规划的关系。国土空间规划以谋划地区发展远景目标为主要内容，其中与全域国土综合整治项目密切相关的村庄规划既为项目实施方案编制提供规划目标指引支撑，提供子项目统筹布局的指导依据，同时也为项目规划设计已有整治项目提出空间布局、用途管制及指标管控的要求。此外，鄂土整办函〔2021〕4 号文件提出可以根据整治项目确立的整治目标及工程布局，对村庄规划进行一次性修改，这为通过国土综合整治修改村庄规划提供路径。

咸宁全域国土综合整治项目涉及的规划文件包括《全域国土综合整治项目实施方案》（以下简称《项目实施方案》）、《全域国土综合整治项目规划设计》（以下简称《项目规划设计》）及各子项目工程规划设计。按照"统一立项、统一规划、统一实施、统一验收"原则，项目层面编制项目实施方案，以整治区范围内的各类国土综合整治工程项目为依托，统筹项目区内各项整治工程项目、土地权属、资金、时序等安排，服务于整治项目立项，指导项目实施验收，实现对国土综合整治项目的整体统筹。此外，实施方案需根据村庄规划提出的规划目标指标要求，结合生态文明建设、乡村振兴战略要求，为项目规划设计提供目标定位，指导项目规划设计编制工作。项目规划设计以项目实施方案为依据，协调规划间存在的空间矛盾，并根据村庄规划等上位规划提出的空间布局、用途管控及指标要求，划定功能分区，统筹子项目空间布局。项目规划设计需要结合各子项目的监管验收需求开展规划设计，将项目总体目标指标分解到各个子项目，提出子项目工程规划编制要求，分析论证子项目的实施是否能够确保每项总体目标指标的实现，明确子项目验收指标、验收标准与验收方法，指导项目实施验收。子项目工程规划设计需依照国土综合整治工程分解的目标、指标及相关行业标准进行工程设计，确定工程设计标准，编制施工方案、子项目资金预算，提出工程结束后的土地权属调整方式，开展子项目的工程设计，服务子项目施工与验收。

3.2.2 咸宁现行国土综合整治体系存在的问题

首先，通过实地调研与相关资料的整理分析，研究发现咸宁目前的国土综合整治体系存在依据下位规划修改上位规划、国土综合整治目标未能有效传导、缺乏新增国土综合整治项目管控方法等问题。目前湖北省开放了可以通过调整实施方案修改村庄规划的路径，国土综合整治工作强调将国土综合整治规划内容整合到村庄规划中，在村庄规划编制层面过于依托国土综合整治项目实施方案，编制各类用地的空间布局，呈现通过下位规划调上位规划的工作模式，这会对村庄规划在各类用地空间布局的引领性作用带来冲击，影响村庄规划的权威性。其次，咸宁对于各类整治项目主要采取以用途管制、红线管控等为主的空间管制方法，仅对用途及国土综合整治相关指标进行传导，并传导空间管制要求，但建设用地类项目不能仅仅对其使用用途进行管理，更需要采用建筑高度、容积率、退线等一系列管控方法进行三维空间的管理约束，以实现建设用地的节约集约利用。最后，咸宁现行的村庄规划仅对已有的国土整治项目提出规划管控要求，并未对其他地块提出管控要求；当新增项目产生时村庄规划无法进行有效管理，这会影响到村庄规划和国土综合整治工作提出的耕地保护与生态用地保护目标的实现。

3.3 咸宁国土综合整治体系优化构想

3.3.1 咸宁国土综合整治规划体系优化构想

基于试点项目实地调研、现行国土综合整治体系问题分析，笔者认为其主要矛盾在于现行的规划体系未能明确区分国土空间规划和国土综合整治的定位、目标及效用的差异，未能形成两类管理体系责权鲜明的分工关系；此外现行规划管理体系缺乏包括用途管制在内的空间管制约束，管控要求未能实现地块全覆盖。为此，笔者提出以强化村庄规划及上位国土综合整治专项规划在国土空间管制方面的平台作用为导向，形成如图2所示的对于现行规划管理体系的优化设想。

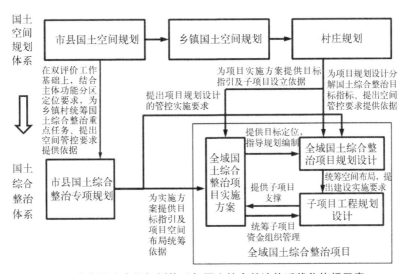

图2 咸宁国土空间规划体系与国土综合整治体系优化构想示意

与现行规划管理体系相比，该优化构想提出在市县层面编制市县国土综合整治专项规划，调整村庄规划的编制内容及要点，强化市县国土综合整治专项规划和村庄规划的统筹协调与空间管制的作用。村庄规划需要为项目实施方案提供目标指引及子项目设立谋划提供依据，并为项目规划设计分解村庄规划、项目国土综合整治目标指标提供依据，提出子项目实施的空间管制要求。市县国土综合整治专项规划作为市县国土空间规划的专项规划，需要以市县国土空间规划层面开展的双评价工作为基础，结合市县国土空间规划确立的主体功能分区定位要求，统筹确立各乡镇村国土综合整治重点任务，为提出国土综合整治项目空间管制要求提供依据；此外市县国土综合整治专项规划需要为项目实施方案提供整治目标指引及项目空间统筹布局依据，并为项目规划设计提出目标指标与空间管制要求。

3.3.2　各类规划的编制重点

在优化后的国土空间规划体系与国土综合整治体系下，村庄规划编制不仅需要提出村域国土空间发展的目标构想，同时也需要将乡镇国土空间规划等上位规划提出的空间管制要求分解落实到每一具体地块，提出对每一地块未来开发保护利用行为的约束管控要求。市县国土综合整治专项规划则需发挥其在国土综合整治工作中的统筹协调与空间管制平台作用，落实市县国土空间规划制定的主体功能分区及其管控要求，结合地区自然社会发展条件特点，制定不同乡镇或村庄差异化的国土综合整治重点任务，并根据各乡镇村国土综合整治重点任务统筹市县范围内各类国土综合整治项目的布局要求。全域国土综合整治项目则继续维持其服务于整体项目招标投标、立项、建设实施、验收的作用，实现与各类上位规划在目标指标、空间管制要求等内容的有效衔接落实。

4　国土综合整治主体机制

4.1　国土综合整治主体分析

与国土空间规划相比，国土综合整治更需要处理土地资源分配、土地权属调整、资金预算使用、项目统筹管理等工作中存在的问题，是政府部门、相关企业、社会组织及个人根据各自不同的利益诉求，结合各自拥有的自然资源情况进行彼此协商与谈判、博弈与合作的主要平台。在参与国土综合整治的各类主体中，各级政府发挥主导作用，各类部门以其自身管理职能要求共同实现各自然资源要素的有效治理与保护，相关企业以追求自身利益为目标携带资本和技术参与国土综合整治工作，社会组织为实现特定目标参与国土综合整治，以整治区内的群众为代表的个人是国土综合整治工作的实施者与受益者，其自身经济社会发展利益受到国土综合整治的直接影响。

参与咸宁实际国土综合整治的整治主体及其行为目的与理论模型存在差异，政府部门与相关企业是参与国土综合整治的最主要的整治主体，但政府部门与部分企业同时也存在与社会组织相近的一些利益诉求。政府部门作为国土综合整治工作的主要负责人，在整治工作发挥主导作用，并以避免人民群众基本利益受到损害、实现地区经济社会可持续发展为目标参与国土综合整治工作。此外，部分企业，尤其是由村镇发展壮大的本土企业以及各级地方的城投公司，由于其主要负责人或服务对象本身就是当地村民，或承担实施同级政府发展任务的要求，这些企业能够在追求自身经济发展利益的同时以优化美化当地生活环境、提高人民生活品质等社会追求。最后，以当地群众为代表的个体可以通过村委会参与国土综合整治的论证、参与国土综合整治意愿调查、签署国土综合整治合同等方式参与国土综合整治工作，并依据其自身发展利益在国土综合整治改造前后的损益情况决定自身参与国土综合整治的程度与态度（如：是否接受国土综合整治的各类实施方案、规划等），进而影响国土综合整治进程。

4.2　国土综合整治实施机制研究

4.2.1　咸宁现行国土综合整治实施机制梳理

咸宁目前已有的5个国土综合整治试点项目根据整治主体（尤其是主要相关企业，在国土综合整治工作中参与的程度与发挥的作用进行分类），共形成了3种国土综合整治机制：总实施主体机制、龙头产业主导机制、子项目组合机制。总实施主体机制以嘉鱼县官桥镇和咸安区向阳湖镇试点项目为代表，通过引入社会资本作为总实施主体参与国土综合整治工作的开发运营或部门子项目实施建设环节，政府部门与总实施主体在整治项目全流程管理中始终保持沟通与协商，共同制定优化国土综合整治实施计划方案，推进项目规划实施验收。龙头产业主导机制以咸安区横沟桥镇和通城县大坪乡为代表，根据地方经济社会发展的目标及定位，以国土综合整治重点子项目对于地方经济社会发展有重要促进作用的企业作为实施主体开展国土综合整治，但该企业并不参与整体项目的统筹协调运营。子项目组合机制以崇阳县天城镇试点项目为代表，该模式并未确立一家企业作为整个国土综合整治项目的实施主体，而是将各部门即将投资实施的子项目进行收集汇总，并捆绑打包形成总体的国土综合整治项目。

4.2.2 咸宁现行国土综合整治实施机制效果分析

咸宁目前形成的 3 种国土综合整治实施机制各有其特点，也存在一定程度的问题。总实施主体机制中，政府部门与总实施主体协作，既保证国土综合整治项目能够由企业进行统筹实施，又能兼顾实施主体诉求提升项目整体效益（如资金平衡等）。但是总实施主体机制对企业的选择有一定要求，需要这样的企业能够全程参与整治项目区的各项投资、建设、运营等全方面工作；当企业的经济发展利益诉求与政府部门国土综合整治工作的目标要求、人民群众对于日常生产生活改善需求存在矛盾时，不同整治主体间的沟通协商成本将随着整治目标差异化增加而增大；因此对于总实施主体机制，寻找到能够全程参与，且能够与政府部门、当地群众等整治主体发展利益诉求差异小的企业往往存在一定难度。龙头产业主导机制以龙头企业为主开展国土综合整治项目，这种模式能够通过龙头企业实施国土综合整治，实现与地方经济社会发展需求的充分衔接，助力地方经济社会发展，实现乡村振兴；但是这种模式会面临地方龙头企业的发展诉求与国家、省、市级政府部门的发展目标存在矛盾冲突，相关企业缺乏参与农用地整治、生态用地整治类项目的积极性等问题。子项目组合机制则以各部门在五年规划中列出的，与整治区国土综合整治工作相关的子项目为抓手，通过各部门自身存在的落实完成各子项目的约束要求，有效保障子项目实施，减少沟通成本，便于验收；但是这一模式缺乏整体项目层面的统筹，容易形成各部门各自为政的局面，很难对项目整体实施效果、资金调节平衡进行把控。

针对不同模式存在的问题，各类国土综合整治实施机制需要结合不同整治主体的利益诉求进行不断优化完善。在保障村民基本利益不受损害的前提下，总实施主体机制需要政府部门引导有志于建设家乡的本土企业作为实施主体参与国土综合整治工作；政府部门和相关企业需要参与从项目的立项到最终验收的全部环节，并在此期间通过充分沟通协作，推动各项工作稳步进行。龙头产业主导机制和子项目组合机制则需要通过一定的制度建设，鼓励龙头企业出资或出力参与除产业项目建设以外的其他国土综合整治项目，通过政策激励等方式提高国土综合整治项目收益，建立建设用地指标交易机制，探索各类生态资源价值实现路径，为社会资本参与国土综合整治工作提供契机。

4.3 国土综合整治主体间的相互关系

国土综合整治工作需要充分发挥各类整治主体优势，让专业的团队在其擅长的国土综合整治工作中发挥作用，寻找能够全程参与国土综合整治参与方案的规划院整治主体及参与项目投资建设运营的实施主体全程跟踪项目的实施进展情况，及时沟通解决项目实施过程中出现的问题，优化项目实施路径。

为此，要建立政府主导、部门协同、上下联动、公众参与的工作机制，各整治主体单位要结合各自职能业务，各司其职、各负其责。市级层面在市政府统一领导下由市自然资源管理部门建立市级项目指挥部，对项目进行指导、监督和检查，并对项目整体情况进行验收。县级层面在县政府统一领导下由县自然资源管理部门建立县级项目指挥部，负责编制项目规划与实施方案，承担项目实施行政监管职责，协调各子项目矛盾，组织项目整体验收。农业农村、水利和湖泊、生态环境、林业等子项目相关行业部门需要对子项目进行指导、监督和检查，并按照有关管理规定及技术要求组织竣工验收。此外，国土综合整治工作要鼓励并调动市场主体作为实施主体或项目建设单位参与国土综合整治和生态修复工作。实施主体宜选择能够立足乡村振兴、促进生产生活生态空间均衡发展的企业，负责项目投融资和运营管理，接受项目实施机构和政府相关部门的监督。项目建设单位按照工程建设有关规定，承担项目建设的具体工作内容。最后，国土综合整治工作需要充分体现公众参与和当地群众权益保障，充分听取群众意见，对各类用地的土地权属情况进行详细调查，并对在国土综合整治项目实施过程中利益受到损失的群众给予必要的补偿。

4.3.1 项目方案设计阶段

全域国土综合整治项目在前期立项及方案设计阶段，需要明确参与国土综合整治项目的各类整治主体及其分工内容，根据前期立项及方案设计的各项要求筹备各项工作。县级项目指挥部负责统筹项目的规划设计工作，组织规划设计院等规划设计单位共同开展现状调研与群众整治意向调研，并与项目实施主体企业共同就项目规划设计各项内容进行沟通协商。各子项目建设单位和相关部门负责子项目的规划设计工作，与县级项目指挥部、项目实施主体围绕子项目目标、指标、标准及空间管制要求等进行充分沟通协商，结合子项目工作需要与规划设计院等规划设计单位开展子项目层面的深入调研，编制子项目工程规划设计方案。子项目规划设计完成后，由市级项目指挥部负责组织统一评审，评审通过后方可进行项目实施。

4.3.2 项目实施阶段

全域国土综合整治项目实施阶段应该根据工程的业务类型，按照"工程线、资金管控线、组织线"三类管理内容，由各子项目负责单位分头开展子项目的工程设计与实施，并请相应业务管理部门单位实行专业管理，明确各职能管理部门、企业的实施管理落实的任务与责任。工程线管理需要以各子项目工程质量管控为主，由项目指挥部、实施主体、各子项目主管部门等整治主体进行项目单位准入审核与工程设计指导监督。资金管控线主要负责对项目资金使用拨付情况进行操作管理与监督，由财政部门、实施主体单位等整治主体参与，财政部门涉及政府资金的拨付、审计与监管职责，实施主体单位负责对项目资金进行使用拨付，并对资金使用情况进行管理监督。组织线负责全域国土综合整治项目的各类组织协调管理监督工作，以县级项目指挥部为主体开展组织管理工作，负责项目实施期间各类整治主体间的沟通协调工作，明确整治目标任务的有效分工，督促各子项目整治工程实施，及时收集整理项目材料，为各子项目及总体项目的实施验收做准备。

4.3.3 项目验收阶段

在实施全域国土综合整治项目验收时，需要明确各个验收环节的验收负责部门及验收依据标准。全域国土综合整治项目验收分为子项目验收和项目整体验收，当子项目验收中的子项目竣工验收、永久基本农田调整方案专项验收和新增耕地与建设用地节余指标验收全部完成后，方可进行项目整体验收。

在没有明确的规范文件规定时，国土综合整治需要按照以下方式开展各环节验收工作：子项目竣工验收由子项目相关主管部门，按照子项目的实施方案及行业标准进行验收。永久基本农田调整方案专项验收，由省自然资源厅会同省农业农村厅审核，按照永久基本农田调整相关要求进行验收。新增耕地和建设用地节余指标则需按照相应的政策文件管理要求，由市自然资源局核定并在自然资源部管理系统备案。上述环节均完成后，方可由县（市、区）人民政府组织项目整体验收，报市级项目指挥部评估。项目整体验收需要以全域国土综合整治项目实施方案及规划设计为依据，对项目总体目标指标实施完成情况进行整体验收。

5　总结

国土综合整治作为自然资源管理的一项重要工具，经过了从单纯的农用地整治，到农用地与建设用地综合整治，再到现在的自然资源全要素综合整治的演变过程。国土综合整治以实施农用地整治、建设用地整治、生态环境保护的工程、技术、生物等手段为依托，是实现各级国土空间规划目标、落实空间管制要求的实施平台与手段。本文通过研究湖北省咸宁市国土综合整治试点项目，对现行国土综合整治的体系、主体与机制进行梳理。目前咸宁建立了以服务项目立项招标投标为主要导向的国土综合整治体系，其中全域国土综合整治项目以村庄规划为依据，通过全域国土综合整治项目实施方案、全域国土综合整治项目规划设计及子项目工程规划设计指导实际国土综合整治工作。此外，本文基于现行国土综合整治体系存在的依据下位规划修改上位规划、国土综合整治目标未能有效传导、缺乏新增国土综合整治项目管控方法等问题，提出以强化村庄规划及上位国土综合整治专项规划在国土空间管制方面的平台作用为导向的国土综合整治体系优化构想，强调市县国土综合整治专项规划与村庄规划，在对各类地块及不同地区差异化国土综合整治任务的统筹协调与空间管制中的作用。本文进一步对参与国土综合整治的政府部门、相关企业、社会组织、个人等整治主体及其作用进行梳理分析，并根据整治主体，尤其是主要相关企业，在国土综合整治工作中参与的程度与发挥的作用提炼形成咸宁现行的 3 类国土综合整治实施机制：总实施主体机制、龙头产业主导机制、子项目组合机制，分析不同机制在实际实施过程中的优缺点及其优化建议措施。最后，本文进一步结合国土综合整治的实施阶段，对参与国土综合整治的各类整治主体所扮演的角色及发挥的作用进行梳理分析，强调发挥各类整治主体业务能力特长，明确各类整治主体的责任分工，共同实现国土综合整治工作有效实施落实。

然而本研究在规划间衔接、整治主体间协调等方面，虽然认识到总项目与子项目间可能存在衔接不畅、子项目实施主体未能按照项目总体要求完成国土综合整治工作等问题，但是并未对这些现象产生的原因进行分析，并提供解决衔接问题的详细方案。解决规划衔接、整治主体间的沟通、监督子项目实施等问题的解决需要从部门间关系、政府与市场关系等角度对问题产生原因进行探究。此外在处理规划与验收关系时，本文仅提出规划阶段应该兼顾项目实施要求，将规划目标指标作为实施验收的主要依据，但是其具体操作方式仍需要进一步结合实际案例进行分析研究，通过对比国土综合整治目标指标要求以及各子项目规划设计规范要求，梳理规划与实施阶段无法衔接的问题，并结合规划和实施阶段的特点明确二者间的协调方式，实现规划与管理的有机结合。

参考文献

[1] 顾竹屹．上海市域国土空间综合整治：发展历程与未来展望 [J]．上海城市规划，2019（4）：17–23．

[2] 夏方舟，杨雨濛，严金明．中国国土综合整治近 40 年内涵研究综述：阶段演进与发展变化 [J]．中国土地科学，2018，32（5）：78–85．

[3] 杨忍，刘芮彤．农村全域土地综合整治与国土空间生态修复：衔接与融合 [J]．现代城市研究，2021（3）：23–32．

[4] 许顺才，伍黎芝．基于空间主体功能导向的国土综合整治研究 [J]．城市发展研究，2020，27（11）：44–50．

[5] 郭伟鹏，黄晓芳．论国土空间综合整治与村庄规划的关系：以武汉黄陂区村庄规划为例 [J]．上海城市规划，2020，2（2）：115–121．

[6] 杨建波，王莉，刘润亚，等．我国农村土地整治的发展态势与重点研究领域 [J]．国土资源科技管理，2012，29（1）：94–101．

[7] 严金明，王晓莉，夏方舟．重塑自然资源管理新格局：目标定位、价值导向与战略选择 [J]．中国土地科学，2018，32（4）：1–7．

[8] 严金明，陈昊，夏方舟．"多规合一"与空间规划：认知、导向与路径 [J]．中国土地科学，2017，31（1）：21–27，87．

[9] 韩博，金晓斌，孙瑞，等．新时期国土综合整治分类体系初探 [J]．中国土地科学，2019，33（8）：79–88．

[10] 姜广辉，郑秋月，周涛，等．基于复杂性视角的国土综合整治创新机制研究 [J]．现代城市研究，2021（3）：17–22，47．

分论坛二

规划实施的技术与实践

区域经济发展不平衡与人地城镇化协调度关系探讨[①]

余　雷　刘合林[*]

【摘　要】本文以国内23个省、自治区（以下简称"省区"）为研究对象，测算了区域经济发展不平衡程度与人地城镇化协调度，分析了二者的空间格局，并建立多元线性回归模型量化分析二者的关系。研究发现：不平衡等级相同的省区存在明显的集聚特征，而且不平衡程度较大的省区主要集中在东北与西部地区，东、中、南部省区的不平衡程度整体相对较小；内部省区的人地城镇化协调度相对外围省区而言更高；区域经济发展不平衡对人地城镇化协调度存在显著的负面影响。研究指出：在省级层面需要注重内部区域的协调发展，便于促进农业转移人口市民化，遏制城镇空间无序扩张，缩小区域发展差距有助于人口城镇化与土地城镇化协调发展。

【关键词】区域经济发展；不平衡；人地城镇化；协调度；关系

1　引言

中国城镇化的快速发展吸引了大量农业人口进城并产生了大规模的建设用地需求。据统计，2002—2018年间，中国的城镇常住人口增加了32925万人，增幅为65.57%，城市建成区面积增加了32483.11km²，增幅为125.07%。城市建成区的增长速度是城镇常住人口增速的1.9倍，呈现出人口—土地城镇化（人地城镇化）失调的特征。

关于中国人口城镇化与土地城镇化之间的关系，学者们已经做了一定的理论与实证分析并普遍认为人口城镇化滞后于土地城镇化，二者之间是不匹配的。如陆大道指出，中国的人口城镇化存在水分，真实的人口城镇化程度其实偏低，然而城镇空间却快速扩张，土地城镇化程度很快，是一种冒进式的城镇化。学者们还进一步分析了人地城镇化不协调的驱动机制：一是认为中国快速的城镇化进程带有明显的人为拉动和政策推动特征，致使人口与用地等要素的发展不同步；二是认为经济发展对建设用地扩张的依赖大于对人口增长的依赖，经济发展从而成为人地城镇化失调的诱因；三是认为城市不同的产业结构有着不同的人口与建设用地需求，进而影响两者的协调性；四是认为城市中的人口总量受经济社会发展情况的影响较大，而建设用地的拓展更多是由自然地理条件决定，所以人口与建设用地聚集的适宜性空间可能不同，从而导致二者的失调。既有研究都具有积极意义，但也存在一些不足之处：2006年下半年国家土地督察制度建立实施以后，在一定程度上遏制了包括建设用地无序蔓延在内的土地粗放利用问题。如从2007年开始全国的土地违法案件数开始减少。但大多数研究时段的起讫点分别位于2006年的前和后，研究结果不能较好反映国家重大制度实施后的人地城镇化的协调情况；对于人地城镇化影响因素的

① 国家自然科学基金项目（D1218006），教育部资助基金（19GBQY083）。
* 余雷，华中科技大学建筑与城市规划学院硕士研究生。
　刘合林，华中科技大学建筑与城市规划学院教授，博士生导师。

分析，较多停留在定性与理论分析阶段，较少有文献对其进行量化分析；并且大多关注的是对区域内部影响因素的挖掘，较少涉及区域之间的相对发展差异等因素对人地城镇化协调度的影响。

大量研究表明发展不平衡会对经济和社会产生广泛而深远且主要是负面的影响。大多数社会问题与一个国家或地区的平均收入水平关系很小或毫无关系，但却与这个国家或地区内部的收入差距关系密切。就发展不平衡对人口与土地的影响而言，陈蓉等发现地区发展不平衡导致国内人口迁移具有明显的方向偏好性；王青等发现区域经济发展差异的扩大会导致更多土地违法案件的产生和违法用地规模的增加。

既然发展不平衡能广泛影响经济与社会的发展，并且对人口与用地等城镇化要素的影响作用明显，那么人地城镇化的协调性很可能也受到区域经济发展不平衡带来的影响。基于这一判断，结合前文对现有研究的总结，本文将测算中国23个省、自治区的经济发展不平衡程度与人地城镇化协调度，分析在全国范围内二者的空间分布格局，进而建立多元线性回归模型，量化分析区域经济发展不平衡对人地城镇化协调度的影响。

2　研究方法与数据来源

2.1　研究方法

2.1.1　区域经济发展不平衡程度测算模型

本文通过测算各省份的基尼系数来量化表征各省份内部的区域经济发展不平衡程度。具体计算公式采用麦克米兰现代经济学大辞典中简化的基尼系数计算公式：

$$G_i=1+1/n_i-2（GDP_1+2GDP_2+3GDP_3+\cdots+n_iGDP_{n_i}）/（n_i^2 \cdot GDP_0）\tag{1}$$

式中，G_i 为 i 省份基于内部各地级市的 GDP 计算得出的基尼系数；n_i 为 i 省份内地级市的个数；GDP_1，GDP_2，$GDP_3\cdots$，GDP_{n_i} 为 i 省区内各地级市生产总值（GDP）的降序排列；GDP_0 为各地级市 GDP 的平均值。G_i 的取值在 0 到 1 之间，按照联合国有关组织的规定，不同的 G_i 取值对应的不平衡程度见表1。

不平衡等级分类标准	表 1
不平衡程度	取值范围
绝对平均	$0 \leqslant G_i < 0.2$
比较平均	$0.2 \leqslant G_i < 0.3$
相对合理	$0.3 \leqslant G_i < 0.4$
差距较大	$0.4 \leqslant G_i < 0.5$
差距悬殊	$0.5 \leqslant G_i < 1$

2.1.2　人地城镇化协调度测算模型

城市系统内部的各要素处在不断调整之中，人地城镇化协调度就是定量评价城市系统内部人口与建设用地之间城镇化程度协调状况好坏的指标。参考相关文献，本文引入以下模型来测算人地城镇化协调度：

$$K_i=\frac{V_{Pi}+V_{Li}}{\sqrt{V_{Pi}^2+V_{Li}^2}}\tag{2}$$

其中：

$$V_{Pi} = \frac{P_{it2} - P_{it1}}{P_{it1}} \quad\quad (3)$$

$$L_{Li} = \frac{L_{it2} - L_{it1}}{L_{it1}} \qu\quad (4)$$

式中，K_i 为第 i 个省区的人地城镇化协调度；P_{it1} 和 P_{it2} 分别为 $t1$ 与 $t2$ 年份第 i 个省区对应的人口城镇化率，即年末城镇常住人口占年末总人口的比重；L_{it1} 和 L_{it2} 分别为 $t1$ 与 $t2$ 年份第 i 个省区对应的土地城镇化率，用该省区的城市建成区面积与国土面积的比值表示；V_{pi} 和 V_{li} 分别为 $t1-t2$ 年间第 i 个省区人口城镇化率与土地城镇化率的变化率。本文的研究中，由于 V_{pi}、$V_{li} > 0$，所以 $0 \leqslant K_i \leqslant 1.414$。不同的 K_i 取值对应的协调度等级见表 2。

协调度等级分类标准   表 2

协调度等级	取值范围
协调	$1.4 \leqslant K_i \leqslant 1.414$
相对协调	$1.35 \leqslant K_i < 1.4$
相对不协调	$1.3 \leqslant K_i < 1.35$
不协调	$0 < K_i < 1.3$

2.1.3 多元线性回归模型

本文以人地城镇化协调度为响应变量，区域经济发展不平衡程度为解释变量，考虑到人口与建设用地规模、地方政府对土地财政的依赖程度以及地区经济发展水平等因素可能在一定程度上影响人地城镇化协调度，故以这几个方面的因素指标作为控制变量，建立以下多元线性回归模型：

$$K_i = aG_i + bP_i + cL_i + dR_i + eGDP_i + f \quad\quad (5)$$

式中，P_i 为 i 省区的人口总量（万人）；L_i 为 i 省区的现状城市建设用地面积（km^2）；R_i 为 i 省区的土地财政依赖程度，计算方式：土地出让金收入 /（土地出让金收入 + 公共预算收入）；GDP_i 为 i 省区的地区生产总值（亿元）；a、b、c、d、e、f 为常数项。

2.2 数据来源

为避免 2006 年下半年国家土地督察制度的建立实施对土地相关统计数据可能产生的骤变影响，同时较好地反映该制度实施以后中国的人地城镇化协调情况，本文以 2008—2017 年为研究时段测算各研究省区 10 年间的人地城镇化协调情况并作为 2017 年各研究省区的协调度。由于建立回归模型需要足够的样本支撑，故本文也以 2007—2016 年为研究时段测算了 2016 年各研究省区的协调度。根据需要，相应地测算 2016 年与 2017 年各研究省区的基尼系数与土地财政依赖程度等数据。

研究所涉及的各省区国土面积数据来自中国政府门户网站；各省区城市建成区面积、常住人口城镇化率、人口总量、城市建设用地面积、公共预算收入等数据来自《中国统计年鉴》；各省区内地级市个数与各地级市 GDP 数据来自《中国城市统计年鉴》；各省区土地出让金收入数据来自《中国国土资源统计年鉴》。

还需要说明的是，本文在计算基尼系数时主要用到的是各省份内部地级市的 GDP 数据，然而直辖市与部分省区（如海南、西藏等）以及港澳台地区，由于内部地级市个数很少（或没有）或数据获取难度较大，难以计算其对应的有效的基尼系数。因此，本文的研究只涉及以下 23 个省区：河北、山西、内蒙古、辽宁、吉林、黑龙江、江苏、浙江、安徽、福建、江西、山东、河南、湖北、湖南、广东、广西、四川、贵州、云南、陕西、甘肃、宁夏。回归模型中各变量的样本数据描述统计值见表3。

变量的样本数据描述统计值　　　　　　　　　　表 3

变量	样本量	最大值	最小值	平均值	标准差
K_i	46	1.414	1.136	1.326	0.061
G_i	46	0.561	0.213	0.371	0.085
P_i	46	11169	675	5431.50	2619.79
L_i	46	5577.44	384.07	2025.46	1264.12
R_i	46	0.542	0.103	0.296	0.104
GDP_i	46	89705.23	3168.59	30530.60	22109.31

3 区域经济发展不平衡与人地城镇化协调度的空间格局

3.1 区域经济发展不平衡

以 2017 年为分析年份，根据表 1 把测算结果进行归纳整理（表 4）并使用 ArcGIS 平台将其进行可视化表达。

各研究省区内部的经济发展不平衡程度　　　　　　　　表 4

不平衡程度	省区
比较平均	河北、山西、山东、河南、贵州
相对合理	内蒙古、江苏、浙江、安徽、福建、江西、湖南、广西、甘肃、宁夏
差距较大	辽宁、吉林、湖北、四川、云南、陕西
差距悬殊	黑龙江、广东

23 个研究省区中，不存在经济发展绝对平均的省区。各研究省区基尼系数的平均值为 0.374，中位数为 0.357，说明总体上经济发展的不平衡程度倾向相对合理等级。从数量上看，不平衡程度属于比较平均与差距悬殊这两个相对极端的等级的省区分别为 5 个和 2 个，而属于相对合理与差距较大这两个相对居中的等级的省区分别为 10 个和 6 个，整体呈现出两头小，中间大的"橄榄形"等级结构。从空间格局上看，相同不平衡等级的省区存在明显的集聚特征。如河北、山西、山东、河南 4 个相邻省区同属于比较平均的等级；江苏、浙江、安徽等 7 个相邻省区同属于相对合理的等级。这可能部分是因相邻省区的综合发展条件一般、差距不大，其内部的资源分配扁平化程度相近（如江苏和浙江）而形成的。而且，不平衡程度较大的省区主要集中在东北与西部地区，东、中、南部省区的不平衡程度整体上要低一些。这在某种意义上意味着中国相对落后地区的内部发展平均程度也相对更低。但是，也有一些比较特殊的省区，如东北三省中黑龙江的不平衡等级与辽宁和吉林不同且最高；贵州作为比较平均等级团体仅有的"飞地"被不平衡等级更高的省区包围，成为西南与华南地区交界的"洼地"；广东则因为不平衡等级最高且被同为相对合理等级的周边省区包围而成为局部的"高地"。这可能是由于这些省区与邻近省区相比有着更独特的省情，如由于基础设施与自然地形等的差距，广东省内的南北发展水平差距较大。

3.2 人地城镇化协调度

以 2017 年为分析年份，根据表 2 把测算结果进行归纳整理（表 5）并使用 ArcGIS 平台将其进行可视化表达。

各研究省区的人地城镇化协调度等级   表 5

协调度等级	省区
协调	河北、河南、甘肃
相对协调	山西、安徽、湖北、湖南、宁夏
相对不协调	内蒙古、江苏、福建、江西、山东、广西、贵州、云南
不协调	辽宁、吉林、黑龙江、浙江、广东、四川、陕西

23 个研究省区协调度的平均值和中位数均为 1.33，说明总体上人地城镇化的协调性倾向相对不协调等级。从数量上看，随着协调度等级从不协调逐渐上升为协调，对应的省区数量依次为 7 个、8 个、5 个、3 个，大致呈现出金字塔形的等级结构。从空间格局上看，河北、河南、甘肃 3 个仅有的协调等级的省份均位于北方，南方除安徽、湖北、湖南 3 个省份的协调度等级为相对协调外，其余省区的人地城镇化协调性均较差。另外值得注意的是，如果把四种等级的省区分开单看，则其空间分布特征主要体现为：东北地区的 3 个省份均为不协调等级，广西、贵州、云南 3 个省（自治区）均为相对不协调等级。这在一定程度上表明区域环境相近的地区，在人口与建设用地的互动发展上可能存在相似性。但如果把协调与相对协调这两个相邻等级都视为"协调"，把相对不协调与不协调这两个相邻等级都视为"不协调"，则内部的河北、河南、山西、安徽、湖北、湖南 6 个省份均为"协调"等级，而其外围的省（自治区）除甘肃、宁夏外均为"不协调"等级。即整体上内部省份的协调度等级相对外围省（自治区）而言更高，内部省（自治区）的人地城镇化协调性相对外围省区而言更好，形成中间高，四周低的"台地型"等级结构。

4 区域经济发展不平衡与人地城镇化协调度的关系探讨

本文通过建立多元线性回归模型，借助 SPSS 软件对二者的关系进行量化分析，从而验证"区域经济发展不平衡很可能对人地城镇化协调度产生影响"的判断，回归分析结果见表 6。

多元线性回归分析结果   表 6

变量	系数	标准误差	显著性
G	-0.292	0.105	0.008
P	1.364×10^{-5}	0.000	0.021
L	-3.769×10^{-5}	0.000	0.109
R	-0.038	0.094	0.685
GDP	3.512×10^{-7}	0.000	0.787
f	1.437	0.049	0.000

从结果来看，控制变量 L（现状城市建设用地面积）、R（土地财政依赖度）、GDP 的显著性水平均大于 0.05，表明三者对 K（人地城镇化协调度）的影响均不显著，这与建立模型时候的猜想有所不同。控制变量 P（人口总量）的估算系数为正且显著性水平小于 0.05，说明 P 对 K 的影响显著为正，即人口总

量越大的地区，其人地城镇化协调度相应的也越高。这可能是由于人地城镇化协调性较差的地区普遍存在人口城镇化滞后于土地城镇化的情况，而人口总量的增加，部分取决于人口机械增长，机械增长的人口又主要集中在城镇，这间接助长了人口城镇化，缩小了其与土地城镇化的差距，从而提升了二者的协调性。需要指出的是，虽然 P 对 K 有着显著的正向影响，但其估算系数的绝对值仅为 1.364×10^{-5}，说明 P 对 K 的实际影响强度很小，少量的人口变化并不能明显的影响人地城镇化协调度。

解释变量 G（区域经济发展不平衡程度）的显著性水平为 0.008，对 K 的影响最为显著，说明区域经济发展不平衡确实对人地城镇化协调度存在影响，这与本文一开始的判断相一致。G 的估算系数为 -0.292，进一步说明区域经济发展不平衡对人地城镇化协调度的影响是负面的。具体来看，当一个省区内部经济发展的基尼系数下降 0.1，其人地城镇化协调度将提升 0.029。可见，促进区域协调发展，缩小地区间的发展差距，对于提升中国的人地城镇化协调水平具有重大现实意义。

5　结论与启示

当前，中国特色社会主义进入新时代，我国的社会主要矛盾已经转化为人民日益增长的美好生活需要和不平衡不充分的发展之间的矛盾。2020 年 7 月 30 日召开的中共中央政治局会议再次指出我国发展不平衡不充分的问题仍然突出。区域经济发展不平衡产生的影响不仅会波及经济发展，也会延伸至社会与生态等各个方面，并滋生一系列经济社会与生态问题。

本文首先通过理论分析得出区域经济发展不平衡很可能会对人地城镇化协调度产生影响这一基本判断；然后通过建立相关模型分别测算我国 23 个省区各自的经济发展不平衡程度与人地城镇化协调度，并利用 ArcGIS 平台将测算结果可视化进而观察分析二者的空间分布格局；最后，通过建立多元线性回归模型量化分析与验证区域经济发展不平衡对人地城镇化协调度的具体影响，得出以下结论：

（1）23 个研究省区经济发展的不平衡程度总体倾向相对合理等级，各等级对应的省区数量呈现两头小，中间大的"橄榄形"结构。在空间格局上，不平衡等级相同的省区存在明显的集聚特征，而且不平衡程度较大的省区主要集中在东北与西部地区，东、中、南部省区的不平衡程度整体相对较小。

（2）23 个研究省份人地城镇化的协调度总体倾向相对不协调等级，随协调度等级的上升其对应的省区数量呈现金字塔形结构。在空间格局上，内部省区的人地城镇化协调度相对外围省区而言更高，形成中间高，四周低的"台地型"等级结构。

（3）区域经济发展不平衡对人地城镇化协调度有着显著的负面影响，即一个省区内部的经济发展差异越大，该省区的人地城镇化协调度相应地就会越低。具体的量化关系为：当一个省区内部经济发展的基尼系数下降 0.1，其人地城镇化协调度将提升 0.029。

上述结论对于中国今后的区域经济与人地城镇化协调发展也存在一些启示：

（1）发展不平衡的突出矛盾不仅存在于中国的宏观区域层面上，在各省区内部也不同程度地存在。因此，区域协调发展战略除在跨省大区域层面上实施外，各省份自身的发展也应该与国家发展战略和目标相一致，充分考虑与促进本省份内部的协调发展。

（2）人地城镇化的不协调情况在中国广泛存在，其普遍原因是人口城镇化滞后于土地城镇化。因此，今后一方面是要严格管控新增建设用地指标，强调存量发展，遏制城镇空间无序扩张；另一方面是要通过加快户籍制度改革和提升城镇基础设施与公共服务水平等途径，便利和促进农业人口向城镇转移，缩小人口城镇化与土地城镇化的差距，从而提升二者的协调性与发展质量。

（3）人地城镇化协调度虽然直接受人口与土地的影响，但从深层次来看，人口集聚、土地开发以及二者的协调性发展其实都受到来自区域发展不平衡的显著影响。因此，缩小区域发展差距是提升人地城镇化协调度，促进城镇化健康发展的根本性措施。

参考文献

[1] 陆大道. 我国的城镇化进程与空间扩张 [J]. 城市规划学刊，2007 (4)：47-52.

[2] 牛文远. 中国新型城市化报告 [M]. 北京：科学出版社，2012.

[3] 尹宏玲，徐腾. 我国城市人口城镇化与土地城镇化失调特征及差异研究 [J]. 城市规划学刊，2013 (2)：10-15.

[4] 吕志强，卿姗姗，邓睿，等. 中国人口城市化与土地城市化协调性分析 [J]. 城市问题，2016 (6)：33-38，60.

[5] 周艳，黄贤金，徐国良，等. 长三角城市土地扩张与人口增长耦合态势及其驱动机制 [J]. 地理研究，2016，35 (2)：313-324.

[6] 刘钰，詹晨霄，张鹏岩，等. 建设用地与城市人口的空间失调特征及其驱动机制分析：以台湾海峡西岸地区为例 [J]. 资源科学，2017，39 (8)：1497-1510.

[7] 理查德·威尔金森，凯特·皮克特. 不平等的痛苦：收入差距如何导致社会问题 [M]. 安鹏，译. 北京：新华出版社，2010.

[8] 陈蓉，王美凤. 经济发展不平衡、人口迁移与人口老龄化区域差异：基于全国 287 个地级市的研究 [J]. 人口学刊，2018，40 (3)：71-81.

[9] 王青，陈志刚. 区域经济发展不平衡与土地违法：基于地方政府经济增长激励的视角 [J]. 中国土地科学，2019，33 (1)：32-39.

[10] 张晓东，池天河. 90 年代中国省级区域经济与环境协调度分析 [J]. 地理研究，2001 (4)：506-515.

基于 POI 数据的城市商业网点布局规划实施评估研究
——以武汉市为例

潘浩澜　袁　满　单卓然 *

【摘　要】商业作为国家经济支柱产业，在城市社会经济活动中占据重要地位，而城市商业网点布局规划则是指导与规范城市商业区域发展的重要手段。《武汉市商业网点布局规划（2016—2020年）》已经到期，若对该轮规划效果进行合理评估，能为新一轮规划的编制提供重要依据，并为武汉市新版国土空间总体规划的商业用地格局、形态、模式提供参考。鉴于此，本文基于武汉市本轮商业网点布局规划与信息点（POI）数据，从空间格局和商业规模两个方面，应用 ArcGIS 软件，对商业发展现状与规划进行比较研究。研究发现：（1）武汉市市区级商业中心呈现"一核两轴多节点"的空间格局；（2）该轮规划实施效果总体较好，但不同区域商业发展差距明显，部分未达预期；（3）部分未在市区级中心名录上的商业区域发展迅速，具备提档基础。

【关键词】商业网点规划；商业区域；实施评估；武汉市

1　引言

　　商业消费是国家消费的核心领域，2019年国务院办公厅发布《关于加快发展流通促进商业消费的意见》，要求各地在商品服务供给、消费环境优化、消费能力挖掘方面补短板、强弱项。2020年后，受疫情与国际经济下行的影响，国际流通动能减弱，我国提出了"双循环新发展格局"，而"消费城市"正是国内大循环的经济支柱之一。因此，发展良好的城市商业区域对于提升城市经济、提高人民城市生活质量、改善城市面貌等意义重大。

　　我国城市商业网点布局规划编制工作起步较晚，但发展迅速。2001年，我国成功加入世界贸易组织，零售业是我国对外开放最早的行业，国外商业巨头的涌入极大改变了我国的城市商业模式，也促进了我国城市商业区域与形态规模的转变。2003年，我国大部分重点城市开始编制城市商业网点布局规划，例如：广州（2004年）、武汉（2005年）、重庆（2005年）、长沙（2005年），其余二三线城市也迅速跟进，截至2007年，地级以上的城市商业网点布局规划完成率已达到93.2%。2012年8月，《国务院关于深化流通体制改革加快流通产业发展的意见》（国发〔2012〕39号）中，明确要求各地"科学编制商业网点规划，确定商业网点发展建设需求，将其纳入城市总体规划和土地利用总体规划"。我国城市商业网点布局规划内容主要以城市商业区域的功能、结构、业态、空间布局和建设规模进行统筹安排。然而，随着我国城市化率与民众生活水平的快速提高，部分城市商业区域的发展已远超出规划预期，商业区域功能趋

* 潘浩澜，华中科技大学建筑与城市规划学院城市规划系，硕士研究生。
　袁满，博士，华中科技大学建筑与城市规划学院城市规划系，副教授，硕士生导师。
　单卓然，博士，华中科技大学建筑与城市规划学院城市规划系，副高级研究员，硕士生导师。

于多元化，结构趋于立体化、业态趋于多样化、规模趋于大型化，空间格局呈现"主核集中"与"多核分散"并进的局面。鉴于此，建立科学的城市商业网点布局规划评估方法，能够有效评价上轮规划、了解城市商业现状、提供下轮规划编制依据，并为国土空间总体规划提供参考。

国外的规划实施评估工作开展较早，已有大量的理论研究与实证案例，主要是以定量分析为主，定性分析为辅。亚历山大于1989年提出"政策—规划—实施"（Policy-Plan-Implementation Process）模型，即PPIP模型。普雷斯曼等于1973年提出，评估应当注重结果与规划的一致性，即实施结果应当与规划方案相契合。规划评估在我国起步较晚，但国土空间规划改革后，"双评估"成为规划工作中必不可少的一环，目前已有大量理论与实证研究。孙施文等提出了基于绩效开展总体规划实施评价，并详细阐述了内容、方法与过程；张尚武等以武汉市2010版总规为例，提出了城市总体规划评估的框架与方法；牛强等提出了规划实施效能的三维评估方法，并对湖北某县进行了实证分析；周俭等针对历史文化风貌保护区，进行了规划实施评估类型方法研究与实证；岳文泽利用遥感与GIS等技术，以杭州市为例，基于空间一致性进行了城市规划实施评价研究。

在城市商业区域研究中，许学强、周素红等对城市零售商业空间布局进行了分析；单卓然等对商业区域与消费者的空间交互关系的转变进行了研究；王德等利用手机信令数据，对上海市不同等级商业中心商圈进行了比较。虽然在商业规划领域，学者已有大量的研究，但仍未有完善的规划评估体系。现有的商业网点布局规划以定性分析为主，只有叶强、张俊勇等利用大数据与新技术对长沙、厦门市进行了商业网点评估研究。武汉市作为国家中心城市，社会消费品零售总额位列副省级城市三甲，零售参与度极高（《2018中国新零售之城指数报告》），消费者年龄分布相对均衡，《武汉市商业网点布局规划（2016—2020年)》已经到期，新一轮规划是否需要对市区级商业中心名录进行更改？在武汉市新版国土空间总体规划中，如何组织商业用地格局、形态、模式？制定上述决策需要科学论证，然而，武汉市商业网点布局规划评估研究尚属空白。鉴于此，本文基于武汉市本轮商业网点布局规划与POI数据，从空间格局和商业规模两个方面，应用ArcGIS软件，对商业发展现状与规划进行比较研究，以期给出政策建议。

2 研究区概况与研究数据

2.1 研究区概况

武汉市是湖北省省会，下辖13个区，其中包括7个主城区，6个远城区，总面积8560km²，常住人口1232万人。作为中国传统商业重镇，受益于九省通衢的优越交通条件，自从开埠以来，商业一直以来是武汉的支柱产业之一，武汉市2020年社会消费品零售总额达到7774.5亿元，位列副省级城市前三甲，全市居民人均消费支出30863元，商业极其发达。近百年来，武汉商业消费结构由"生存型"转向"享受型"，商业空间由沿街店铺转为百货大楼，直至现在的购物中心、城市综合体、文旅商业体，商业区域由传统的武汉三镇转变为覆盖全域的"市级—区级—社区级"商业体系（图1）。

2.2 武汉市商业网点布局规划（2016—2020年）

作为我国较早编制商业网点布局规划的城市，武汉市先后于2005年与2011年编制了两版规划，在引导和规范城市商业发展、布

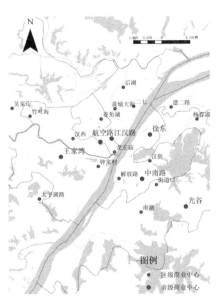

图1 武汉市商业网点布局规划图
（来源：作者自绘）

局城市商业体系、扩大城市消费需求方面发挥了良好作用。

2016年6月，武汉市商务局颁布了武汉市商业网点布局规划（2016—2020年），规划对武汉市商业发展现状进行了分析，提出了规划发展目标，并预测了商业总量。在商业网点布局体系中，规划明确提出，形成6个市级商业中心，20个区级商业中心（图1）。

规划对于各级商业中心的规模提出了要求，市级商业中心规模不小于25hm²；区级商业中心规划不小于8hm²。而在业态导向方面，规划鼓励市级商业中心设置3000m²以上的大型商业网点，如：购物中心、百货商店、旗舰店或主题店；鼓励区级商业中心设置百货店、专卖店、超市、便利店、餐饮娱乐网点、文化休闲网点（表1）。

武汉市商业网点布局体系规划

表1

商业中心等级	商业中心名称	商业中心业态导向
市级商业中心	1.航空路商业中心；2.中南路－武路路商业中心；3.中山大道－江汉路商业中心；4.光谷商业中心；5.王家湾商业中心；6.徐东商业中心	鼓励设置：购物中心、百货店、专卖店、旗舰店或主题店、生活服务网点、文化休闲网点； 适度设置：大中型专业店、生鲜超市、餐饮娱乐网点； 限制设置：大型超市、大型仓储商店、大型商品交易市场、农贸集市等
区级商业中心	1.后湖；2.二七；3.黄埔大街；4.菱角湖；5.龙王庙；6.竹叶海；7.汉西；8.钟家村；9.汉街；10.解放路；11.街道口；12.南湖；13.建二路；14.杨春湖；15.太子湖；16.吴家山；17.姚家山；18.江夏中央大道；19.黄陂广场；20.阳逻阳光北路	鼓励设置：购物中心、百货店、专业店、专卖店、各类餐饮网点、文化娱乐网点； 适度设置：大型超市、大型专业店、生活服务业网点； 限制设置：大型商品交易市场

（来源：作者自制）

2.3 数据来源

本文数据主要为武汉市2020年POI数据，数据的有效字段包含商业名称、经纬度、业态分类、建筑面积等，然后根据商户位置的经纬度坐标，将其导入ArcGIS软件以建立商户位置的空间数据库。本文依据商业空间格局和商业规模作为规划实施评估比较的主要内容。而在业态方面，本文根据规划中的商业导向，对于市级商业中心，选取3000m²以上的大型商业网点作为研究数据，对于区域商业中心，选取全部商业网点作为研究数据。

3 实证研究

3.1 研究与实证方法

本研究通过定性—定量—定性的方法对武汉市商业网点布局规划实施效果进行评估研究。首先在ArcGIS中录入所有市区级商业中心的空间位置与商业等级，得到武汉市商业网点布局图；接着根据POI数据生成武汉市所有商业网点空间分布图，再基于各商业网点的业态规模与商业网点距最近的商业中心的距离，计算出商业网点设施服务效能，根据设施服务效能计算得到武汉市商业网点的空间分布核密度图；最后将其与武汉市商业网点布局图进行对比并进行相关性分析，以此评估并研究规划实施效果。

3.1.1 基于区位因子的空间距离计算

评估应当注重结果与规划的一致性，而空间分布是否一致则是评估商业网点布局规划非常重要的一个维度。根据规划对于各级商业中心规模提出的要求，市级商业中心规模不小于25hm²；区级商业中心规划不小于8hm²。鉴于此，本文对各市级商业中心建立2.8km的缓冲区，对各区级商业中心建立1.6km

的缓冲区，通过 ArcGIS 软件的近邻分析功能，计算出各商业设施网点距离哪个市区级商业中心最近，以及欧式距离，位于缓冲区内的商业设施网点欧式距离为 0，拟合度最好，随着距离的增加，拟合度产生衰减。有学者在 2015 以中国 28 个城市为例，观察到城市各要素密度随着到城市中心距离呈现反 S 形递减规律，并提出了一种反 S 形方程对这种分布进行了很好的拟合。本文借用该方程，提出区位因子概念，即商业网点离商业中心距离越远，区位因子越小，拟合度越差，具体公式如下：

$$L\ (r) = \frac{1-c}{1+e^{a(\frac{2r}{D}-1)}} + c + k$$

其中，$L\ (r)$ 为区位因子；c 为边缘密度，本文取 c 为 0.04；e 为欧拉数；a 为斜率参数，本文取 a 为 2.965；r 为商业网点到中心的距离；D 为商业中心区域半径，本文取 D 为 30km；k 为常数，本文取 k 为 1；计算得到区位因子区间为 1.04~2（图 2）。

3.1.2 基于建筑面积的商业规模计算

武汉市商业网点布局规划中对市区级商业中心商业规模与能级提出了要求，指出商业规模应当分别形成高度与中度聚集。商业规模是区分各级商业中心的重要依据，因此本文依据各商业设施网点的建筑面积来表示商业规模。

3.1.3 空间效能计算与展示

根据规划中的商业导向，对于市级商业中心与区域商业中心，本文分别选取 3000m² 以上的大型商业网点和全部商业网点进行研究。在分别进行基于区位因子的空间距离计算与基于建筑面积的商业规模计算后，在 ArcGIS 软件中利用字段计算器进行乘积计算，得到各商业设施网点的空间服务效能，根据设施服务效能得到武汉市商业网点的空间分布核密度图。

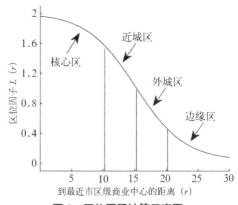

图 2 区位因子计算示意图
（来源：作者自绘）

3.2 规划实施效果评估

3.2.1 市级商业中心实施效果评估

对 3000m² 以上的大型商业网点进行空间效能计算，并进行核密度分析，得到武汉市市级商业中心评估图（图 3）。经过与武汉市市级商业中心网布布局规划图对比研究，可以得出以下结论：

（1）武汉市大型商业网点空间格局呈现为"一核两轴"。"一核"为以硚口区东部，江汉区南部，江岸区南部为核心的向心式聚集，该商业区域为武汉市的商业核心。"两轴"分别为沿长江主轴延伸的南北方向商业轴，串联起了徐东、江汉路、航空路、中南路这四个市级商业中心。以及沿汉江－武汉长江大桥－武珞路的东西方向商业轴，将王家湾、中南路、光谷三大市级商业中心进行了衔接。

（2）武汉市六大市级商业中心空间格局基本形成，但规模与能级存在显著差异，王家湾市级商业中心的空间效能未达预期。武汉市市级商业中心规模与能级可分为四档，依次为第一档

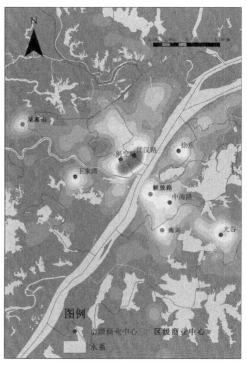

图 3 武汉市市级商业中心评估图
（来源：作者自绘）

的航空路与江汉路，第二档为光谷，第三档为中南路与徐东大街，第四档为王家湾。航空路与江汉路商业区域的规划实施与控制效果良好，两中心已无明显界限，初步形成了汉口商业连绵区，即武汉市商业核心；光谷商业中心起步较晚，但发展迅速，超出了规划预期。光谷商业中心依托光谷副城，区域内聚集了大量高新企业，吸引了众多高校毕业生、企业白领、产业工人，人口净流入量大，加之周边高校林立，大型居住区众多，且消费者年龄相对均衡，具有很强的商业活力。中南路—武珞路商业中心作为武昌传统的商业区，基本实现了规划预期，但武昌区商业板块众多，且有形成商业连绵区之势，中南路—武珞路商业中心的区域龙头带动作用并不明显。徐东商业中心规划实施效果较好，能够有效辐射武昌区北部—青山区南部—洪山区北部。王家湾商业中心空间效能较低，未能较好实现规划预期，这可能与王家湾商业中心起步较晚有关。

（3）吴家山商业中心、解放路商业中心、南湖商业中心明显超出规划预期，有朝着市级商业中心发展的趋势。吴家山近年来经济建设发展迅速，2013年，升级为武汉临空港国家级经济技术开发区，目前成为东西湖区的中心。园区内有着大量的职业经理人与产业工人，成为区域稳定的消费群体，吴家山商业集聚程度已达到相当的水准。2016版武汉市商业网点布局规划将其定位为区级商业中心，但目前已明显超出规划预期。解放路商业中心在该轮规划中被定位为区级商业中心，但依托司门口—黄鹤楼悠久的商业历史，解放路商业中心与中南路－武珞路商业中心在武昌区已明显形成分庭抗礼的商业"双核"。南湖区域生态环境良好，近年来成为城市住宅用地拓展的主方向，依托区域内众多的居住小区与附近的大学校园，南湖商业中心发展超出预期，且有与解放路商业中心与中南路商业中心形成商业连绵区的趋势。

3.2.2 区级商业中心实施效果评估

对所有商业网点进行空间效能计算，并进行核密度分析，得到武汉市区级商业中心评估图（图4）。经过与武汉市区级商业中心网布布局规划图对比研究，可以得出以下结论：

（1）武汉市区级商业中心空间格局呈现为"一核两轴四节点"。"一核"为龙王庙—汉正街。龙王庙—汉正街商业历史悠久，自从武汉开埠以来，便一直掌控武汉市商贸的命脉。虽然2011年武汉市政府

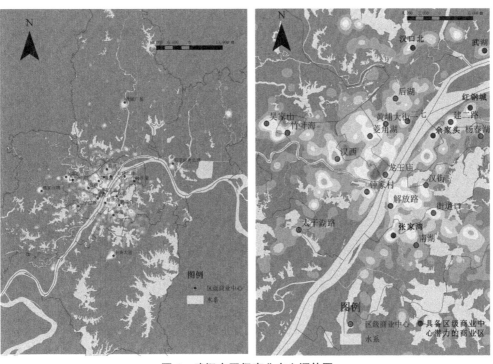

图4 武汉市区级商业中心评估图
（来源：作者自绘）

引导汉正街整体搬迁至汉口北，但目前龙王庙—汉正街商业中心仍是武汉市商业核心。"两轴"依旧为沿长江主轴延伸的南北方向商业轴，以及沿汉江—武汉长江大桥—武珞路的东西方向商业轴。"四节点"为武汉市江夏区、黄陂区、蔡甸区、新洲区四大远郊区的区级商业中心。

（2）武汉市 20 个区级商业中心规划实施效果总体上符合预期，空间格局已初步形成。后湖商业中心空间效能低于规划预期，虽然其已成为区域中心，但规模与能级与其他区级商业中心有显著差距。而杨春湖与太子湖商业中心的空间效能远未达预期：杨春湖缺乏有吸引力的高级商业区，而其附近存在建二、红钢城、余家头三大商业区，在"推"与"拉"的作用下，杨春湖远未达预期；太子湖作为武汉经开区的商业中心，其规划实施效果远逊于未被定位为区级商业中心的四新商业区。

（3）部分在该轮规划中未被定位为区级商业中心的商业区域发展良好，可考虑在下轮规划中进行提档。在武汉六大城市远郊区中，东西湖区吴家山、黄陂区黄陂广场、蔡甸姚家山路、新洲阳逻阳光北路在该轮规划中具备定义为区级商业中心，且规划实施效果良好。而汉南区在该轮规划中缺少区级商业中心，研究发现纱帽商业区发展态势良好，已初步具备成为区级商业中心的条件。新洲区的邾城商业区发展超过规划预期，与阳逻在新洲区形成"双核"之势。黄陂区南部的汉口北—武湖商业区，作为汉正街外迁的主要承接地，在武汉市"十二五"规划中被定位为全国综合性批发市场集群、武汉市商贸市场核心，目前发展态势良好，沿汉口北大道分布着大量专业批发市场，已形成了商业连绵区。洪山区西南部的张家湾地区，也已经具备成为区级商业中心的基础。青山区北部的红钢城与武昌区北部的余家头发展良好，与建二路区级商业中心沿和平大道形成了商业轴。

4 结论与建议

4.1 研究结论

在对武汉市商业网点布局规划（2016—2020 年）进行评估研究后，得出以下结论：

（1）武汉市市区级商业中心呈现"一核两轴多节点"的空间格局，"一核"即以硚口区东部、江汉区南部，江岸区南部为核心的向心式聚集，"两轴"为沿长江主轴延展的南北向商业轴及沿汉江—武汉长江大桥—武珞路的东西方向商业轴。

（2）武汉市商业网点布局规划（2016—2020 年）总体上在空间分布、规模能级上得到了较好的实施。但各商业中心之间依然存在着较大的差异，部分商业中心未达到规划预期。在 6 大市级商业中心内，航空路、江汉路、光谷的发展超出了预期，二七、中南路达到了预期，王家湾未达到预期。20 个区级商业中心内，后湖商业空间服务效能低于规划预期，杨春湖与太子湖的商业空间服务效能远未达预期。

（3）部分区级商业中心与规划中未被定位的商业中心服务效能超出规划预期，可考虑提档。吴家山、解放路、南湖区级商业中心服务效能超出规划预期，已接近乃至超越部分市级商业中心。纱帽、邾城、汉口北、红钢城、余家头、张家湾商业区域已具备成为区级商业中心的基础。

4.2 政策建议

针对本轮规划的评估结果与结论发现，本文对武汉新一轮商业网点布局规划、武汉市新版国土空间总体规划的商业用地格局、形态、模式提出以下建议：

（1）在市级商业中心层面，考虑整合江汉路、航空路市级商业中心与龙王庙—汉正街区级商业中心，形成汉口商业连绵区；考虑整合中南路—武珞路市级商业中心与解放路、南湖区级商业中心，形成武昌商业连绵区；将吴家山—竹叶海区级商业中心提档为市级商业中心，最终形成"2+4"的市级商业中心格局。汉口、武昌商业连绵区形成武汉市商业双核心，服务于主城；吴家山—竹叶海对应临空经济区副城；光谷对应光谷副城；王家湾服务于车谷副城；二七服务于长江新区副城；与武汉市"一主、四副"的城镇空间格局形成呼应（图5）。

（2）在区级商业中心层面，考虑在该轮规划中缺失的汉南区增设纱帽区级商业中心，在新洲区增设郑城区级商业中心，形成"一核两轴六节点"的区级商业中心格局。增设汉口北—武湖区级商业中心，形成汉口北大道商业轴；将红钢城—建二路—余家头进行整合，形成和平大道商业轴；增设张家湾区级商业中心，沿白沙洲大道形成商业轴，有效服务于洪山区西南部地区。

（3）在商业用地方面，强化汉口商业连绵区、武昌商业连绵区商业用地的连片性、连续性；在城市各级商业发展轴上，尽可能增设或保留商业用地，以保证轴的延展性与完整性。

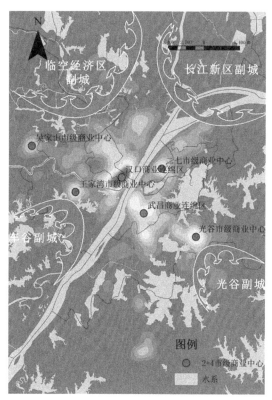

图5　武汉市"2+4"市级商业中心图
（来源：作者自绘）

参考文献

[1] 张衔春，单卓然，许顺才，等. 内涵·模式·价值：中西方城市治理研究回顾、对比与展望[J]. 城市发展研究，2016，23（2）：84-90，104.

[2] 王德. 商业中心与零售业布局[M]. 上海：同济大学出版社，2006.

[3] 叶强，谭怡恬，赵学彬，等. 基于GIS的城市商业网点规划实施效果评估[J]. 地理研究，2013，32（2）：317-325.

[4] 孙施文. 基于绩效的总体规划实施评价及其方法[J]. 城市规划学刊，2016（1）：22-27.

[5] 张尚武，汪劲柏，程大鸣. 新时期城市总体规划实施评估的框架与方法：以武汉市城市总体规划（2010—2020年）实施评估为例[J]. 城市规划学刊，2018（3）：33-39.

[6] 牛强，张伟铭，陆鸿鹄，等. 基于绩效考核理念的规划实施效能三维评估方法探索[J]. 规划师，2021，37（6）：50-55.

[7] 周俭，葛岩，张恺，等. 历史文化风貌区保护规划实施评估类型方法研究与实践：以上海衡山路—复兴路历史文化风貌区为例[J]. 城市规划学刊，2021（4）：26-34.

[8] 岳文泽，张亮. 基于空间一致性的城市规划实施评价研究：以杭州市为例[J]. 经济地理，2014，34（8）：47-53.

[9] 许学强，周素红，林耿. 广州市大型零售商店布局分析[J]. 城市规划，2002（7）：23-28.

[10] 单卓然，黄亚平，张衔春. 1990年后发达国家都市区空间演化特征及动力机制研究[J]. 城市规划学刊，2014（5）：54-64.

[11] 王德，王灿，谢栋灿，等. 基于手机信令数据的上海市不同等级商业中心商圈的比较：以南京东路、五角场、鞍山路为例[J]. 城市规划学刊，2015（3）：50-60.

[12] 张俊勇，翁芳玲，张欣欣，等. 基于国土空间规划信息化应用的商业网点评估研究：以厦门市为例[J]. 北京规划建设，2020（4）：70-75.

[13] 单卓然，林卉，袁满，等. 新冠疫情期间武汉市线下娱购出行管控效应实证分析[J]. 经济地理，2020，40（4）：96-102.

[14] 焦利民，李泽慧，许刚，等. 武汉市城市空间集聚要素的分布特征与模式[J]. 地理学报，2017，72（8）：1432-1443.

中小城市旧区更新容量调控新思路探讨

谢宏坤 *

【摘　要】中小城市旧住区更新进展缓慢、容量难以调控已不是新话题，其难点的在于日益高涨的拆迁安置成本。现行的模式是将拆迁安置费用计入土地成本，为平衡利益提高项目容积率是通常做法，这是导致控规容积率屡被突破的根源。本文基于总体协调的新思路，提出拆迁安置成本分摊机制，即将项目拆迁安置成本由按项目拆除面积定向承担的方式转变为城市所有新建面积统筹分摊的方式，从而构建旧住区容量实施调控新机制。这种模式转变对于县级及以下城镇尤为适用，也更易统筹管控。
【关键词】旧区更新；容量调控；拆迁安置；容积率；中小城市

　　我国的城市化率已超过60%，城市建设已逐步由增量时代向存量时代转变，长期以来发展严重滞后的旧城区更新必然会成为今后的重点。从世界各国的基本经验来看，旧城更新都需通过政策倾斜或财税补贴引导市场力量参与的方式进行的。而通过市场力量主导的方式，经济利益始终是主要症结之一，容积率则无疑是各方利益博弈的焦点。

　　我国当前各地发展不平衡的问题还十分突出，除了一些发展空间极为紧张、房价高企的发达地区能够依靠市场竞争，或者财政实力雄厚的各类区域中心城市、大城市地区可以通过财政补贴进行旧城更新；大量的中西部地区、中小城市，靠纯粹的市场力量进行旧城更新效果不佳，进展缓慢。本文选取中小城市作为研究对象，是基于中小城市（特别是中西部地区）在旧住区更新方面具有一些共同的特征，存在一些共同的困难。一般来说，相较于城区常住人口超过百万的大城市、特大城市甚至超大城市，中小城市不仅在量级，更是在能级上具有明显的劣势，主要表现为城市经济的活跃度不够，城市的集聚和辐射能力基本限于当地，对人口、资金和项目的吸引力明显不足，从而导致地方经济、政府财力、百姓的消费力相应偏弱，映射到旧城住区更新方面即表现为以下特征：城市能级不足，缺乏大型公共设施和具有影响力的投资，旧区更新以住宅为主，规划的城市功能置换无法实现；城市的财力不足，无法保证旧区更新的必要投入和基础保障，旧区更新过度依赖市场投入，从而使政府的主导性和对公共利益的保障力无法充分实现；旧区的吸引力不足，旧住区更新复杂、耗时持久，拆迁的高难度和大投入促使有限的市场资金更倾向新区开发，致使旧住区的更新改造缓慢而零星，整体性和系统性难以实现；市场需求不足，购买力有限，竞争不充分，导致更新低质低品位，无法充分体现旧区良好的区位优势。以上因素综合起来就造成了中小城市旧住区的更新改造缓慢、低质、不平衡、不可持续的状况。而大城市、区域中心城市尽管也存在旧区更新困难的问题，但由于其土地资源日趋稀缺，城市强大的内生动力和调控能力，强大的资金吸引能力，更易形成充分竞争、多元投入和旺盛需求，从而逐步形成旧住区更新良性发展局面，实现城市的持续有序发展。因此，本文针对中小城市，特别是县级及以下的城镇（城市建设由同一级政

　　*　谢宏坤，西安建筑科技大学副教授，注册规划师。

府主导，更易统筹与管控），提出新旧城区统筹的拆迁安置新模式，从而对推进旧住区更新改造进行新的尝试。

1 现行模式的矛盾分析

理论上，旧城改造的容积率应该根据控制性详细规划（以下简称控规）确定的指标实施，因为控规中容积率是从城市总体利益出发，经过综合平衡确定的，但由于旧城存在拆迁安置问题，因此，以追求利益最大化为目标的市场行为，通过投入产出分析得出的建设容量，极大可能与地块本身的合理容量之间差距悬殊。按照现行的拆迁安置办法，投资方提高容积率的愿望始终强烈存在，其导致的最终结果通常有两个：一是由各局部的容量突破累加致总体容量失控，二是达不到合理利润的地块长期无法得到必要更新改造（图1）。因此，按照现行的拆迁安置模式很难系统性地实现中小城市旧区更新。为探求构建城市旧住区更新容量调控新机制，首先必须分析现行模式的矛盾所在。

图 1 长期得不到改造的老旧住区
(来源：作者自摄)

1.1 规划逻辑与实施需求的差异

城市规划与市场行为之间的差异体现出价值追求的不同，我国学者张兵认为城市规划的核心价值包括环境、效率和平等三个方面。城市规划的技术过程与社会过程在不同层面上起作用，技术过程为社会过程提供了决策依据和参照，但其本身并不能具体推进社会利益的分配。控规的容积率研究在国内外已经比较充分，旧城区的控规编制也比较成熟，按照控规实施旧城改造，通过规划干预，引导旧城更新实现综合效果最优的目标，但从目前各地实际来看并不理想，最主要表现就是科学合理的规划被一再修改，自 2008 年《中华人民共和国城乡规划法》实施后，规划修改被严格控制，但为了应对调规需求及避免修改的程序麻烦，全国各地出现了很多控规"编而不批、报而不审"的现象，究其原因还在于规划的技术逻辑与管理实施的行政逻辑之间缺乏很好的衔接。规划成果是一种状态，而实施是一种过程，过程中面临诸多复杂因素，因此过程控制需要具体可行的制度设计作保障。表1分析了旧城区控规编制与开发实施对容积率考量的差异性。

旧城区控规编制与开发实施对容积率考量的差异性 表1

	控规编制角度	开发实施角度	差异性
时间节点	以总体规划的远期目标确定地段（块）指标	以开发时期对特定地段基于合理利润为需求与考虑指标	长远（静态）与即时（动态）之间的差异
测算方法	总量分解并结合局部经济、社会、环境协调考虑	投入与产出等经济分析	总量平衡与局部需求之间的差异
对象人群	抽象的居民（抽象的利益诉求）	具体的单位与个体家庭（具体的利益诉求）	抽象与具体的差异
控制单元	从城市整体利益出发，对地块大小、边界、权属作适当调整，以达到最优化	从资金投入、开发难易度、预期收益、实施时间等考虑选择意向开发地块	理想与现实之间的差异
指标赋值	将城市总量合理分配，在具体地段（块）上一般遵循邻近一致、相似一致原则，以达到协调统一	复杂的地界与权属，存量建筑规模、质量、性质差异，导致相邻地段、类似区位地块上开发成本悬殊，拆建比需求不一	经济效益与社会环境效益不协调
利益诉求	有序更新、环境提升、配套完善、经济可行、社会公平	投资回报高、资金回笼快、开发风险小、矛盾纠葛少	价值追求不一致
参与对象	规划师、政府、市民（有限参与）	开发商、政府、居民（深度参与）	评判标准不一致

（来源：作者自绘）

1.2 局部妥协与结构失控的风险

相比新区开发，旧城更新改造除了社会、文化因素外，最明显的就是居民的拆迁安置问题。我国当前的拆迁安置方式一般有实物就地安置、实物异地集中安置和货币安置三种，前两种方式都具有明确的目标地。

三种拆迁安置方法实际上都是直接或间接增加项目的开发成本，必须达到合理的拆建比才能保证合理利润。经专家测算及各地开发实践，目前各地旧城改造拆建比一般为2~2.5，如武汉规定为不大于2.2，石家庄规定为不大于2.3，中小城市会适当偏大。以某地一个实际开发项目为例，该地块需拆除6万 m² 旧住宅（原容积率为1.5），经专家论证拆建比不大于2.5，因此最后规划批准实施容积率为不大于4.0。表2为中部地区某县城一个旧城改造项目的拆迁成本汇总。这些成本一般可以通过三种途径消化，即政府承担、提高房价、补偿容积率，而补偿容积率往往成为财政实力有限的城市最常见的选择方式，但实际效果往往令人担忧（图2）。随着拆迁赔偿标准的水涨船高，位于中心城区的旧改项目容积率更是数倍增加。而控规确定的容积率一般由城市整体利益、居住环境及基础设施承载力等综合确定，并受国家标准控制（如新的城市居住区标准规定居住街坊容积率最大值为3.1，老规范规定居住组团容积率最大值为3.5），往往难以全部保证具体项目的合理利润，极端情况还可能出现拆除建筑面积多于规划建筑面积的情况。由于旧城更新的总体难度大且利润率低，因此无论是政府还是开发商都更倾向于新城建设，这就造成了城市建设总体不平衡不充分。以笔者所在的中部某中等城市为例，按照该市现行的城市规划管理技术规定，城市分区限定容积率，其中新区最大不超过3.0，旧区最大不超过3.5。按照原定控规容积率指标，旧城更新很难推进，因此实际操作中一般都是通过一例一议，谈判协商的方式确定出让土地的容积率，通过统计，从2012年到2019年的8年时间，共有23个旧城改造项目，年均不足4个，项目规模小，仅有9个项目超过2hm²，而且绝大多数项目未按控规地块和容积率实施，其中17个项目的出让容积率突破3.5的上限。又如有关统计显示，我国"土地城市化"与"人口城市化"严重不成比例，城市新区扩张过快。这固然与地方政府热衷于"造城"有关，但城市建设用地结构失控也是重要因素。分析大量的中小城市总体规划可以发现，居住用地比例偏高，与总体规划的目标不一致的问题十分严重。这尽管可以说是因城市化加速，居住用地需求大增所致，但还有一个重要原因，就是旧城更新严重滞后。同样以该城市为例，旧城区的老旧住区基本都是20世纪80年代以前建成的，以多层甚至低层自建房为主，虽然密度大，但容积率偏低，一般在0.8~1.5，而总体规划确定的居住用地指标实际包含了旧城的居住潜力挖掘，但由于旧城存量土地未充分利用，所以新增居住需求基本靠新增居住用地解决。

中部地区某县城一个旧城改造项目的拆迁成本汇总　　　　　　　　　　表2

项目名称	公房征收成本	私房征收成本	征收工作经费	合计
费用／元	85872857	363124280	22449857	471446994

（来源：作者自绘）

说明：1.私房征收成本按当地标准包括：搬迁费、按期签约和搬迁奖、搬迁配合奖、临时安置费、产权调换房成本、装修补偿费；2.征收工作经费按征收成本的5%计算；3.该项目拆迁成本折合单价达385.94万元／亩[①]，尽管政府以极低地价出让土地，仍然比当地新区土地成本高出约300万元／亩。

①过高容量下的旧区改造效果

②拆迁补偿无法达成的改造实景

③就地平衡下拆迁安置的旧改小区

图2　高昂拆迁安置成本所导致的高容量的旧区更新效果
（来源：作者自摄）

1.3 新旧割裂与公平缺失的影响

现有旧城拆迁安置方式似乎符合"谁使用谁付费"的合理原则，但实际上并不公平。其一，老城区是城市历史发展长期积累下来的，是城市发展的根本，但也因为过去的建设标准低，设施长期使用而老化，问题多负担重，这是时间造成的不公平；其二，旧城区是城市最先建成的片区，一般邻近城市中心或副中心，是城市商业服务、办公管理、物流交通、文化娱乐、教育医疗等集中地，随着城市功能结构、空间布局的优化，一大批工业及行政单位搬离置换成商业服务或住宅项目，老城区公共服务功能更为强大，而新城区开发一般以住宅或工业企业为主，除基本的配套外，更多的服务、交通、就业还是会依托老城，老城区承担了大量为全市性而非本身的公共职能，如旧区拆迁安置成本全部由旧城承担无疑将会使其容量过度提高，导致老城区的承载压力不断加大，这是区位造成的不公平；其三，城市是一个整体，城市规划是基于整体利益优先的原则，城市的容量指标分配也是基于城市协调发展而统筹考虑的，旧城疏解的居住职能也应面向整个城市，如果仅仅依靠老城解决，这是承担义务上的不公平；其四，市场导

① 1亩约为666.67m²

向下的城市开发建设，开发商更愿意选择新城项目，旧区更新长期无法进行，旧城区的破、旧、密，脏、乱、差现象长期存在，因此有能力的居民大量搬离，旧区有沦为"贫民窟"的趋向，这种环境品质差异导致的居住分异体现了社会的不和谐，而旧城更新的难题不断后推，也是政府之间的代际不公平。新区轻装劲发，几年就初具规模，旧区负重徐行，数十年的问题及面貌未见改变，这种不平衡状况会严重影响城市健康持续发展，因此应改变目前新旧城区割裂的状态，做到统筹协调。

现行的拆迁安置模式所导致的问题，本质上是就地块论地块，就项目论项目，缺乏整体统筹所致，属于结构性矛盾。因此通过改变旧区拆迁安置模式，构建容量实施调控的新机制存在必要性。

2 城市旧区容量实施调控机制探讨

国外在旧城更新过程中通过严格的规划控制和利益调控政策相结合的方式比较成熟，但依然存在不少的教训，如威廉·怀特介绍了美国的"奖励式分区规划"中通过奖励容量、减少密度换取开放空间所付出的惨痛代价。我国虽然可以借鉴国外的经验，但由于国情与制度的不同以及发展阶段的差异性，因此不能照搬照抄。国内学者对旧城区的容积率的研究上基本遵循一般原则结合个体经济利益复合的模式，但在对旧城区容量实施管控方面的研究相对较少，研究视角也主要集中于探讨旧城改造中"容积率转移与交易"的制度设计探讨，以及境内外的经验借鉴。这些研究和实施方法尽管能够对地块的容积率管控具有精准的优势，但局限性也是显而易见的。其一，相对于旧城的异质性和复杂性，单体的精准很有可能造成整体的混乱；其二，由于对不同地块进行论证也会带来管理的难度，对管理人员的专业技术要求也相对较高，在不同地区和层次的城市难以推广；其三，由于管理的自由裁量权过大，也会不可避免地带来权力承租的负面效应。

在分析目前旧区容量调控研究方法的优劣基础上，本文拟从整体统筹的视角下，进行制度设计，具体思路如下文。

2.1 构建容量分配机制

我国的规划管控体系中一般实行"分区—控制—项目"三级容量控制，三者之间在理论上是层层分解，逐级递进的，但实际上三者之间却是松散衔接，下级指标对上级指标的反馈机制并未建立。而城市建设的影响一般要经过较长时间的累积才能显现出来，且具有不可逆的特点，这样即便感知问题的严重性也很难调整，具体项目的责任也很难清晰地界定。影响的滞后性、自由裁量权过大以及责任不明晰是导致目前容积率管控弹性过大的机制问题。因此，减少控制容积率与项目容积率之间的弹性空间是保障城区整体可控的关键。对于新区开发来说，依据相应地块的控规，通过控规指标的刚性与土地"招拍挂"的市场竞争相结合，能够相对较好地实现管控，但对于旧城区，要保障控规指标的实现，还要依赖相对公平的利益环境作为保障，如能针对一定时期内旧城区的存量建筑进行测算，并将拆迁总量进行全市区平衡，统筹分担，方能从总体上把握，均衡利益，公平公正对待开发企业、居民及所属政府，避免各方挑肥拣瘦，造成新旧城区建设冷热不均的状况。因此应结合城市发展目标，统筹分配城区容量，构建新的容量分配机制，其内在逻辑如图 3 所示。该框架反映城市规划建成区"住房需求—容量指标—住宅面积"之间的关系以及市场机制下"拆迁安置住宅—新旧城区住宅建设"之间的分担关系。

2.1.1 拆迁安置成本分摊机制的原理

现行的拆迁安置成本取决于项目本身的拆迁量大小和补偿标准，成本转移途径如图 4 所示。如果在政府没有足够的财力，而大规模提高房价又不可能的条件下，政府要么通过其他项目或用地补偿开发企业，这样自然会减少城市未来可控的资源和收益；要么通过让开发企业提高容积率摊薄成本，这样自然会降低城市品质，增加旧城压力。

假定采用分摊机制，其原理如图5所示，则特定项目的拆迁安置成本与项目本身并不建立直接联系，任何项目分摊的成本只与建设量和销售单价有关，并且系数标准在整个城市是一致的，遵循城市发展"区位择优"的规律，其效果则能促进新旧城区协同发展。

2.1.2　拆迁安置成本分摊机制的方法

方法一：全面的分摊机制

$$分摊率 = \frac{旧区拆迁住房面积}{新区待建住房面积 + 旧区重建住房面积} \times 100\%$$

新建住房分摊成本 = 新建住房面积 × 项目销售均价 × 分摊率

此方法的优点：①对所有项目都采用同一比例，实现了公平公正；②不受区位和房价影响。当然，前提条件是要较为详细地制定一定时期的旧城改造拆迁规划。

方法二：定期的分摊机制

公式与方法一相类似，只是新建（重建）住房面积、拆除住房面积均按年度或定期（2~3年）统计。由于我国的土地出让是受政府按计划分期分批控制的，一般会结合本地的"城市住房发展规划"。因此，只要政府统筹做好新旧城区的开发计划，是能够做好公平分摊的。此方法操作简单，但可能会出现不同时段的分摊率波动，经过几年的实践，应可以总结出一个合理的比例。

2.2　完善旧城更新的专项规划

在新的国土空间规划体系尚未完全形成之前，现行的规划体系中城市总规负责城市总体结构和功能布局，控规负责深化和完善总规，并对总规各项指标和布局进行分解和落实，修规主要是针对具体项目的实施。城市政府对旧城区的房屋保留、改造、拆迁缺乏总体把握和具体清晰的数据，因此要配合实施旧城区的拆迁安置费用均分机制，还应该在控规编制的基础上，做好房屋拆迁评估与统计工作，编制旧区改造更新详细规划，既要有与总体规划期限同步的长远谋划，又要有五年一轮的调整修正规划，滚动实施。将公平、公正、公开的制度与城市开发建设的市场机制充分结合，实现旧城更新改造持续健康、有序推进的良好局面。

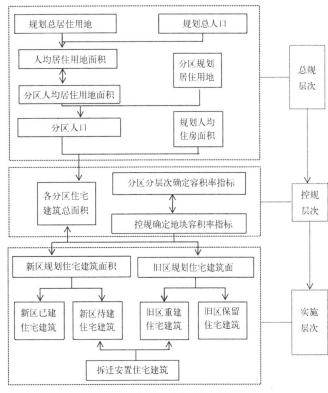

图3　容量总体控制框架图
（来源：作者自绘）

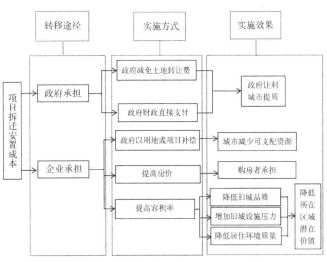

图4　现行模式下拆迁安置成本转移逻辑
（来源：作者自绘）

2.3 成立稳定的资金保障基金

现行机制下，旧城区的基础设施通常由城建投之类的国有融资平台的投资建设，土地开发的拆迁安置资金则主要由开发商负责，在中西部地区或中小城市，资金均存在困难，因此需要创新模式，构建确实有保障的旧城更新资金（主要是拆迁安置费用）筹措机制。通过成立全市统筹的专门的拆迁安置资金平台，对全市所有住房开发项目，按新建住宅面积收取一定的旧城拆迁安置费，商业服务项目收费比例可以参照住宅项目设定合适的比例。收取的费用用于旧城区的住宅、商业服务、公益设

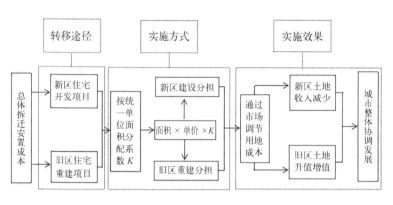

图5　分摊机制下拆迁安置成本转移逻辑
（来源：作者自绘）

注：1.*K*为规划期内经评估需拆除的住宅面积与新建面积（含新区与旧区）的比值；2.新建住宅面积为住房发展规划中城市总的住房需求面积与新旧城区存量住宅面积的差值；3.旧区存量住宅面积是指经评估后需要保留的住宅面积。

施、公园绿地、道路停车场等项目的拆迁安置费用，一旦新区建设逐步减少，未来的房产税收入依然可以弥补。从而改变原来项目、片区、旧城的自平衡的做法，做到城区统筹，专款专用。

2.4 建立城区平衡发展的监控体系

据统计数据分析，我国国有建设用地土地出让收入已占地方公共财政收入的50%~60%，如2017年土地出让合同价款达4.99万亿元，而同年地方公共预算总收入为9.1469万亿元。大量中西部地方财政紧张，负债较多，"土地财政""寅吃卯粮"现象较为严重，如果通过开发项目收取旧城拆迁安置费用，而地方政府优先开发新区，不进行或少进行旧区更新，实际上等于先收或多收，不支出或少支出，会导致未来城市政府旧区更新难度更大，因此，为保证新旧城区协调发展，必须建立统一新旧城区建设数据公共平台的监控体系。监控体系可包括旧城拆迁安置费用的专款专用、一定时期的收支平衡、新旧城区建设比例等，监控方式包括上级监控、公众参与、及时预警、定期考评、信息公开、群众及舆论监督等。

3 结语

旧城的有机更新是城市发展的永久课题。西方国家的城市化经历了郊区化扩散、旧城衰退、遏制城市蔓延、老城复兴这一往复循环。我国完全可以发挥土地国有、政府调控资源能力强的制度优势加以避免。在未来约30年，通过政府调控与市场调节相结合，将旧城更新改造这一历史短板逐步补上。容量控制虽然只是旧城更新改造系统工程中的一个方面，但却很关键，而拆迁安置又是其中的难点所在，构建一种兼顾公平与效率、减少单个项目的技术论证和自由裁量权，促进旧城更新持续有序发展是政府部门与社会各界的共同责任。新的国土空间规划体系下，城市旧区的控规编制需要改革，以更好地适应城市旧区的有机更新这一动态过程和市场机制，同时需要加强旧城更新等专题或专项规划的研究；还应加强城市基础数据库的建设和统一的容量调控技术平台的搭建，充分发挥新规划体系的制度和技术优势。

参考文献

[1] 张兵.论城市规划的合法权威与核心价值[J].规划师，1998（1）：108-110.

[2] 吴晓，魏羽力.城市规划社会学[M].南京：东南大学出版社，2010.

[3] 田莉.摇摆之间：三旧改造中个体、集体与公众利益平衡[J].城市规划，2018（2）：78-84.

[4] 叶齐茂.威廉·怀特论"奖励式分区规划"[J].国际城市规划，2017（5）：94-95.

[5] 郑小伟.福利经济学视角下城市存量空间密度调整优化研究[J].规划师，2017（5）：101-105.

[6] 黄汝钦.新旧城区容积率弹性控制方法探讨[J].国际城市规划，2012（1）：21-26.

[7] 王翼.合理确定"三旧"改造项目容积率的探索：以珠海市为例[J].规划师，2011（6）：76-86.

[8] 周滔，唐靖媛，杨玉玺.历史文化街区旧城改造开发强度测算研究：以重庆十八梯核心片区为例[J].建筑经济，2018（1）：53-59.

[9] 刘贵文，王曼，王正.旧城改造开发项目的容积率问题研究[J].城市发展研究，2010（3）：80-85.

[10] 林强.城市更新的制度安排与政策反思：以深圳为例[J].城市规划，2017（11）：52-71.

[11] 金月赛，张美亮，张金荃.存量规划的容积率管控机制研究[J].城市发展研究，2019（3）：79-84.

[12] 孙峰，郑振兴.兼顾总量平衡与刚柔适度的容积率控制方法[J].规划师，2013（6）：47-51.

[13] 罗榆，刘贵文，徐鹏鹏.历史街区保护视角下的容积率等值转移研究：基于 Hedonic 模型[J].建筑经济，2018（11）：99-101.

[14] 金广君，戴铜.台湾地区容积转移制度解析[J].国际城市规划，2010（4）：104-109.

[15] 王承旭.以容积管理推动城市空间存量优化：深圳城市更新容积管理系列政策评述[J].规划师，2019（16）：30-36.

[16] 张先贵.容积率指标交易的法律性质及规制[J].法商研究，2016（1）：65-73.

[17] 贾梦宇，吴松涛，卢军.容积率设计研究[J].哈尔滨工业大学学报，2004（1）：122-128.

拆除重建类城市更新对周边风环境的影响研究
——以深圳市龙华区为例

龙　鹏　林姚宇　肖作鹏*

【摘　要】在市场导向下，拆除重建类城市更新成为深圳城市更新的主要方式，展现普遍的高密度化特征，对城市风环境造成了显著影响。在城市更新"品质提升"的背景下，对于城市更新风环境影响的准确把握越发迫切。本文基于计算流体动力学（CFD）模拟计算，对深圳市龙华区33个城市更新项目进行更新前后的风环境模拟，探讨城市更新带来的风环境影响，研究发现拆除重建类城市更新在更新后会带来较为普遍的风速提升现象。研究结果为城市更新的风环境评价工作提供一定的实证支撑和参考。

【关键词】城市更新；风环境；深圳市

1　引言

当前城市发展已逐渐进入"存量时代"，城市更新作为一种区域空间改善和土地循环利用的手段，成为未来一段时期内土地资源供给的重要方式。在"四个难以为继"的困境下，城市更新已经成为深圳土地供应的重要来源，承担着完善城市功能，提升城市品质，改善人居环境的重要功能。伴随着全国首个城市更新地方立法《深圳经济特区城市更新条例》的实施，深圳城市更新进入了品质提升、空间营造的新阶段。在城市更新项目推进的过程中将更加注重环境影响，规定所有城市更新单元均应开展城市设计、海绵城市建设、建筑物理环境、生态修复的专项研究，城市更新中的风环境优化成为城市更新品质提升的重要内容。

与此同时，深圳城市更新在保障公共利益和经济利益的基础上，以容积作为城市更新管控的重要抓手，这使得城市更新将不可避免地带来高密度、高强度的城市环境。在2010—2020年期间，深圳市城市更新以拆除重建为主，已列入城市更新计划的拆除重建类城市更新项目多达928个，平均容积率达到5.9。这种高密度的空间形态与城市风环境问题高度关联，会带来风环境的显著改变，区域的舒适性和环境品质均会受到影响，有研究表明2003年爆发的SARS疫情是典型的由高密度建筑群风环境导致的城市健康问题。可见，风环境作为对健康、舒适影响最大的气候元素之一，对于片区人居环境和居住品质都具有重要意义。此外，考虑到城市更新的"后发性"，更新过程中的风环境改变还将涉及周边居民的公共利益问题。因此，在城市更新高密度化的情况下，研究风环境的影响越发迫切。

在城市更新视角下对街区风环境进行模拟和优化设计的研究也开始逐渐出现。周文婷、郑舰、马亮

---

　*　龙鹏，哈尔滨工业大学（深圳）建筑学院硕士研究生。
　　　林姚宇，哈尔滨工业大学（深圳）建筑学院副教授，博士生导师。
　　　肖作鹏，哈尔滨工业大学（深圳）建筑学院助理教授，博士。

等人对单一城市更新项目的风环境进行了研究，易晓列等人的研究关注到了城市更新项目对于周边的风环境影响，彭翀、李晓君等人的研究则基于风环境对城市更新项目进行了设计方案比选和优化，提出了一定的优化策略。梁颢严等对旧城更新改造中的风环境评估方法进行了研究，提出了风速比等指标和评价标准，并对评估范围进行了界定。但当前关于城市更新的风环境研究中，大多停留在单一项目层面，对于城市更新项目会如何影响周边的风环境尚不清楚。本文将通过对深圳市龙华区城市更新项目的风环境模拟，尝试探索城市更新对周边风环境的影响规律。

2 城市更新风环境模拟的数据、方法与指标

2.1 模拟样本

在对深圳市风力分布状况及城市更新项目分布情况进行梳理分析后，本文选取龙华区作为研究区域。这是由于龙华区是位于深圳市风资源敏感区内的唯一城区，常年平均风速小于2m/s，是深圳市风环境最为敏感的城市区域，研究这一地区的风环境问题较为迫切。同时，龙华区在2018—2020年间通过城市更新专项规划的数量为深圳各区最多，达47个，涵盖了工改、村改等各类型的城市更新项目，是当前深圳城市更新的典型片区，具有一定的代表性。在筛选2018—2020年间龙华区通过城市更新专项规划的项目后，整理出33个资料完整的城市更新项目（表1），将其确定为本次研究的研究样本。

研究样本　　　　　　　　　　　　　　　　　　　　表1

项目编号	项目名称	项目编号	项目名称
1	彬峰桂工业园城市更新单元	18	清湖富多肯城市更新单元
2	冠彰电器厂城市更新单元	19	清湖老村城市更新单元
3	横岭工业区城市更新单元	20	庆盛工业区城市更新单元
4	横岭旧村片区城市更新单元	21	人才街区（竹园工业区）城市更新单元
5	建泰城市更新单元	22	沙吓工业区城市更新单元
6	君子布君新片区城市更新单元	23	上下横朗城市更新单元
7	龙华第三工业区城市更新单元	24	上油松老围片区城市更新单元
8	赤岭头二片区城市更新单元规划	25	深圳北商务中心大二期城市更新单元
9	鸿发工业区城市更新单元	26	水斗老围村城市更新单元
10	浪口厂房片区城市更新单元规划	27	水斗新围山嘴头工业区城市更新单元（二期）
11	龙胜工业区城市更新单元规划	28	松元厦大布头片区城市更新单元
12	蚌岭片区城市更新单元规划	29	潭罗村片区城市更新单元
13	凌屋工业区城市更新单元规划	30	田背工业区城市更新单元
14	共和社区改造城市更新单元规划	31	田心村城市更新单元
15	钲尚机械工业区城市更新单元规划	32	英泰工业中心城市更新单元
16	伟特工业区城市更新单元规划	33	中航幕墙工业园城市更新单元
17	龙华商业中心城市更新单元规划		

2.2 模拟方法

本文将采用日本E-Sim公司开发的WindPerfectDX软件进行风环境数值模拟。该软件专门针对建筑规划领域开发，具有操作便捷、求解速度快等众多优点，当前已在学术、教学及企业中进行了大量的应用，其软件模拟结果经过学者们的验证，具有较高的精确度和可信度。

　　针对建筑室外风环境的模拟技术，主要包含了模型的建立、模拟范围的划定、网格的划分、计算方式的选择、气象条件设置等几个方面的内容，在进行模拟的过程中，要对这几项参数进行设置。结合软件参数建议及香港、深圳等地的规范要求，将相关参数设定如下：

　　①模型建立：基于深圳 2018 年建筑普查数据及城市更新单元规划总平面，对各样本更新前及更新后的建筑分别进行建模。建模范围为以规划建筑中最高建筑的高度的三倍（$3H$）为距离，对规划红线进行偏移获得的范围，其中规划红线偏移 $1H$ 范围为影响范围。

　　②模拟范围：X、Y 方向为 $2 \times$ MAX (x, y)；垂直高度为 $3 \times$ 模型最大高度；须保证更新前后模型的模拟范围一致。

　　③网格划分：影响范围内 x, y 方向的网格 $=3m$；其余建模区域 x, y 方向网格 $=5m$；z 方向在 $1.5m$ 以内有 3 层网格；未涉及的模拟区域网格为软件自动生成。须保证更新前后模型的网格划分一致。

　　④模拟风况：基于深圳市气象局 1000m×1000m 细网格数据库，选取位于龙华区的 179 个细网格，通过加权平均计算龙华区主导风向及风速。考虑夏季和冬季主导风向，模拟 NE 风向 2.02m/s 及 SW 风向 2.43m/s 两种风况。

　　⑤计算参数：空气流动时间设定为 300s，紊流处理选择 0 方程式计算，其余参数设置依照软件默认数值设定（图 1、图 2）。

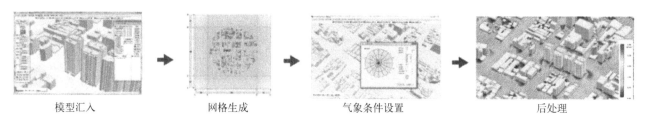

模型汇入　　　　　　网格生成　　　　　　气象条件设置　　　　　　后处理

图 1　WindPerfectDX 软件界面及模拟流程

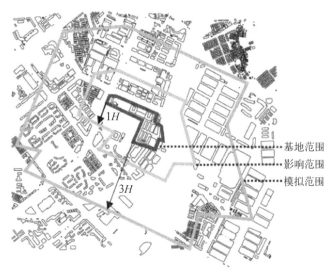

图 2　模拟范围与影响范围示意图

2.3　评价指标

　　考虑到研究对于舒适度的关注，故将人行高度附近作为风环境评价研究过程中的主要研究范围，即 1.5m 高度处的风环境状况。同时，通过对相关评价指标的梳理后发现，基于特定点对场地的风环境评价并不能有效地反映出场地整体的风环境状况。针对建筑群风环境变化复杂的特征，常引入静风区面积比、舒适风区面积比以及强风区面积比等指标综合评价场地内风环境的整体状况。考虑到本文对于城市更新项目整体风环境评价的需要，且研究区域本身初始风速较低，导致场地内风速变化幅度不大，也不常出现强风和涡流现象，故本文将以静风区面积比作为主要的风环境指标，同时加入舒适风区面积比和强风区面积比，以丰富风环境的评价指标。

各风区面积比为场地内相应风区面积与研究范围内室外空间总用地面积的比值。参考深圳市的气象数据及相关研究，将静风区风速范围确定为 0~0.5m/s；夏季舒适风区风速范围确定为 0.7~1.7m/s，强风区风速范围为大于 2.9m/s；冬季舒适风区风速范围确定为 0.5~1.5m/s，强风区风速范围为大于 2.3m/s。

3 城市更新的风环境影响

通过风环境模拟及相应数据整理，本文获得了深圳市龙华区 33 个城市更新项目更新前后的静风区面积比、舒适风区面积比及强风区面积比。在此基础上，构建基地内部、1H 范围、1H~3H 范围更新后与更新前各风区面积比的差值，表征风环境更新前后的变化，以探究城市更新对风环境的影响。

3.1 基地内的风环境影响

由表 2 可以看出，除项目 4、项目 25 和项目 27 外，其余城市更新项目更新后较更新前基地范围内的风环境均出现了静风区占比减少、强风区占比增加的现象，表明更新后基地内的风速出现了普遍的提升。比较不同初始风向下静风区及强风区的占比变化分布情况（图 3），东北风向静风区面积占比平均减少 36.75%，强风区面积占比平均增加 7.72%，西南风向静风区面积占比平均减少 33.27%，强风区面积占比平均增加 2.74%，表明东北风向较西南风向的风速提升作用更大。对于舒适风区而言，整体呈现面积占比提升的状况，大多数项目舒适风区面积占比增大，其中东北风向下占比最大增加 65.55%，最多减少 35.13%，各项目占比平均增加 6.76%；西南风向下占比最大增加 49.11%，最多减少 27.48%，各项目占比平均增加 13%。可见西南风向下舒适风区占比变化程度没有东北风向剧烈，但有更多项目在西南风向下舒适风区占比得到提升。

基地内各风区面积比更新前后差值　表 2

项目	东北风向			西南风向		
	静风区	舒适风区	强风区	静风区	舒适风区	强风区
1	−0.27	0.10	0.03	−0.25	−0.02	0.03
2	−0.68	0.37	0.01	−0.21	−0.09	0.01
3	−0.44	0.20	0.14	−0.75	0.20	0.11
4	0.03	−0.06	0.14	0.01	0.45	0.01
5	−0.38	0.16	0.03	−0.45	0.41	0.00
6	−0.46	−0.03	0.24	−0.48	0.27	0.06
7	−0.44	0.15	0.06	−0.34	0.08	0.03
8	−0.21	−0.08	0.00	−0.09	−0.06	0.01
9	−0.22	−0.14	0.01	−0.04	−0.12	0.02
10	−0.31	−0.35	0.35	−0.61	0.49	0.02
11	−0.33	0.15	0.02	−0.46	0.32	0.00
12	−0.38	−0.03	0.11	−0.32	−0.01	0.19
13	−0.59	0.37	0.00	−0.61	0.34	0.00
14	−0.23	−0.12	0.09	−0.48	0.46	0.00
15	−0.62	0.20	0.03	−0.58	0.28	0.00
16	−0.28	0.04	0.00	−0.26	0.12	0.04

项目	东北风向			西南风向		
	静风区	舒适风区	强风区	静风区	舒适风区	强风区
17	−0.16	0.12	0.00	−0.31	0.16	0.04
18	−0.58	0.15	0.07	−0.35	−0.09	0.01
19	−0.24	−0.05	0.16	−0.50	0.18	0.04
20	−0.56	0.27	0.12	−0.61	0.19	0.10
21	−0.59	0.09	0.15	−0.08	−0.07	0.06
22	−0.01	−0.37	0.13	−0.41	0.03	0.03
23	−0.19	−0.19	0.12	−0.09	−0.27	0.05
24	−0.71	0.66	0.00	−0.44	0.06	0.02
25	0.05	0.05	−0.05	0.22	0.06	−0.22
26	−0.26	0.07	0.07	−0.27	0.16	0.00
27	0.05	−0.23	0.02	−0.23	0.11	0.05
28	−0.52	0.28	0.01	−0.29	0.09	0.04
29	−0.52	0.37	0.02	−0.47	0.26	0.01
30	−0.57	−0.01	0.20	−0.38	0.05	0.09
31	−0.44	−0.08	0.11	−0.52	0.32	0.00
32	−0.19	−0.08	0.11	−0.17	−0.10	0.06
33	−0.85	0.27	0.06	−0.16	0.03	0.00
均值	−0.37	0.07	0.08	−0.33	0.13	0.03

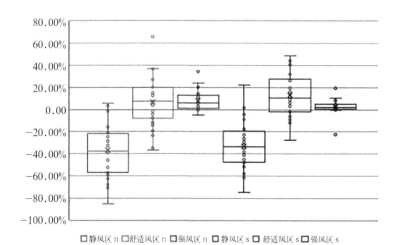

图 3　更新前后基地内各风区面积比差值分布

　　通过对比数据发现，城市更新前后各类风区面积占比增减变化呈现较为统一的相互关系。由于大部分项目更新后出现了较为明显的风速提升现象，因此除个别项目外，静风区占比变化与强风区占比变化呈负－正关系。基于不同项目风速的提升程度，各风区面积占比增减的相互关系也有不同。若更新后风速提升较大，则静风区占比变化与舒适风区占比变化呈负－负关系，强风区面积占比大幅增加；若更新后风速提升较小，则静风区占比变化与舒适风区占比变化呈负－正关系，强风区面积占比增幅较小。

　　值得注意的是项目 4、项目 25 和项目 27 的各类风区面积占比增减变化关系与其余项目并不一致。其中项目 4 与项目 27 由于更新前基地内以空地为主，建筑量较少，故更新前静风区面积占比较小，更新后由于建筑布局的关系，在不同风向下建筑周边会出现风速增加或减弱的状况，因此造成静风区占比增加及强风区占比增加的正 – 正关系。项目 25 是由于更新前基地内集中空地处于风廊道上，强风区面积占比大，而更新后的建筑布局对风廊道产生了一定的阻碍，使得风速下降，形成了静风区占比增加及强风区占比减少的正 – 负关系。

3.2　基地外 1*H* 范围的风环境影响

对各城市更新项目更新前后基地外 1*H* 范围内的风环境变化进行分析（图 4），可以发现整体风环境变化趋势与基地内保持一致，即多数项目出现风速提升的状况，静风区面积占比减少、强风区面积占比增加，且东北风向较西南风向的提升程度更为明显。但值得注意的是风环境改变的程度较基地内明显减弱，其中东北风向下静风区面积占比平均减少 3.64%，强风区面积占比平均增加 3.06%，西南风向静风区面积占比平均减少 3.19%，强风区面积占比平均增加 1.41%，均值的绝对值较基地内均有大幅下降，表明城市更新项目对周边风环境存在一定影响，但影响程度不及基地内部风环境。

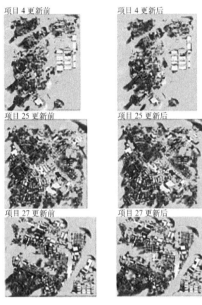

图 4　部分项目更新前后风速矢量图

舒适风区面积占比方面，与基地内不同，多数项目基地外 1*H* 范围内的舒适风区面积占比在更新后出现明显的下降，其中东北风向下占比最多减少 24.97%，最大增加 12.48%，各项目占比平均减少 5.29%；西南风向下占比最多减少 25.35%，最大增加 23.77%，各项目占比平均减少 4.51%。可见，城市更新会对外部风环境带来较为普遍的负面影响。

同时，基地外 1*H* 范围内的各类风区面积占比增减变化较基地内呈现出了更为复杂的相互关系（图 5）。其中，多达 12 个项目在单风向或双风向上出现了静风区占比增加及强风区占比增加的正 – 正关系。这是由于更新项目一方面会在项目后方形成风影区，一方面会在项目上风向两侧加速风场，因此更新后 1*H* 范围内下风向区域通常会出现风速减小的现象，而平行于风向两侧会出现风速增大的情况，故当风影区较大，且平行于风向两侧用地较为空旷，则会出现静风区占比增加及强风区占比增加的正 – 正关系。另一方面，部分项目出现强风区占比减少的现象。其中，项目 4、项目 9、项目 17、项目 20、项目 28、项目 29 出现了静风区占比减少及强风区占比减少的负 – 负关系，主要是由于城市更新后建筑破坏了原有通风

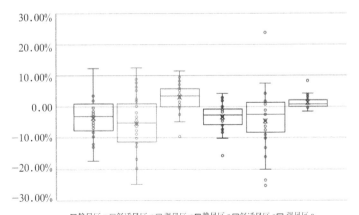

□静风区 n　□舒适风区 n　□强风区 n　□静风区 s　□舒适风区 s　□强风区 s

图 5　更新前后 1*H* 范围内各风区面积比差值分布

廊道，使得强风区占比减少；项目 7、项目 25 出现了静风区占比增加及强风区占比减少的正—负关系，这则是由于城市更新项目垂直于来风方向的边界较长，从而阻碍了风廊道，形成了较大的风影区，导致更新后风速下降（表 3）。

1H 范围内各风区面积比更新前后差值　　　　　　　　表 3

项目	东北风向			西南风向		
	静风区	舒适风区	强风区	静风区	舒适风区	强风区
1	−0.11	−0.09	0.12	−0.05	−0.24	0.01
2	−0.13	−0.16	0.08	−0.04	−0.05	0.02
3	−0.01	0.00	0.01	−0.02	−0.08	0.01
4	−0.01	0.03	0.05	−0.03	−0.01	0.00
5	−0.07	−0.11	0.07	−0.01	−0.04	0.00
6	−0.10	−0.03	0.01	−0.07	0.04	0.02
7	0.03	−0.04	−0.02	0.00	−0.04	0.01
8	−0.01	−0.03	0.00	0.00	−0.02	0.01
9	−0.02	−0.02	−0.05	−0.10	0.01	0.00
10	−0.13	0.06	0.02	−0.08	0.08	0.00
11	0.00	−0.20	0.03	−0.08	0.05	0.00
12	0.02	−0.25	0.07	−0.01	−0.25	0.08
13	−0.05	−0.05	0.05	−0.03	0.02	0.00
14	−0.04	−0.08	0.06	−0.05	−0.07	0.01
15	−0.06	0.02	0.00	0.00	0.01	0.00
16	0.12	−0.10	0.04	−0.01	−0.23	0.04
17	0.02	−0.05	0.01	−0.06	0.02	−0.01
18	−0.04	−0.04	0.09	−0.06	−0.01	0.04
19	0.00	−0.01	0.02	−0.01	−0.06	0.01
20	−0.17	0.09	−0.02	−0.16	−0.07	0.02
21	−0.12	−0.17	0.08	0.03	−0.16	0.03
22	0.03	−0.12	0.10	−0.03	−0.20	0.01
23	−0.04	−0.06	0.03	−0.01	−0.02	0.04
24	−0.08	0.02	0.00	−0.06	−0.02	0.00
25	0.03	0.08	−0.09	0.03	−0.02	0.00
26	0.04	−0.13	0.06	−0.02	−0.02	0.04
27	−0.02	−0.13	0.06	−0.02	0.24	0.00
28	−0.12	0.05	0.00	−0.03	0.02	0.00
29	−0.07	0.12	0.00	0.04	−0.09	0.02
30	0.02	−0.17	0.06	−0.08	0.02	0.01
31	−0.05	−0.09	0.01	0.02	−0.10	0.00
32	−0.03	−0.05	0.04	−0.03	−0.13	0.03
33	−0.01	−0.07	0.06	−0.03	−0.05	0.00
均值	−0.04	−0.05	0.03	−0.03	−0.05	0.01

3.3　基地外 1H 范围的风环境影响

观察各城市更新项目更新前后基地外 1H~3H 范围内的风环境变化（图 6），可以发现在此范围内城市

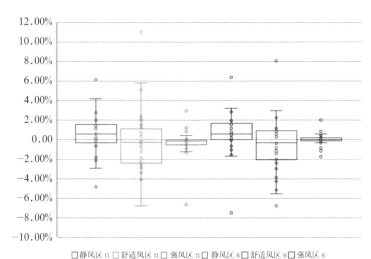

图 6 更新前后 1H~3H 范围内各风区面积比差值分布

更新项目会对风速产生一定提升作用，但对风环境影响较小。其中，东北风向下静风区面积占比平均增加 0.52%，舒适风区面积占比平均减少 0.09%，强风区面积占比平均减少 0.27%，西南风向静风区面积占比平均增加 0.59%，舒适风区面积占比平均减少 0.57%，强风区面积占比平均减少 0.01%，可见各类风区的变化值均未超过 1%，故从总体来看城市更新项目对其外围 1H~3H 范围的风环境影响已经微乎其微。

通过表 4 可以看出，虽然总体上 1H~3H 范围的风环境影响已经较小，但仍有 6 个项目（项目 2、项目 5、项目 9、项目 20、项目 30、项目 33）的部分风区变化值超过了 5%，其中最大的风区变化值达 11.01%。这是由于 6 个项目规模均较小，且在外围有连续空地，容易形成风廊道，因此更新后对风环境造成了较大影响。因此，可以发现 1H 范围内的风况可以影响 1H~3H 范围的风况，即 1H~3H 范围的风环境影响与 1H 范围内的风环境影响有一定的连续性，城市更新项目外围须于 1H 范围内形成连续的风走廊，才会对 1H~3H 范围的风况产生较大影响，故后文的分析仅着重讨论 1H 范围内的风环境影响。

1H~3H 范围内各风区面积比更新前后差值　　　　　　　　　　　　　　　　表 4

项目	东北风向			西南风向		
	静风区	舒适风区	强风区	静风区	舒适风区	强风区
1	0.01	0.01	−0.01	0.02	0.01	−0.02
2	−0.02	−0.02	0.00	0.00	−0.05	0.00
3	0.01	−0.01	0.00	0.01	0.01	0.02
4	0.01	−0.03	0.00	0.01	−0.02	0.00
5	0.00	0.11	−0.07	0.01	0.03	−0.02
6	−0.02	0.00	0.00	0.00	−0.01	0.00
7	0.04	−0.03	0.00	0.01	−0.01	0.00
8	0.00	0.02	0.00	−0.01	0.01	0.01
9	0.06	−0.07	0.00	0.06	−0.07	0.00
10	0.00	−0.01	0.00	−0.02	0.02	0.00
11	0.00	0.00	0.00	0.00	0.00	0.00
12	0.02	−0.01	0.00	0.00	0.00	0.00
13	0.00	0.00	0.00	0.00	−0.01	0.00
14	0.00	0.01	−0.01	0.01	0.01	0.00

续表

项目	东北风向			西南风向		
	静风区	舒适风区	强风区	静风区	舒适风区	强风区
15	0.01	0.02	0.00	0.02	−0.01	0.00
16	0.02	−0.04	0.00	0.01	−0.01	0.00
17	0.01	−0.03	0.01	−0.01	0.00	0.01
18	0.02	−0.03	0.00	0.02	−0.04	0.00
19	−0.01	0.00	0.00	0.00	−0.01	0.00
20	−0.05	0.05	−0.01	−0.07	0.08	−0.01
21	−0.03	0.02	0.00	0.02	0.01	0.00
22	0.02	0.00	0.03	0.02	−0.04	0.00
23	0.00	−0.01	0.00	0.02	0.00	0.00
24	0.02	−0.02	0.00	0.00	−0.02	0.00
25	0.01	0.01	−0.01	0.03	−0.01	−0.01
26	0.01	0.00	−0.01	0.01	0.01	0.01
27	−0.01	0.02	0.00	0.01	−0.03	0.00
28	−0.02	0.01	0.00	0.01	0.00	0.00
29	−0.02	−0.02	0.00	−0.02	0.00	0.00
30	0.00	−0.02	0.01	0.00	−0.06	0.00
31	0.01	−0.03	0.00	0.02	−0.02	0.00
32	0.01	0.01	0.00	−0.02	0.01	0.00
33	0.03	0.06	−0.01	0.00	0.02	0.00
均值	0.01	0.00	0.00	0.01	−0.01	0.00

4 不同改造类型城市更新的周边风环境影响

根据城市更新用地内现状建筑及更新方向的不同，拆除重建类城市更新项目通常有城中村改造、工业区改造等不同的改造类型，不同的改造类型其形态要素的改变方式往往会有较大区别，从而会导致不同的风环境影响特征。本文按改造类型将本次研究的 33 个城市更新项目样本分为城中村改造、工业区改工商、工业区改居住三种类型，进一步探讨不同改造类型的城市更新项目对周边风环境的影响。

对比不同改造类型项目周边 1H 范围内的风环境优化比（图 7），可以发现各类型项目所造成的风环境影响在整体趋势上保持一致，但是影响程度有一定差别。从静风区优化比上看，各类型更新项目在更新后均出现了静风区优化的现象，其中工业区改工商类的城市更新项目对 1H 范围内的风环境优化程度最高，东北风向下静风区优化比均值达到了 8.39%，西南风向下为 6.71%，均为三类项目中的最高值。同时，城中村改造类项目在东北风向下的静风区优化比均值也达到了 8.31%。值得注意的是同类项目中的风环境影响也存在差异，各个类型中均有项目出现了静风区优化比为负的状况，其中工业区改工商类项目出现静风区恶化的项目比例最低，仅有 3 个项目出现了静风区优化比降低的状况，占比 25%。而城中村改造类项目出现静风区恶化的项目占比达 50%，是最有可能出现静风区恶化的改造类型。此外，工业区改工商类的静风区优化比分布在 −15.4%~32.9%，是三种改造类型中数值分布范围最为广泛的，表明此类项目的风环境影响较为敏感。

从舒适风区优化比均值上看，各类型项目更新后会对舒适风区带来的影响较为不确定，在不同风向下存在较大变化。其中工业区改居住类项目在东北风向下对舒适风区的负面影响较大，在东北风向下的平均舒适风区优化比为 −12.9%，而在西南风向下平均舒适风区优化比为 4.1%，不同风向下差异明显。同时，城中村改造项目及工业区改工商类项目则在西南风向下对舒适风区的负面影响较大，在东北风向下城中村改造项目及工业区改工商类项目的平均舒适风区优化比分别为 −3.5%、−5.5%，负面影响明显小于西南风向下的 −10.9%、−11.9%。此外，具体到项目而言，各类型项目会给舒适风区带来正面影响还是负面影响并不确定，舒适风区得到优化的项目比例与恶化项目比例基本一致，但城中村改造类项目及工业区改居住类项目在不同风向下展现出了不一样的趋势。对于城中村改造项目而言，其在东北风向下会有 40% 的项目舒适风区得到优化，而在西南风向下仅有 20%，东北风向下舒适风区得到优化的可能性更高。对于工业区改居住类项目来说仅有 1 个项目在东北风向下舒适风区出现优化，占比 9%，而在西南风向下有 45% 的项目舒适风区得到优化，不同风向下差异明显，且在西南风向下有项目的舒适风区优化比出现了 93.8% 的极端值，可见工业区改居住类项目对舒适风区的影响存在较大的不确定性。而从强风区来看，各类型项目的影响特征较为一致，均出现了较小程度的负面影响，最大负面影响为东北风向下的工业区改工商类项目，其强风区优化比均值为 −3.67%。

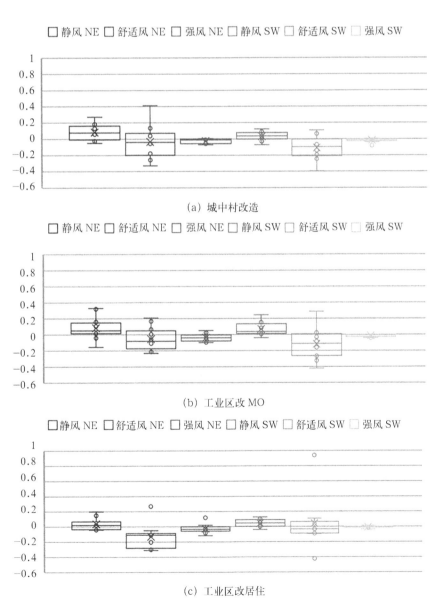

图 7　1H 范围内的风环境优化比分布

5　结论与讨论

本文利用 CFD 数值模拟的方法，对深圳市龙华区 33 个城市更新项目进行更新前后的风环境模拟，通过分析观察更新前后静风区、舒适风区、强风区面积占比变化的数据，得出以下三点结论：

（1）城市更新项目会对周边风环境带来普遍的风速提升。城市更新项目在更新后会出现静风区面积占比减少、强风区面积占比增加的现象，但风速的大幅提升会导致舒适风区面积占比出现明显下降，从而对项目周边的风环境带来负面影响。

（2）1H 范围是城市更新项目风环境影响的主要区域。城市更新前后在 1H 范围内的风况变动较大，而对 1H~3H 范围的风环境影响变化均值未超过 1%，影响较小。同时，若 1H 范围内一侧或一角存在较大空地，较容易出现不同风向下风影响差异较大的现象。

（3）工改工商类城市更新项目对周边风环境的负面影响最小。通过分析发现工改工商类项目出现静风区恶化的项目比例最低，而城中村改造类项目出现静风区恶化的项目比例最高。但同时风环境影响具有一定不确定性，且在不同风向下的风影响存在差异，在风环境评价过程中需针对项目进行专门分析。

基于本文对城市更新风环境影响的刻画，在之后的研究之中可以进一步推敲城市更新中建筑形态要素变化与风环境的相关关系，为城市更新方案优化提出建议。同时，随着深圳城市更新的逐步推进，本文对城市更新风环境影响的分析将为城市更新项目风环境评价过程中方法、指标的应用和确定提供实证支撑，对推进城市更新项目风环境的评价工作有重要参考价值。

参考文献

[1] 单皓. 城市更新和规划革新：《深圳市城市更新方法》中的开发控制 [J]. 城市规划，2013（37）：79-84.

[2] 王承旭. 以容积管理推动城市空间存量优化：深圳城市更新容积管理系列政策评述 [J]. 规划师，2019，35（16）：30-36.

[3] 段双平. 基于自然通风的 SARS 传播和自然通风理论研究 [D]. 长沙：湖南大学，2004.

[4] Lee J H, Choi J W, Kim J J, et al. The Effects of an Urban Renewal Plan on Detailed Air Flows in an Urban Area[J]. Journal of the Korean Association of Geographic Information Studies, 2009, 12 (2)：69-81.

[5] 周文婷. 城市住区改造前后不同街区形态下的风环境差异：以苏州旧城改造城市切片为例 [J]. 中华民居（下旬刊），2012（6）：188-189.

[6] 郑舰. 基于风热环境模拟评价的传统街区更新研究 [D]. 广州：华南理工大学，2017.

[7] 马亮. 传统风貌街区风环境的研究及应用 [J]. 建筑技术开发，2018，45（3）：38-39.

[8] 易晓列，郑力鹏. 拟建高层建筑风环境对周边建筑遗产影响评估：以广州同盛机器厂旧址为例 [J]. 南方建筑，2020（3）：101-107.

[9] 彭翀，邹祖钰，洪亮平，等. 旧城区风热环境模拟及其局部性更新策略研究：以武汉大智门地区为例 [J]. 城市规划，2016（8）：16-24.

[10] 梁颢严，孟庆林，李晓晖，等. 岭南旧城更新改造规划中风环境评估方法研究：以广州市黄埔区鱼珠旧城更新改造规划为例 [J]. 南方建筑，2018（4）：34-39.

[11] Zhuang Z, Hsieh C M, Wang B. Evaluation of exhaust performance of cooling towers in a super high-rise building：A case study[J]. Building Simulation, 2015, 8 (2)：179-188.

[12] 侯璐. 大连高校园区风环境模拟研究 [D]. 西安：西安建筑科技大学，2017.

[13] 张涛. 城市中心区风环境与空间形态耦合研究 [D]. 南京：东南大学，2015.

[14] 李琼. 湿热地区规划设计因子对组团微气候的影响研究 [D]. 广州：华南理工大学，2009.

渝遵红色旅游开发与区域发展的文化路线研究

吴田昊 *

【摘 要】随着重庆作为国家级中心城市的功能逐渐凸显，其城市区域化进程逐渐加速，遵义作为重庆大都市圈的重要功能节点，在整合联系黔中黔北地区旅游资源方面发挥着重要作用。在实践过程中，两地城市规划策略与政府政策导向逐步转向区域文化线路构建上。本文基于"文化线路"理论及对重庆与遵义红色旅游发展局部现存状况的量化分析，以区域经济宏观调控为视角，对重庆—遵义红色旅游的发展模式进行研究，提出跨行政区域的区域性文化线路构建，并基于此提出相应建议举措。

【关键字】红色旅游；区域经济；文化线路

当今世界，全球范围的有机经济整体化和区域经济一体化协同发展，共同作用于世界经济格局与世界城市体系，呈现出了多极化的趋势。有着时效性和独特性的旅游产业在区域经济中的占比越来越高，其间的联系也成为业内专家学者研究的热点所在，旅游产业和区域经济的联系既可以促进区域经济的发展，增加当地的国民经济收入，成为当地经济主要产业支柱，而区域经济的把控协调发展离不开旅游产业环节的同步参与。"文化线路"理论下的红色旅游业也成为区域经济中不可缺少的重要环节，超越了传统经济组成划分，形成了国家及地区参与全球经济竞争与国际文化交流的基本路线。

随着重庆与贵州地区的持续交流发展，这种以革命历史为文化介质的旅游活动进一步加强了区域之间贸易资本流动、信息技术转移等的相互依存联系，展现极强的经济韧性和密切的经济联系，组合了城市空间中的显隐线性交流，理解和研究经济要素与空间要素在区域内的特定分布形式对发展旅游业，推动区域经济发展，构建革命历史线路，抓住全球化经济机遇与建造文化交流平台具有重大意义。

1 研究背景

1.1 相关政策解读

党的十九大报告指出实施区域协调发展战略，建立更加有效的区域协调发展新机制。2020 年国务院政府工作报告中提出，加快落实区域发展战略，加大财政转移支付力度和财政性投资力度，支持革命老区等加快发展。在《长江经济带发展规划纲要》实施下，长江经济带已形成中央统筹、上中下游三大区域协同发展的"1+3"省际协商合作机制，2016 年 12 月川渝滇黔四省市联合签署了《关于建立长江上游地区省际协商合作机制的协议》，深入推进发展交流。

早在 2004 年，国务院就颁布了《2004—2010 年全国红色旅游发展规划纲要（一期）》，之后持续颁布《2011—2015 年全国红色旅游发展规划纲要（二期）》《2016—2020 年全国红色旅游发展规划纲要（三

---

* 吴田昊，重庆大学建筑城规学院 2020 级建筑学硕士研究生。

期)》，尤其在三期中提出，要更加突出强调红色旅游的内涵式发展，以增强单个区域辐射功能的覆盖性。2018 年中共中央办公厅、国务院办公厅印发了《关于实施革命文物保护利用工程（2018—2022 年）的意见》，文件中提出，要将长征文化线路整体保护工程列为重点项目，丰富长征精神的展示主题和展示手段，实施长征文化线路保护总体规划，建设长征文化线路保护利用示范段（图 1）。

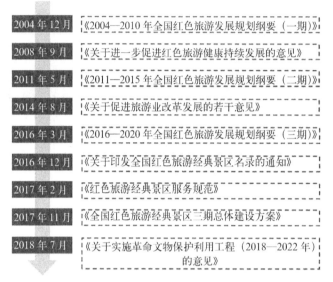

2004 年 12 月	《2004—2010 年全国红色旅游发展规划纲要（一期）》
2008 年 9 月	《关于进一步促进红色旅游健康持续发展的意见》
2011 年 5 月	《2011—2015 年全国红色旅游发展规划纲要（二期）》
2014 年 8 月	《关于促进旅游业改革发展的若干意见》
2016 年 3 月	《2016—2020 年全国红色旅游发展规划纲要（三期）》
2016 年 12 月	《关于印发全国红色旅游经典景区名录的通知》
2017 年 2 月	《红色旅游经典景区服务规范》
2017 年 11 月	《全国红色旅游经典景区三期总体建设方案》
2018 年 7 月	《关于实施革命文物保护利用工程（2018—2022 年）的意见》

图 1　红色旅游相关政策
（来源：笔者自绘）

随着各层级的政策文件纷纷出台，渝遵红色旅游开发与区域发展的联系将会逐步紧密，在跨省区域中探寻新的红色文化线路，不仅可以继续保持革命传统，发扬艰苦朴素的作风，促进地区的区域经济快速稳定持续发展，还可以与正在进行的省际协商合作一体化联系起来，也能为我国"西部崛起"战略注入动力乃至对经济发展的影响力也大有可期。

1.2　相关定义研究梳理

1.2.1　红色旅游产业与区域经济

改革开放以后，伴随我国旅游业的快速发展，其与区域经济发展的联系日趋深厚。红色旅游作为旅游业一个特殊的历史产业分支，是以革命纪念地、纪念物及其承载的革命精神为载体，以观光旅游为主体，利用"红色老区"的遗迹发展旅游线路，把革命年代超越生命极限的艰苦奋斗精神作为促进经济活动为宝贵资源，在一定程度上促进了革命区域经济的发展，增加了国民经济收入，同时，在拉动红色资源产业发展、增加就业机会、增加区域生机等方面也具有突出作用。而区域经济则为红色旅游产业的经济文化开发提供了稳定的保障和强大的支撑，相互作用于地理关系与地缘区位。

从供给角度上，高强规模的区域经济有助于完善红色旅游的基础服务设施，提供强有力的资金支持。从需求角度来讲，区域经济的发展能够从可支配收入和闲暇时间等多方面刺激区域旅游需求，为旅游业的高速发展奠定基础。

国内学者对旅游产业和区域经济的研究正在逐渐形成在地性的整合，相关研究多聚焦整体且定性分析相较定量分析更多，而针对红色旅游在区域经济中的联系，这一独特分支的单独研究较少。周成，冯学钢，唐睿以长江经济带沿线各省市为例，对区域经济—生态环境—旅游产业协调发展进行了分析与预测；刘燕雨对不同区域尺度旅游产业与经济发展进行了各层面的耦合研究；丁红梅以黄山市为例旅游产业与区域经济发展协调度实证分析。

1.2.2　文化线路

"文化线路"是文化遗产体系中的新概念，也是世界文化遗产的一种新类型。西班牙最早倡导了"文化线路"的研究，1994 年西班牙召开马德里"文化线路"世界遗产专家会议，对"文化线路"等相关问题的讨论打下了初步基础。1998 年国际古迹遗址理事会（ICOMOS）在特内里弗召开会议，成立"国际古迹遗址理事会文化线路科技委员会"。2003 年世界遗产委员会在《世界遗产公约操作指南》中加入了"文化线路"的内容，正式成为世界遗产保护领域的新类别。2005 年 10 月，在西安召开的 ICOMOS 第15 届大会中，"文化线路"被列为四大专题之一，形成了《文化线路宪章》草案。2008 年，加拿大渥太华举行的 ICOMOS 第十六届大会通过了《关于文化线路的国际古迹遗址理事会宪章》（简称《文化线路宪章》），文化线路的概念和定义、特征和种类有了基本的解释和界定，具备了实操性和有效性，标志着文化线路正式成为世界遗产保护的新领域。2014 年，丝绸之路和京杭大运河被列入世界文化遗产名单，文化线路相关的遗产成为我国遗产界和公众的关注重点。

"文化线路"将"点"状分散展示的人类文明，转变为"线"性区域性展示的人类活动脉络，进一步原真地反映了人类文明的发展与传播，也使在世界范围内构建以"文化线路"为经纬的"世界遗产保护网络"成为可能。

2　渝遵红色旅游开发与文化线路

2.1　概况介绍

随着西部大开发、"一带一路"、长江经济带等陆续推出，成渝城市群逐步崛起并趋于成熟，同时表现出对我国西南地区较强的辐射带动作用；尤其是遵义与重庆接壤，在地理、历史、文化等方面与重庆有着千丝万缕的联系。根据企业分支机构所绘制的城市联系网络，遵义与贵阳和重庆都表现出一定强度的联系度：一方面，重庆对遵义的影响是外向辐射和溢出效应；但也需要清醒地认识到，在重庆现有的发展阶段，对于邻近区域的效应可能更多体现在对其劳动力等资源的"吸力"。

旅游经济发展强调对区域发展的多重带动作用，将旅游发展与线性文化交流路线相结合，经济文化趋向融合，以旅游产业发展为导向整合区域经济与城镇化的综合开发。红色旅游产业集群可多维度地挖掘本地优势，将各种要素纳入旅游资源的开发利用，增进多产发展，带动乡村的发展及就业，并促进区域复合交叠的综合发展及竞争力的打造。

以遵义为中心的"黔北黔西红色旅游区"和以渝中、川东北为重点"川陕渝红色旅游区"，是一期发展规划中的独立红色旅游区，然而渝遵红色旅游有着历史文脉和地理血缘上不可分割的亲密关联，其旅游开发与区域经济发展两者间的对比关联是走区域文化线路的重要研究方向。

2.2　历史沿革

遵义被誉为重庆的后花园，历史上曾隶属于重庆。642 年，播州所管辖的罗蒙县改名遵义县。从此，遵义的名字出现并一直沿用，至今已有 1377 年历史。

今天四川盆地一带的川峡路，在北宋时期分为益州路、梓州路、利州路和夔州路，合称为"川峡四路"，遵义隶属于夔州路。夔州路曾是整个川东地区的政治经济文化和军事中心，治所为夔州，即今天重庆市奉节县。元朝建立行省制度后，遵义曾分别在四川和贵州管辖之下，到清朝雍正五年（1727 年），遵义府由四川省划归贵州省管辖。1949 年新中国成立后，遵义和重庆还在辖区方面进行了多次分治和整合。1955 年，遵义地区桐梓县的 17 个乡划归重庆管辖。1956 年，重庆市綦江县所属的过江、龙蟠 2 个村划归遵义地区习水县。1979 年，重庆綦江县 5 个生产队划归遵义地区习水县，遵义地区习水县 3 个生产队划归重庆綦江县。

2017 年，遵义迎来高铁时代，从重庆乘坐高铁前往遵义，最快只需要 1 小时 18 分。这意味着，遵义进入了重庆的"一小时经济圈"。在长征历史上，遵义会址的决策是重庆之战的先决条件，"綦江是遵义会议的最前哨，中央红军过綦江是四渡赤水的前奏曲"。这条渝贵铁路，穿越大娄山山脉，横跨长江、乌江天堑的"主动脉"，途经"红色之城、转折之都"的遵义，集中了抗战文化、红岩精神、长征文化、伟人故里等丰富的红色旅游资源，成为一条融入红色血脉的高速铁路线。同时，渝贵铁路也进一步促进了遵义、红岩等革命老区的扶贫开发，对推动重庆和贵州的交互经济发展具有重要意义。在这条红色线路中，渝黔红色文化的关联性尤为凸显。

3 渝遵红色旅游经济联系格局特征

3.1 研究方法及数据来源

为进一步细化分析渝遵红色旅游经济节点的水平格局及其与文化线路的联系（图 2、图 3），本文按照省会城市与地级市的体系结构，将渝遵红色资源开发具体研究对象选取了重庆红岩联线（下辖红岩革命纪念馆、重庆歌乐山革命纪念馆及其所属革命遗址群）和贵州省遵义市红花岗区遵义会议纪念馆。数据来自 2014—2018 年重庆红岩联线文化发展管理中心（重庆红岩革命历史博物馆）观众参观量统计（实际统计数据对应为 2013—2017 年）以及 2014—2018 年遵义会议纪念馆参观人数统计（实际统计数据对应为 2013—2017 年）。

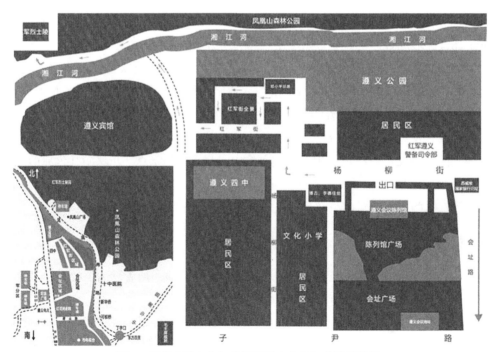

图 2 贵州省遵义市红花岗区遵义会议纪念馆导览图

（来源：遵义会议纪念馆）

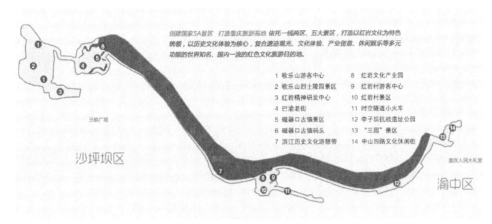

图3 红岩景区导览图
（来源：重庆红岩联线文化发展管理中心）

3.2 研究结果分析

3.2.1 空间层面分析

遵义市是渝黔合作先行示范区的重要区域。遵义地处重庆与贵阳两大中心城市之间（图4）。从居民旅游消费的区域联系可得出，遵义与重庆的旅游交流仍处于待开发待深入的阶段。然而在长期的发展历程中，遵义的经济发展腹地被大大挤压，成为资源和劳动力供给输出地。作为西南地区、黔北经济区的节点城市，虽然拥有良好的对外联系通道，但是地处两大生产要素吸纳和整合能力较强的经济区之间，农村的资源和劳动力以流出为主。遵义市区经济实力不强，缺乏对周边城镇群的辐射引导能力，更难以辐射带动广大农村地区。

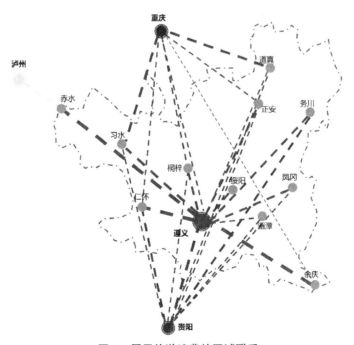

图4 居民旅游消费的区域联系
（图片来源：作者自绘，数据来源：2017年遵义市发展战略规划问卷调研）

重庆红岩联线和遵义红花岗区都是将红色文化串珠成链，形成独特的区域红色线路。重庆红岩联线是在红岩革命纪念馆、重庆歌乐山革命纪念馆的基础上联点成线，整合资源，建立起红岩联线文化发展管理中心。遵义红花岗区则重点加强了遵义会议纪念馆项目实施，对长征文化遗存实施文物本体保护、环境整治，完善建设与保护协调机制，打造保护传承优先的红色旅游展示区。

3.2.2 时间层面分析

从整体红色旅游发展情况来看，根据文化和旅游部发布的红色旅游市场发展现状统计，2007—2017年，全国红色旅游景区接待的人次从 2 亿多增长到 12 亿多，十年时间增长了十倍，发展迅速。整个红色旅游占国内旅游人次比已经达到 1/4 左右，形成了一个规模宏大的消费体验产品，在区域经济发展中起到关键作用。

文化和旅游部发布的《2018 年上半年旅游经济主要数据报告》显示，2018 年上半年，436 家红色旅游经典景区共接待游客 4.84 亿人，相当于国内旅游人数的 17.13%，按可比口径同比增长 4.83%；实现旅游收入 2524.98 亿元，相当于国内旅游收入的 10.32%，按可比口径同比增长 5.73%。由此可见，红色旅游市场活跃。

中国旅游研究院（文化和旅游部数据中心）发布《2019 年上半年全国旅游经济运行情况》，发展红色旅游成效突出，社会效应加速彰显。研究院与国家统计局社情民意调查中心抽样调查数据显示，2018 年全国红色旅游出游达 6.60 亿人次，占全国国内旅游总人次的 11.92%，旅游收入达 4257.78 亿元，占同期全国国内旅游总收入的 7.13%。

由于一些数据收集不全，在此仅对遵义和重庆相关的现有部分数据进行分析整理。

（1）2013—2017 年，遵义地区总旅游收入为 548.56 亿元，以红色旅游为主导的红花岗区旅游收入为 139.21 亿元，占同期区域旅游收入的 25.4%，红色旅游作为遵义市主导产业之一，已成为区域经济发展的重要组成（图 5）。

（2）从图 6 遵义会议纪念馆 2013—2017 年参观人数统计来看，参观总人数逐年增加，外地参观者比本地参观者总人数更多，未成年人逐渐成为红色旅游主力人群。随着红色文化的国际交流发展，境外观众人数也平稳增长。参观人数的上涨对于促进遵义地区其他产业的发展和区域经济的增长起到联动交互作用。

（3）从图 7 中可得出，2013—2017 年重庆红岩景点每月人数主要集中于 2~4 月和 10 月，数据呈现大幅度的波动，这与假期出游的需求性和历史革命事件的纪念性相关联。而根据中国旅游研究院、携程旅

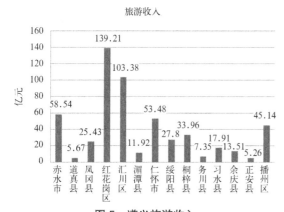

图 5　遵义旅游收入

（图片来源：作者自绘，数据来源：2013—2017 年遵义政府旅游报告）

分类 时间	参观总人数 /万人次	本地参观者 /万人次	外地参观者 /万人次	其中未成年人 /万人次	其中境外观众 /万人次
2013 年	328	82	246	86	0.23
2014 年	386	97	289	93	0.22
2015 年	423	101	322	95	0.29
2016 年	452	116	336	98	0.35
2017 年	488	125	363	105	0.30

图 6　遵义会议纪念馆 2013—2017 年参观人数统计

（来源：遵义会议纪念馆）

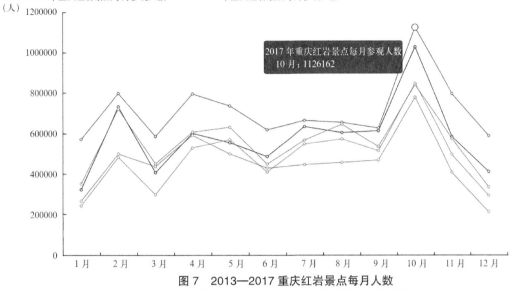

图7　2013—2017重庆红岩景点每月人数
（图片来源：作者自绘，数据来源：重庆红岩联线文化发展管理中心）

游大数据联合实验室发布的《2018年暑期旅游大数据报告》，重庆作为旅游目的地，在学生游、红色旅游等指标中，热度排名全国前列。可见，重庆的红色旅游的季节性和区域协调性有待整合发展，以形成更加稳定增长的红色旅游经济。

（4）从图8来看，2013—2017年重庆红岩联线参观总人数在2016—2017年产生了一个小飞跃，这与红岩联线文化发展管理中心的一个红色旅游资源新路线的划定有关，可见基于文化线路整合旅游资源，对全新的经济发展有着重大的意义。

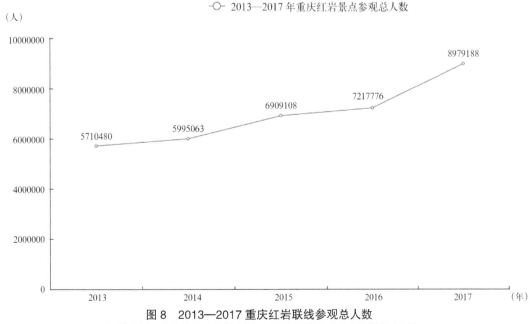

图8　2013—2017重庆红岩联线参观总人数
（图片来源：作者自绘，数据来源：重庆红岩联线文化发展管理中心）

（5）从图 9 和图 10 来看，重庆红岩魂纪念馆由于被纳入整体联线当中，参观总人数相较遵义会议纪念馆参观总人数落差较大，重庆红岩联线参观总人数相较重庆红岩魂纪念馆参观总人数也有一个超越的现象，而 2013—2017 年遵义会议纪念馆参观总人数则一直是一个平稳上升的状态，由此可见红色文化线路的构建比起单打独斗的自立山头更加具有经济效益。

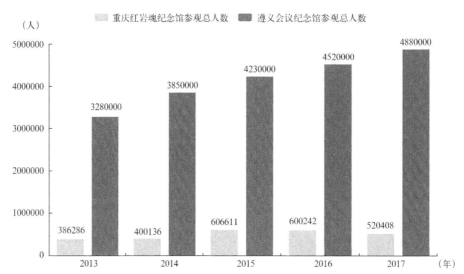

图 9　2013—2017 重庆红岩魂纪念馆参观总人数和遵义会议纪念馆参观总人数
（图片来源：作者自绘，数据来源：重庆红岩联线文化发展管理中心和遵义会议纪念馆）

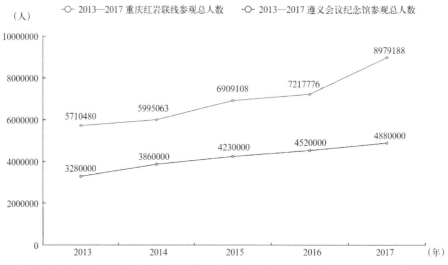

图 10　2013—2017 年重庆红岩联线参观总人数和遵义会址纪念馆参观总人数
（图片来源：作者自绘，数据来源：重庆红岩联线文化发展管理中心和遵义会议纪念馆）

通过以上空间和时间层面的对比，主要以 2013—2017 的重庆红岩联线文化发展管理中心和遵义会议纪念馆的 5 年红色旅游人数和经济收入进行分析，可以发现渝遵红色旅游开发与区域发展过程具有以下特点：渝遵区域联系层级数量逐渐增加；红色旅游联系强度不断提升，这表明随时间推移，渝遵红色旅游彼此联系日益密切；文化线路的构成日趋重要，表明渝遵红色旅游结构由早期薄弱的关联，逐渐向复合完善的线路过渡。

4 结论

在此基础上，经过对重庆红岩联线文化发展管理中心和遵义会议纪念馆区域内红色旅游产业发展的对比分析，提出跨行政区域的区域性文化线路构建，通过对红色旅游市场的培育和营销，红色旅游资源的开发、区域经济综合发展等方面提出针对性的建议，以实现各地市红色旅游促进区域经济，区域经济推动红色旅游的协调发展模式，从而推动红色文化线路的区域跨越。

首先，建立渝遵红色旅游区域经济联动机制。2019年的重庆和遵义在"黔渝合作·遵义行动"框架协议中签订了包括交通、医疗等十个方面的合作协议，遵义将抓住成渝双城经济圈建设的重大机遇，让遵义文体旅游融入成渝双城经济圈。立足资源禀赋，发挥比较优势，全力推动旅游经济区域融合高质量发展，加强互联互通、完善共建共享，在深层次上实现红色旅游合作发展，共同开创长江上游一体化发展的美好未来。

再者，构建渝遵红色旅游文化完整线路。根据协议，渝遵将推出多种红色旅游线路计划，并联合策划重大文化艺术交流活动，联动打造文化艺术活动品牌，共同打造旅游精品线路。因此地市之间需要积极调整旅游产业结构，大力发展文化线路，实行积极稳健的红色旅游经济交往。逐步健全红色旅游精品景区和红色旅游精品线路，完善渝川黔金三角旅游联盟、渝南黔北区域旅游发展联盟等合作机制，联合打造区域旅游品牌形象，以实现渝遵红色旅游的吸引力、承载力、内生力不断提升。

参考文献

[1] 吕舟. 文化线路构建文化遗产保护网络 [J]. 中国文物科学研究，2006，1（13）：1674-9677.

[2] 李伟，俞孔坚. 世界遗产保护的新动向：文化线路 [J]. 城市问题，2005（4）：7-12.

[3] 周成，冯学钢，唐睿. 区域经济—生态环境—旅游产业耦合协调发展分析与预测：以长江经济带沿线各省市为例 [J]. 经济地理，2016，36（3）：186-193.

[4] 刘定惠，杨永春. 安徽省旅游产业与区域经济耦合协调度分析 [J]. 特区经济，2011（6）：188-190.

[5] 生延超，钟志平. 旅游产业与区域经济的耦合协调度研究：以湖南省为例 [J]. 旅游学刊，2009（8）：23-29.

[6] 余洁. 山东省旅游产业与区域经济协调度评价与优化 [J]. 中国人口·资源与环境，2014，24（4）：163-168.

[7] 丁红梅. 旅游产业与区域经济发展耦合协调度实证分析：以黄山市为例 [J]. 商业经济与管理，2013（7）：81-87.

[8] 王兆峰. 城市群旅游产业集聚与经济增长的耦合演化特征与机制分析：以长株潭城市群为例 [J]. 企业经济，2019，38（12）：5-13，2.

[9] 李亮，刘晓晓，鲁宇. 四渡赤水长征文化遗产线性保护利用模式研究 [J]. 怀化学院学报，2019，3807：45-48.

[10] 陶少华. 流域文化旅游开发研究 [D]. 成都：四川师范大学，2007.

[11] 肖洪未. 基于"文化线路"思想的城市老旧居住社区更新策略研究 [D]. 重庆：重庆大学，2012.

分论坛三

国土空间规划的制度创新

区级国土空间总体规划中的空间用途管制方法
——以凤翔区为例 ①

冯　锐　刘科伟　程永辉　丁乙宸*

【摘　要】落实国土空间用途管制是中央对新时期国土空间规划编制的明确要求。区级国土空间总体规划即分区规划，是实现区级空间统筹治理的重要手段，其空间用途管制方法亟待研究。本文围绕"管什么、怎么管"等问题，基于凤翔区的探索和实践，提出：首先，基于对地方资源环境、开发利用现状和发展所面临的主要问题的针对性研究，明确空间用途管制的主要任务。其次，通过既有法定空间规划成果落实、适宜性评价、规模阈值测算等步骤调整优化"三区三线"，划定全域空间用途管制"一张图"，保障管控要素精准落地。最后，分区制定用途转用规则、准入条件等差异化管制措施，实施精细化管制。

【关键词】空间用途管制；三区三线；双评价；国土空间规划；分区规划

近年来，伴随着城镇化、工业化进程的推进，城市蔓延引发的耕地资源流失、生态环境恶化、开发利用失序等空间资源利用问题已严重阻碍了城乡人居环境的可持续发展。全域国土空间用途管制是应对此类问题的重要工具，也是国土空间规划的重要内容和实施手段。其本质是政府运用行政权力对空间资源利用进行干预，核心任务是分析限制因素，划定管制分区和制定管控措施，目的在于优化空间资源配置、协调多元主体利益等。

空间用途管制的思想源起于19世纪末德国柏林市和美国加利福尼亚州划定功能分区以解决社会问题的实践。"二战"后，西方国家耕地流失、环境恶化等问题日益凸显，用途管制的对象逐渐从建设用地拓展到非建设用地。为抑制建设用地对农业和自然生态空间的侵占，我国的用途管制制度同样具有由点向面拓展与政策不断收紧的趋势。1984年颁布实施的《城市规划条例》率先提出了城市规划区内的建设用地许可证制度，1998年修订的《土地管理法》将以耕地保护为核心的土地用途管制确定为我国土地管理的基本制度，同年修订的《森林法》明确了林地用途管制规则。随后，城镇体系规划、城市总体规划、土地利用总体规划、主体功能区规划和生态环境功能区规划在多部门分管的行政框架下形成了不同形式和内容的用途区划和管控机制。近年来，随着生态文明建设以及"多规合一"、空间规划试点的推进，空间用途管制的内涵从对建设用地、耕地、林地的单要素管制逐渐扩展到全域国土空间生命共同体管制，并逐渐形成以"三区三线"为代表的控制线刚性管控结合分区功能引导的主流模式。2018年自然资源部成立并统一行使所有国土空间用途管制职责以来，关于全域国土空间用途管制的研究和讨论日渐增多，

① 陕西省社会发展科技攻关基金资助项目：基于"多规融合"的城乡总体规划编制技术研究（2015SF295）

* 冯锐，历史文化遗产保护传承与空间规划重点实验室，西安市城市规划设计研究院历史文化名城分院，规划师。
刘科伟，西北大学城市与环境学院，教授，博士生导师。
程永辉，西北大学城市与环境学院。
丁乙宸，华中科技大学建筑与城市规划学院。

并主要集中在制度构建、发展历程、问题与对策、经验借鉴、三条控制线划定和单要素管制途径等方面，但对于国土空间总体规划中区县一级空间用途管制实施方法的针对性探讨仍然较少。鉴于此，本文以凤翔区实践为例，围绕"管什么、怎么管"，探讨分区规划中国土空间用途管制的思路和方法，旨在为国土空间规划中的相关工作提供参考。

1 凤翔空间利用现状与空间用途管制面临的困境

1.1 凤翔空间利用现状

区级国土空间规划中的空间用途管制直接面临实施落地，因此摸清空间利用现状十分必要。凤翔位于关中平原西端，陕西省宝鸡市东北部，区域面积 1231.5km²。2020 年常住人口 38.62 万，GDP 239.77 亿元，分别位列市域各区县排名第二和第三。凤翔地形地貌特征可概括为"北山、南塬、西河谷"：北部丘陵沟壑区山峦起伏，是关中地区防风固沙和水土保持的重要生态屏障；南部川塬区平缓肥沃，灌溉条件较好，是农业历史悠久的粮食生产功能区；西部千河谷地区地势低洼，水资源丰富，是宝鸡市饮用水源所在地。区域经济中三种产业结构之比为 11∶58∶31。其中，工业以能源化工、有色金属冶炼和白酒工业为主，环境污染严重；农业以粮食作物为主，蔬菜和果品为辅，生产条件优越。凤翔是省级历史文化名城，古称雍州，是先秦雍都所在地，现存以雍城遗址为代表的众多文物古迹。凤翔自古以来是川、陕、陇地区的交通枢纽和丝绸之路的重要节点，如今凤翔铁路和高速公路纵横交错，并已确定为宝鸡支线民用机场所在地。

1.2 凤翔空间用途管制面临的问题

保护与发展空间冲突。2000 年以来，随着凤翔高新技术产业开发区的设立和撤县设区计划的开展，凤翔的开发建设明显提速，一系列建设项目通过竞租机制不断侵占、蚕食生态空间、农业空间和雍城遗址保护空间，导致国土空间各类功能之间的矛盾日益突出。上轮城市总体规划中城市产业新区与生态保护和基本农田的空间部分重叠，使区域国土空间用途管制矛盾更加突出。

空间资源错配。雍城遗址范围内现已存在部分城镇建成区，并日益受到城镇扩张的威胁。铁路、高速公路、高压走廊等线性基础设施在县域南部川塬区的密集分布造成严重的用地切割，致使大量优质土地难以有效利用。部分耕地和少量永久基本农田位于北山贫瘠坡地，生产能力较差。北部山区姚家沟等镇的镇区用地和规划建设用地属于城镇建设不适宜用地。整体而言，各类功能的需求与空间资源的分配没有得到最优匹配。

生态环境脆弱。由于冬季静风和生态基流断流，凤翔环境容量总体较低，加之工业企业 VOC、重金属、有机酸等污染物排放量大，部分地区环境容量已经超载。现已形成长青工业园、小韦河流域两大污染区域，严重威胁区域用水安全。

地质灾害频发。县域北部黄土丘陵、山前洪积扇和西部千河阶地水土流失严重，极易诱发崩塌、滑坡等灾害。同时，县域内有一处活动地裂缝。地质灾害限制了空间开发利用的用途和强度。

1.3 凤翔空间用途管制的任务

1.3.1 区级国土空间规划的作用和任务

区级国土空间规划具有承上启下的作用，既要充分衔接市级空间规划已经确定的指标和控制线，也要因地制宜地对管制分区和管控要求进行细化与补充，为其在详细规划层面的精准落地提供依据；同时，区域空间用途管制直接面向实施落地，需解决的矛盾和问题更具针对性和时效性，因此应基于对空间利用现状和问题的针对性研究明确管制的具体任务。

1.3.2 凤翔空间用途管制的任务

针对凤翔区空间利用现状和主要问题，凤翔区域空间用途管制的目标和任务是规范空间资源开发利用。具体而言，为维护生态功能完整、控制工业污染、规避自然灾害风险，应在识别生态保护极重要区和重要区的基础上补充、细化生态保护红线并划定生态保护红线外的生态空间；为确保耕地规模合理稳定、质量稳步提升，应测算耕地规模阈值并识别农业生产适宜区和不适宜区，进而评估现状耕地和永久基本农田，引导区域农业发展向适宜区聚集；为遏制城镇蔓延，应测算城镇建设规模阈值并识别城镇建设适宜区和不适宜区，进而划定城镇开发边界和城镇空间，引导分散工业企业入城入园；为保护雍城遗址并协调生产生活与遗址保护的关系，应划定遗址保护空间；为防止区域性基础设施切割用地加剧并保障其安全运营，应划定基础设施廊道和机场净空保护区。

2 划定全域空间用途管制"一张图"，保障管控要素精准落地

2.1 协调、落实既有法定空间规划成果

由于上位国土空间规划编制尚未完成且既有规划仍在实施当中，为尊重法理基础，避免划定工作推倒重来，区域空间用途管制区划应充分衔接并协调、落实目前尚具法律效力且正在实施的各类空间规划和专项规划成果。

目前国土空间规划的法律规范尚未完善、上位国土空间规划编制尚未完成且既有规划仍在实施当中，既有的《土地管理法》《城乡规划法》《基本农田保护条例》《自然保护区条例》《风景名胜区条例》等法律规定以及尚在规划期内实施当中的城市规划、专项规划等法定空间规划依然有效。为尊重法理基础，避免划定工作推倒重来，划定控制线时应尊重这些法理基础和既有工作，对其中的合理合法内容进行衔接落实和整合优化。

以凤翔为例，应在衔接宝鸡市生态保护红线方案数据库的基础上将饮用水源保护区、一级国家公益林补划入生态保护红线。应依据《秦雍城遗址保护总体规划》划定雍城遗址建设控制地带、遗址保护区、遗址本体，依据相关法律条例划定各类基础设施廊道控制区和机场净空保护区（表1）。应在叠合、比对城镇总体规划建设用地范围和土地利用总体规划建设用地规模边界的基础上，将建成区以及两规无空间冲突的规划建设用地经适宜性评价验证后优先划入城镇集中建设区。

专项用途区管控范围   表1

类别	管控要素	管控范围（单侧）
铁路廊道	铁路专用线、宝中铁路及其复线（城镇内）	15m
	宝麟铁路、关中城际铁路、宝中铁路及其复线（城镇外）	20m
公路廊道	G85、G3511、机场高速	30m
	G344、G244、S210	10m
电力设施廊道	330kV 输电线	25m
	110kV 输电线	15m
机场净空保护区	宝鸡支线民用机场跑道	单侧 6km，轴线方向 15km

（来源：依据《铁路运输安全保护条例》《公路安全保护条例》《电力设施保护条例》绘制）

　　当既有成果重叠冲突时，依据保护优先原则对冲突区域进行协调和判别。城镇集中建设区与生态保护红线重叠时应避让生态保护红线，其中"东湖园林"等完全被城镇集中建设区围合的区域以"开天窗"的形式划入特别用途区。城镇集中建设区与永久基本农田重叠时应依据有关要求不占或少占永久基本农田。生态保护红线与永久基本农田重叠时应依据功能的稀缺性和不可逆转性进行判别，优先保护亟须恢复和补救的功能，难以比较时则按一定的行政和技术措施进行协调。除城镇建成区外，各类控制线与雍城遗址保护空间重叠时应避让雍城遗址保护空间。基础设施廊道控制区、机场净空保护区与各类控制线重叠时仅叠压于各类控制线之上，不改变主导用途。由此初步划定生态保护红线、永久基本农田、城镇集中建设区、遗址保护空间和专项用途区（图1~图4）。

图 1　初划生态保护红线
（来源：作者自绘）

图 2　初划永久基本农田
（来源：作者自绘）

图 3　初划城镇集中建设区
（来源：作者自绘）

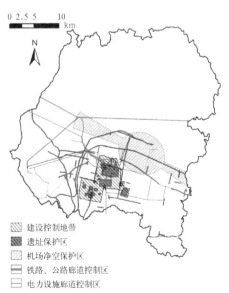

图 4　初划遗址保护空间和专项用途区
（来源：作者自绘）

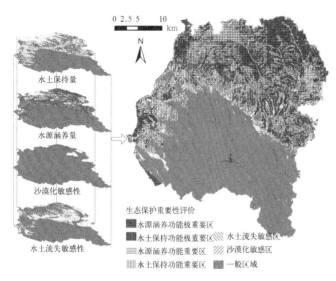

图 5　生态保护重要性评价结果
（来源：作者自绘）

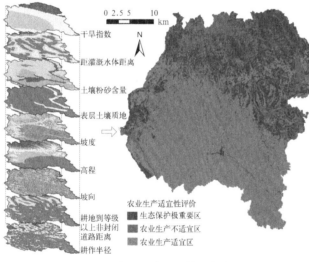

图 6　农业生产适宜性评价结果
（来源：作者自绘）

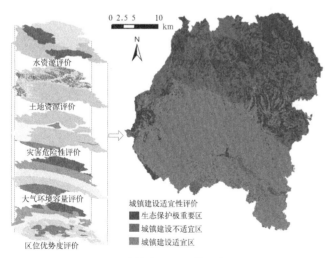

图 7　城镇建设适宜性评价结果
（来源：作者自绘）

2.2　因地制宜地选取关键性指标开展功能适宜性评价

适宜性评价是空间用途管制区划的科学基础和客观依据。区县级层面开展适宜性评价的目的是根据区域自身空间资源要素、自然地理特征和关键的限制性因素探究区域国土空间开发的相对适宜性，并通过提升评价精度对上一级评价结果进行细化。因此应因地制宜地选取关键性指标并适当提升评价精度。

首先，评价生态保护重要性。由于冯家山水库是宝鸡市重要的饮用水源，雍山山脉是关中地区水土保持和防风固沙的重要生态屏障根据，因此，选择水土保持量、水源涵养量、沙漠化敏感性、水土流失敏感性作为生态保护重要性评价指标。评价结果分为生态保护极重要区、重要区和一般区域，其中，生态保护极重要区进一步细分为水源涵养功能极重要区和水土保持功能极重要区，生态保护重要区一步细分为水源涵养功能重要区、水土保持功能重要区、水土流失敏感区和沙漠化敏感区（图 5）。

其次，在生态保护极重要区之外评价农业生产适宜性。凤翔的农业生产活动以种植为主，因此以种植适宜性评价替代农业生产适宜性评价。充分考虑关中平原的农业生产特点和自然地理条件，选择在相同复种制度下对农业生产规模和产量影响最大的水土资源条件和光热条件指标，以及影响机械化耕作可行性和耕作意愿的利用条件指标进行农业生产适宜性评价。评价结果分为农业生产适宜区和不适宜区（图 6）。

最后，评价城镇建设适宜性。凤翔城镇建设适宜性评价以水、土资源评价作为初步结果，并根据灾害危险性、大气环境容量和区位优势度进行调整，将评价结果分为两级，经集中连片度修正后划定城镇建设适宜区和不适宜区（图 7）。

2.3　开展规模预测和承载力评价，测算城镇建设、农业生产规模供给和需求

通过测算城镇建设、农业生产规模供给和需

求对既有成果进行校验。在 2020—2035 年凤翔建设用地规模指标基本不变、村建设用地规模减小、城镇建设用地规模增加的情景预设下，城镇建设用地供给上限为城镇建设用地规模指标和资源环境承载上限的较小值，需求范围为多方法规模预测结果。凤翔农业生产用地主要是耕地，在 2020 年到 2035 年凤翔耕地保有量不降低的情境预设下，耕地规模供给上限为水、土资源承载上限，需求底数为耕地保有量指标。以不突破供给上限且尽量满足需求为原则确定区域及各建制镇城镇建设和农业生产规模阈值（表 2）。结果显示，划定的城镇集中建设区面积低于 2035 年城镇建设用地供给和需求。

各镇城镇建设和农业生产规模测算结果（单位：km²）　　　　表 2

	城关镇	柳林镇	长青镇	陈村镇	田家庄镇	糜杆桥镇	彪角镇	横水镇	南指挥镇	范家寨镇	姚家沟镇	虢王镇	区域
城镇建设用地需求	16.8~20.5	3.6~4.4	3.1~4.5	3.9~6.2	0.4~1.0	2.0~2.6	1.4~1.6	1.1~1.3	0.7~0.9	0.5~0.6	0.5	0.5	38.4~44.3
城镇建设用地承载上限	22.0	14.6	11.9	17.8	9.8	8.8	1.4	6.8	0.7	1.6	1.2	2.8	90.2
建设用地规模指标上限	17.4	16.3	14.7	16.4	5.5	8.7	10.9	8.8	7.2	7.1	3.3	5.6	121.07
耕地保有量底数	36.7	87.2	20.2	43.3	21.2	45.0	55.9	46.8	37.3	49.9	46.0	33.1	522.5
耕地承载上限	46.4	121.3	16.2	57.6	32.8	64.2	69.9	64.1	47.7	79.0	41.5	40.3	576.2

（来源：作者自绘）

2.4　优化调整生态保护红线、永久基本农田、城镇开发边界

依据评价结果对控制线进行调整和细化。对生态保护极重要区进一步研究论证，其中具备条件的划入生态保护红线，实不具备转换条件的则按一定的技术手段进行协调（图 8）。调出农业生产不适宜区内不符合划定要求的永久基本农田，并在农业生产适宜区按"保质保量"原则补划，实现"占补平衡"（图 9）。调出城镇建设不适宜区内的规划建设用地（图 10），并对城镇建设不适宜区内的建成区的管控措施进行研究论证。

图 8　补充生态保护红线
（来源：作者自绘）

图 9　调整永久基本农田
（来源：作者自绘）

图 10　调整城镇集中建设区
（来源：作者自绘）

由于通过协调落实既有成果划定的城镇集中建设区的面积低于 2035 年城镇建设规模需求，应基于城镇开发优先度评价，将城镇开发优先度高的区域补充城镇集中建设区。在城镇建设适宜区内扣除生态保护红线、永久基本农田和遗址保护区，以建成区和区域交通为空间驱动因子构建距离衰减模型评估用地的城镇开发优先度（图 11）。在城镇建设和农业生产规模阈值约束下，将城镇开发优先度高的用地依次补充到已划定的城镇集中建设区。然后在城镇集中建设区外根据城镇发展潜力确定一定比例的弹性发展区；同时，为保证城镇开发边界形态和功能的完整性，将与城镇关系密切的生态、防护等功能的非建设用地划为特别用途区（图 12）。

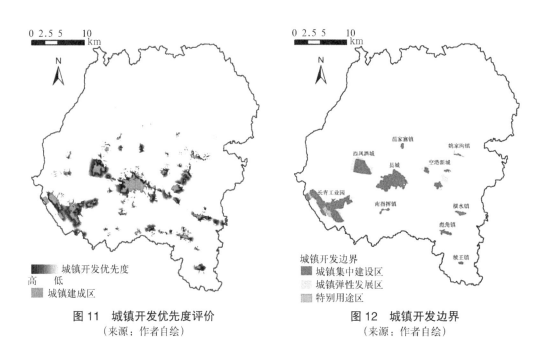

图 11　城镇开发优先度评价
（来源：作者自绘）

图 12　城镇开发边界
（来源：作者自绘）

2.5　补充划定其他分区，形成凤翔区空间用途管制"一张图"

在上述控制线之外，依据适宜性评价结果和土地利用现状数据，优先将生态功能重要区、生态敏感区和其他未利用地划入一般生态保护区，然后在不突破城镇建设、农业生产规模阈值的前提下，将一般耕地、牧草地、经济林地、村建设用地和其他农用地划为一般农业生产区，将区域交通和设施用地、独立工矿用地划为一般城镇发展区。最终划定由四类空间、规划用途分区、细化分区以及叠压其上的专项用途区构成的凤翔区域国土空间用途管制"一张图"（图 13、表 3）。

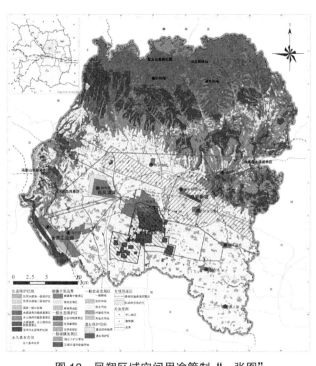

图 13　凤翔区域空间用途管制"一张图"
（来源：作者自绘）

用途区划体系 表3

基本分区与专项用途区	规划用途分区	细化分区
生态空间	生态保护红线	饮用水源一级保护区
		饮用水源二级保护区
		一级国家公益林
		水源涵养功能极重要区
		水土保持功能极重要区
		宝鸡市生态保护红线方案
	一般生态保护区	生态功能重要区
		生态敏感区
		自然保留区
农业空间	永久基本农田	—
	一般农业生产区	一般耕地
		经济林地
		牧业用地
		村建设用地
		其他农用地
城镇空间	城镇开发边界	城镇集中建设区
		弹性发展区
		特别用途区
	一般城镇发展区	独立工矿用地
		区域交通和设施用地
遗址保护空间	建设控制地带	—
	遗址保护区	遗址周边环境
		遗址本体
专项用途区	基础设施廊道控制区	铁路廊道
		公路廊道
		电力设施廊道
	机场净空保护区	—

（来源：作者自绘）

3 分区制定差异化管制措施，实施精细化管制

3.1 明确四类空间的主导功能和兼容功能

由于国土空间功能具有复合性，所以应在确定主导功能的前提下明确各类分区允许兼容的其他功能。生态空间的主导功能是提供生态产品和生态服务，管制重点是保护和监管各类生态资源，同时允许开展与生态功能定位不冲突的农业生产和休闲游憩活动。农业空间的主导功能是提供农业产品和农村生活服务，管制重点是保护耕地和管控乡村建设，同时允许开展观光农业和农业科研活动。遗址保护空间的主导功能与管制重点是保护和展示遗址，在满足遗址保护要求的前提下可提供参观、游览等功能。城镇空间的主导功能是提供工业产品和生活服务，管制重点是控制城镇蔓延并促进城镇集约适度发展，同时也鼓励其提供一定的生态和游憩功能。

3.2 分区制定用途转用规则，实施刚弹结合的用途转用

四类空间层面，允许城镇空间经法定程序转化为农业空间或生态空间，严格限制一般生态空间、农业空间转化为其他用途，禁止遗址保护空间转化为其他用途。规划用途分区层面，生态保护红线、永久基本农田、城镇开发边界一经划定原则上禁止转变用途，对于因国家重大战略确需调整的应进行严密论证并按程序严格审批。新批准的自然保护地和新发现的遗址应分别增补到生态保护红线和遗址保护区。严格限制一般生态保护区、一般农业生产区转化为城镇空间，允许一般农业生产区经法定程序转化为一般城镇发展区。在不突破城镇建设、农业生产规模阈值的前提下，允许一般生态保护区与一般农业生产区经法定程序相互转换，鼓励符合退耕还林、还草条件的一般农业生产区转化为一般生态保护区，农业空间转变用途实行占用耕地补偿制度。细化分区层面，允许一般农业生产区的细化分区之间相互转化，限制耕地向其他类型农用地转化；在不突破规模阈值的前提下允许弹性发展区经法定程序转化为集中建设区。

3.3 分区制定开发利用准入条件，提高土地利用集约度

生态空间开发利用率（开发利用面积与区域总面积之比）与准入条件实行三级管制。其中，饮用水源一级保护区开发利用率控制为 0，原则上禁止一切人类活动，已建项目、已有农地应限期恢复生态用途。其余生态保护红线开发利用率控制在极低水平，禁止开发性、生产性建设活动，引导严重破坏生态功能或存在安全隐患的村庄迁出，在不降低生态功能的前提下允许保留零星原住民和维持其生活所必需的小规模农业生产活动，允许进行研究、监测、勘察、考古、文保、防灾、救援、重大基础设施建设等公益性活动。一般生态保护区开发利用率控制在较低水平，区内严格限制开发建设行为，鼓励开展建设清退和生态修复。

农业空间开发利用率与准入条件实行两级管制。其中，永久基本农田农业开发利用率控制为 1，城镇开发利用率控制为 0，区内仅允许种植粮食作物，若永久基本农田位于水源保护地或生态保护极重要区内，还须符合化肥、农药禁用管控等生态保护要求。一般农业生产区农业开发利用率控制在较高水平，城镇开发利用率控制在极低水平，区内严格限制非农建设，鼓励开展复垦整理。

城镇空间开发利用率与准入条件实行三级管制。其中，城镇集中建设区内城镇开发利用率控制为 1，区内严格依据详细规划进行建设用地审批。一般城镇发展区内城镇开发利用率控制为 1，区内严格限制新增建设项目，鼓励零散工矿用地入城入园、鼓励开展建设清退。特别用途区内城镇开发利用率控制为 0，禁止一切开发建设活动。

遗址保护空间开发利用率与准入条件实行三级管制。其中，建设控制地带开发利用率控制在较低水平，建设项目报批前必须进行考古钻探；在不对遗址遗迹景观造成影响的情况下允许建成区和各类农用地维持现状，并引导影响遗址保护或遗址景观的用地调整到其他地区。遗址保护区内开发利用率控制在极低水平，禁止有损遗址的各类生产、生活活动，禁止机械化深挖和大水漫灌，禁止村庄开展建房、建坟、打井、取土等建设活动；在不对遗址本体造成破坏的前提下，允许种植浅根茎作物，允许修建遗址保护、展示所需的地下管线、参观道路等小型基础设施。遗址本体范围内开发利用率控制为 0，禁止一切与遗址保护、展示无关的建设活动。

在细化分区和专项用途区层级应严格依据国家已出台的有关法律规定（表 4），明确其准入规则。重叠的区域须同时符合叠加的管控要求。仍未有明确法律依据的细化分区应补充负面、正面准入清单（表 5）。

已有管制依据的细化分区和专项用途区　　　　　表 4

细化分区	管制依据
饮用水源一级保护区	《饮用水水源保护区污染防治管理规定》《陕西省城市饮用水水源保护区环境保护条例》
饮用水源二级保护区	
一级国家公益林	《国家级公益林管理办法》
宝鸡市生态保护红线方案	《环境保护法》《生态保护红线管理办法（暂行）》
永久基本农田	《基本农田保护条例》《土地管理法》
一般耕地	《土地管理法》
经济林地	《森林法》
牧业用地	《草原法》
村庄建设用地	《城乡规划法》
城镇集中建设区	《城乡规划法》
特别用途区	《陕西省城镇绿化条例》等
区域交通和设施用地	《铁路运输安全保护条例》《公路安全保护条例》《城市电力规划规范》
遗址保护区	《文物保护法》《秦雍城遗址保护条例》
建设控制地带	
铁路、公路廊道	《铁路运输安全保护条例》《公路安全保护条例》
电力设施廊道	《电力设施保护条例》《城市电力规划规范》
机场净空保护区	《民用机场管理条例》《民用航空法》

（来源：作者自绘）

其他细化分区的准入清单　　　　　表 5

细化分区	负面清单	正面清单
水土保持功能极重要区	禁止可能造成水土流失、破坏水土资源的活动，禁止破坏天然植被	鼓励进行水土流失综合治理和坡耕地治理，鼓励进行灾害防治、预警，鼓励开山、治坡、治沟和水利工程，鼓励植树造林
水源涵养功能极重要区	禁止不符合水源涵养功能定位的活动，禁止25°以上坡地耕种，禁止工程降排水和工业废水随意排放	鼓励宜林荒山荒地采取封禁措施
生态功能重要区	严格限制不符合水土保持或水源涵养功能定位的开发建设活动，严格限制妨碍物种迁徙的活动	允许发挥生态空间的景观、休闲、游憩、文化功能，鼓励开展生态修复和景观设计，鼓励恢复自然生境
生态敏感区	严格限制各类建设活动、禁止毁林开荒	鼓励开展水土流失、沙漠化综合治理和地质灾害防治工程
自然保留区	限制各类开发建设活动	鼓励将宜耕地开垦为耕地，鼓励恢复自然生境
城镇集中建设区	禁止无关建设活动占用城市"四线"管制区	允许建设项目选址
弹性发展区	禁止突破规模发展	允许经过可行性论证并制定城镇集中建设区用地退出方案的项目选址
特别用途区	禁止各类开发建设活动	允许为市民提供近水近绿的活动空间
独立工矿用地	禁止圈地闲置，严格限制高耗能、高污染项目	允许布置不宜在城镇内布置的工矿企业，鼓励淘汰落后产能，鼓励废弃地复耕

（来源：作者自绘）

4　结论

本文以凤翔区实践为例，围绕"管什么、怎么管"，探讨了分区规划中国土空间用途管制的思路和方法，要点可以归纳为以下三个方面：

区级国土空间用途管制应基于对地方资源环境、开发利用现状和发展面临的主要问题的针对性研究，明确空间用途管制的主要任务，从而为有针对性地调整优化"三区三线"和分区制定差异化管控规则提供基础和依据。

划定全域空间用途管制"一张图"，保障管控要素精准落地。首先，划定"一张图"不应推倒重来，而应衔接落实并整合优化正在实施当中的既有法定空间规划和控制线成果。其次，区县级层面开展适宜性评价的目的和作用是在根据区域自身空间资源要素、自然地理特征和限制性因素遴选关键指标的基础上，有针对性地探究区域国土空间开发的相对适宜性，并通过提升评价精度对上一级评价结果进行细化。再次，通过规模预测和承载力评价测算城镇建设和农业生产规模供给和需求的指标阈值，对既有成果进行校验。最后，依据空间适宜性评价结果和指标阈优化调整各类控制线，形成凤翔区空间用途管制"一张图"。

分区制定差异化管制措施，实施精细化管制。区级国土空间用途管制应分区分级制定一系列刚性与弹性结合的管控措施；明确四类空间的主导功能、管制重点和兼容功能；在四类空间、规划用途分区和细化分区层级分别制定用途转用规则，实施刚弹结合的用途转用；在细化分区层级依据规定开发利用率和准入条件，提高土地利用集约度。

参考文献

[1] 范建红，莫悠，朱雪梅，等 . 时空压缩视角下城市蔓延特征及治理述评 [J]. 城市发展研究，2018，25（10）：118-124.

[2] 林坚，吴宇翔，吴佳雨，等 . 论空间规划体系的构建：兼析空间规划、国土空间用途管制与自然资源监管的关系 [J]. 城市规划，2018，42（5）：9-17.

[3] 郑文含 . 城镇体系规划中的区域空间用途管制：以泰兴市为例 [J]. 规划师，2005（3）：72-77.

[4] 宋志英，宋慧颖，刘晟呈 . 空间用途管制区规划探讨 [J]. 城市发展研究，2008（增刊）：306-311.

[5] 孙斌栋，王颖，郑正 . 城市总体规划中的空间区划与管制 [J]. 城市发展研究，2007，14（3）：32-36.

[6] 汪秀莲，张建平 . 土地用途分区管制国际比较 [J]. 中国土地科学，2001（4）：16-21.

[7] 林坚 . 土地用途管制：从"二维"迈向"四维"：来自国际经验的启示 [J]. 中国土地，2014（3）：22-24.

[8] 邵琳，曹月娥 . 市县级国土空间用途管制的逻辑和运作策略：以新疆阿克苏地区为例 [J]. 南方建筑，2021（2）：51-55.

[9] 郝晋伟，李建伟，刘科伟 . 城市总体规划中的空间用途管制体系建构研究 [J]. 城市规划，2013（4）：62-67.

[10] 王静，程烨，刘康，等 . 土地用途分区管制的理性分析与实施保障 [J]. 中国土地科学，2003（3）：47-51.

[11] 王强，伍世代，李永实，等 . 福建省域主体功能区划分实践 [J]. 地理学报，2009，64（6）：725-735.

[12] 贾良清，欧阳志云，赵同谦，等 . 安徽省生态功能区划研究 [J]. 生态学报，2005（2）：254-260.

[13] 汪劲柏，赵民 . 论建构统一的国土及城乡空间管理框架：基于对主体功能区划、生态功能区划、空间用途管制区划的辨析 [J]. 城市规划，2008（12）：40-48.

[14] 王国恩，郭文博 . "三规"空间用途管制问题的辨析与解决思路 [J]. 现代城市研究，2015（2）：33-39.

[15] 岳文泽，王田雨 . 中国国土空间用途管制的基础性问题思考 [J]. 中国土地科学，2019，33（8）：8-15.

[16] 潘悦，程超，洪亮平 . 基于规划协同的市（区）空间用途管制区划研究 [J]. 城市发展研究，2017，24（3）：1-8.

[17] 王宝强，李萍萍 . 全域空间用途管制的手段辨析与划定逻辑研究 [J]. 规划师，2019，35（5）：13-19.

[18] 王颖，刘学良，魏旭红，等 . 区域空间规划的方法和实践初探：从"三生空间"到"三区三线"[J]. 城市规划学刊，2018（4）：65-74.

[19] 魏旭红，开欣，王颖，等 . 基于"双评价"的市区级国土空间"三区三线"技术方法探讨 [J]. 城市规划，2019，43

（7）：10–20.

[20] 张波 ."多规合一"背景下中小城市空间用途管制层次的探讨 [J]. 上海城市规划，2019（3）：102–106.

[21] 杨玲 . 基于空间管制的"多规合一"控制线系统初探：关于区（市）域城乡全覆盖的空间管制分区的再思考 [J]. 城市发展研究，2016，23（2）：8–15.

[22] 黄征学，祁帆 . 完善国土空间用途管制制度研究 [J]. 宏观经济研究，2018（12）：93–103.

[23] 毕云龙，徐小黎，李勇，等 . 基于成效分析的国土空间用途管制制度建设 [J]. 中国国土资源经济，2019，32（8）：43–47.

[24] 夏方舟，杨雨濛，陈昊 . 基于自由家长制的国土空间用途管制改革探讨 [J]. 中国土地科学，2018，32（8）：23–29.

[25] 黄征学，蒋仁开，吴九兴 . 国土空间用途管制的演进历程、发展趋势与政策创新 [J]. 中国土地科学，2019，33（6）：1–9.

[26] 林坚，武婷，张叶笑，等 . 统一国土空间用途管制制度的思考 [J]. 自然资源学报，2019，34（10）：2200–2208.

[27] 胡昊，詹可胜，鲁莹 . 建立健全国土空间用途管制制度面临的主要矛盾和问题 [J]. 国土资源，2019（5）：37–39.

[28] 黄征学，祁帆 . 从土地用途管制到空间用途管制：问题与对策 [J]. 中国土地，2018（6）：22–24.

[29] 沈振江 . 日本的城市规划体制与空间用途管制 [J]. 城乡规划，2019（2）：98–100.

[30] 刘琪，罗会逸，王蓓 . 国外成功经验对我国空间治理体系构建的启示 [J]. 中国国土资源经济，2018，31（4）：16–19，24.

[31] 陈璐，周剑云，庞晓媚 . 我国台湾地区"国土"空间分区管制的经验借鉴 [J]. 南方建筑，2021（1）：135–142.

[32] 张年国，王娜，殷健 . 国土空间规划三条控制线划定的沈阳实践与优化探索 [J]. 自然资源学报，2019，34（10）：2175–2185.

[33] 李晓青，刘旺彤，谢亚文，等 . 多规合一背景下村域三生空间划定与实证研究 [J]. 经济地理，2019，39（10）：146–152.

[34] 李国煜，曹宇，万伟华 . 自然生态空间用途管制分区划定研究：以平潭岛为例 [J]. 中国土地科学，2018，32（12）：7–14.

[35] 何冬华，姚江春，袁媛 . 广州生态空间用途管制方法探讨 [J]. 规划师，2019，35（5）：32–37.

[36] 沈悦，刘天科，周璞 . 自然生态空间用途管制理论分析及管制策略研究 [J]. 中国土地科学，2017，31（12）：17–24.

[37] 赵民，程遥，潘海霞 . 论"城镇开发边界"的概念与运作策略：国土空间规划体系下的再探讨 [J]. 城市规划，2019，43（11）：31–36.

城市更新治理背景下的城市风貌管控机制探索
——以北京西城区风貌管控实践为例

林宛婷　叶　楠*

【摘　要】中央城镇化工作会议以来，城市设计与城市风貌管控得到央、地各级政府与城乡规划行业领域的持续关注。区别于静态的城市设计，城市风貌涵盖了城市的外在空间形态与内在形象气质，是贯穿规划、建设、运营全过程的广义概念。本文结合北京西城区风貌管控的实践探索，重点探讨构建面向城市更新治理的全过程、伴随式风貌管控机制，实现城市设计管理在空间范围、管控要素、实施链条上的创新性拓展。

【关键词】风貌；管控；城市更新；实施；全范围；全要素；全周期

1　引言

中央城镇化工作会议以来，城市设计与城市风貌管控得到央、地各级政府与城乡规划行业领域的持续关注。提升城市风貌的管理水平，使其体现城市地域特征、民族特色和时代风貌，是推进新型城镇化，创造优良人居环境的战略要求。需要指出的是，城市设计和城市风貌在各类政策文件中虽常并置提出，实则内涵不同。城市设计是对城市体型和空间环境所作的整体构思和安排，是专业领域的静态技术方案。城市风貌则涵盖了城市的外在空间形态与内在形象气质，其形成不仅涵盖城市物理空间的建设改造，还包括政府及多元社会主体对于城市空间的管理以及运营维护，是贯穿规划、建设、运营全过程的广义概念。

近年来，各大城市以推进城市设计管理水平为目标，进行了系列编制与管理探索，例如天津市的"城市设计导则"、上海市的"控规附加图则"等。各地以城市设计作为控制性详细规划的技术补充或组成部分，将相关要求纳入规划条件以指导项目实施，较好地解决了城市设计的法定化问题。历经近十年实践，以"控规＋"为技术手段，以规划行政许可为管理手段的城市设计管理方法已趋于成熟。然而，基于前述广义的大风貌视角，现行城市设计管理体系尚存两点不足：一是其执行紧密依托于规划行政许可，而对于当前国内多数城市，大量以整治提升为主的城市更新项目无须申请规划许可，风貌管控力度较弱；二是仅通过规划设计要点管控难以实现从城市设计到项目实施的有效衔接，缺乏全过程管理，导致城市设计的规划理念难以在项目实施阶段精准落地。

2020 年 12 月，北京市规划和自然资源委员会印发《北京市城市设计管理办法（试行）》（以下简称《城市设计管理办法》），从实际作用的角度将城市设计分为管控类城市设计、实施类城市设计和概念类城市设计，以实施类城市设计作为重点地区近期建设项目制定规划综合实施方案、重要单体建筑设计、规划许可以及街巷环境综合整治（治理）项目、社区环境品质提升项目的依据和必要条件。2021 年 3 月，

---

　　* 林宛婷，北京市城市规划设计研究院，高级工程师。
　　叶楠，北京市城市规划设计研究院，教授级高级工程师，副所长。

《北京历史文化名城保护条例》(以下简称《名城保护条例》) 施行,要求在历史文化街区内新建、改建、扩建和拆除既有建筑或者改变既有建筑的外立面、屋顶或者结构的,应当向规划和自然资源主管部门申请核发规划许可。在此背景下,本文结合北京西城区及北京中轴线遗产区北端点——地安门外大街复兴项目中的实践探索,重点探讨构建面向城市更新治理的全过程、伴随式风貌管控机制,以实现城市设计管理在空间范围、管控要素、实施链条上的创新性拓展。

2 北京市现行风貌管控工作概况

与国内各城市无异,在新版总规实施前,北京市城市风貌管控工作以重点地区与重点项目的局部自发性探索为主。新版总规发布后,新一轮国土空间详细规划将城市设计内容全面纳入编制与管理范畴,城市副中心、首都功能核心区编管体系虽有所差别,但以城市设计与法定控规相结合推进城市风貌管控的总体思路并无二致 (表1)。

北京市详细规划体系中的城市设计编管内容 (不含核心区、副中心)   表1

编制层级	内容要求
街区控规	特色风貌与公共空间:整体景观格局、历史文化保护与传承、水系与滨水空间、绿色空间体系、特色风貌管控、街道空间、轨道一体化管控及轨道微中心、社区会客厅
综合实施方案	城市设计要求:空间组织、建筑形态、慢行系统、地下空间等 (分为刚性要求、引导性要求和运营实施措施)

此外,为加强城市设计要求的传导与执行效力,北京市依托责任规划师、专项设计团队等专业技术力量,局部建立了面向具体项目规划设计方案的常态化审查机制,为行政决策提供辅助。以城市副中心为例,在"1 (城市副中心控规) +12 (组团深化方案) +N (规划设计导则)"框架下,N 个导则编制团队对后续项目方案进行持续跟踪审查,这是城乡规划主管部门为加强城市设计传导所做的有益探索,有效促进了城市设计精细化指导项目实施。然而,以面向城市更新的大风貌管控为目标,现行体系下仍有几处症结性问题尚未解决。

2.1 规划部门事权局限

城乡规划主管部门是城市风貌管控的主责机构,然而在北京市现行工程建设项目审批中,即便就建设空间而言,仅新建扩建类项目须执行完整的规划许可与审查程序 (表2),这也是现行体系下城市设计

北京市工程建设项目审批阶段 (以社会投资类项目为例)   表2

项目类型＼管理阶段	立项用地规划许可阶段	工程建设许可阶段	施工许可阶段	竣工验收阶段
内部改造类	—	—	住房和城乡建设部门:施工许可证	联合验收
现状改建类	发展改革部门或经济信息化部门:项目核准	规划国土部门:建设工程规划许可证	住房和城乡建设部门:施工许可证	联合验收
			园林绿化部门:办理砍伐树木等许可	
新建扩建类	发展改革部门或经济信息化部门:项目审批核准备案	规划国土部门:建设工程规划许可证	住房和城乡建设部门:施工许可证	联合验收
	规划国土部门:土地出让合同			
	规划国土部门:建设用地规划许可证、规划条件、建设项目用地预审、项目设计方案审查同步办理		园林绿化部门:办理砍伐树木等许可	

要求向项目传导、专业技术团队辅助决策的主要途径；现状改建类项目审批中，规划主管部门在工程证阶段介入审查，缺乏前置性指导，审查内容亦仍以传统控规指标为主。内部改造类项目及以街巷环境综合整治、社区环境品质提升为代表的诸多整治提升类更新项目则流于规划管控体系之外（图 1），风貌管控一事一议，缺乏系统性统筹。

2.2　专项技术标准缺位

与传统新建项目相比，城市更新类项目的主体与立项途径更为复杂多元，往往涉及多主管部门、多专项团队协作，各专项之间缺乏统一的技术标准。以街巷环境综合整治为例，工作涉及市区两级的交通、市政、园林绿化、交管、城管等诸多专业主管部门（图 2），各部门基于自身事权组织开展专项工作，专项内容与深度不一，专业间工作边界不清晰、难以有效衔接，一定程度上影响了项目风貌实施实效。

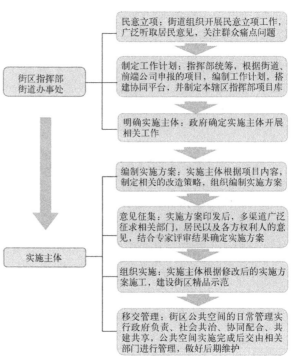

图 1　西城区城市公共空间优化提升项目工作组织流程

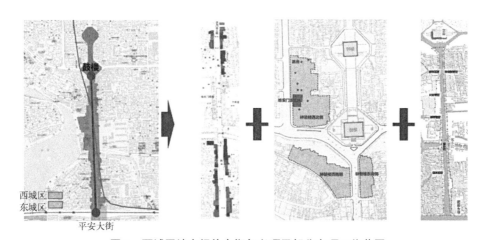

图 2　西城区地安门外大街复兴项目部分专项工作范围

（从左至右依次为项目范围、建筑立面专项范围、第五立面专项范围、街道空间专项范围）（来源：地安门外大街项目专项设计团队）

2.3　实施传导力度不足

从设计到施工的传导失效，是城乡规划行业多年致力改善、解决的关键性问题。实际上，专家、公众对部分热点项目的质疑，往往并非设计方案本身所致，而更多是施工过程中产生的偏差。究其根源，在于大量规划审查程序外的更新项目并无风貌验收程序，即便需经规划审查的项目，其竣工验收的关注重点也在经济技术指标的落实，对风貌管控缺乏清晰的标准与责任划定，验收程序了了，往往造成城市风貌管控失效（图 3）。

传统做法	风貌待提升	
东四二条 5 号	东四五条 99 号	东四三条 6-2 号
 （图）	 （图）	 （图）
宅门一般高于倒座	翻改建时随意增加高度，屋面坡度较大，比例失调	翻改建时随意增加高度，加建二层
东四四条 13 号	东四六条 55 号	福祥胡同 25 号
 （图）	 （图）	 （图）
宅门一般高于倒座	单体建筑之间高度关系错乱，倒座和门道的高度不符合四合院传统尺度	加建二层并有临建，高度关系错乱

图 3　老城更新中的实施错例与正确做法
（来源：地安门外大街项目专项设计团队）

3　西城区城市更新风貌管控机制构建

西城区是北京首都功能核心区的重要组成部分，作为城市已建成区，现已全面进入城市更新阶段。一方面，在老城不能再拆的总体要求下，地区未来建设以历史保护、保留提升类项目为主，更新改造类地块占比仅为 6.6%，大量实施型项目位于风貌管控盲区；另一方面，西城区行政范围内近 30% 用地属历史文化街区，是展现千年古都菁华、东方人居画卷的重要风貌承载区。在此背景下，西城区先行先试，加强城市风貌管控力度，具有突出的迫切性和必要性（图 4）。

在具体实践中，西城区风貌管控工作聚焦北京市现行城市设计管理体系的症结难点，以名城保护条例为依据，充分发挥规划引领作用，赋权与能、定纲与矩、实督与察，建立全范围、全要素、全周期管控的运行机制。

3.1　全范围——赋权与能

西城区城市更新项目按实施方式可分为历史保护类、保留提升类、更新改造类三类。其中，历史保护类项目以文物、历史建筑保护修缮为代表，由文物主管部门对修缮方案提供政策咨询与

图 4　西城区土地资源评价与历史文化街区分布
（来源：笔者自绘）

图例：
历史保护类地块
保留提升类地块
更新改造类地块
历史文化街区

技术指导，其方案审查执行专项程序；保留提升类项目以公共空间优化提升、平房院落及老旧居住小区整治修缮为代表，其方案审查征求规划主管部门意见，但无独立的规划审查环节；更新改造类项目以平房院落申请式退租、恢复性修建为代表，需向规划主管部门申请核发规划许可。

新的管控框架重点针对保留提升类项目，建立类规划许可的审查备案机制，由区规自分局牵头，组织由部门、专家、责任规划师（总责任规划师、街道责任规划师）共同参与的城市风貌工作会执行项目审查，组织公示征求公众意见并修改完善后，方可正式报审。更新改造类项目在"两证"阶段的方案审查中参照城市风貌工作会的审查要点执行（图5）。

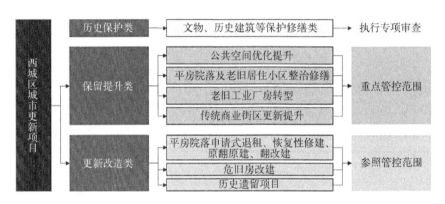

图 5　城市更新项目类型与重点管控类型详图
（来源：笔者自绘）

同时，考虑实际执行过程中的操作可行性，依据项目重要性进行分级管控。以政府主导推动的街巷环境综合整治类项目为例，划定重点管控街巷，包含市级重要大街、核心区空间结构性道路（内环路、二环路文化景观环线、棋盘街巷等）、文化精华区的胡同等，重点管控街巷先期纳入规划主管部门与城市风貌管控会的审查范畴。一般街巷由所在街道责任规划师参照审查要点执行风貌审查。

3.2　全要素——定纲与矩

西城实践中，结合既有项目工作程序，规范了项目不同阶段规划设计方案的编制要求。项目启动（立项）阶段，依据核心区控规、核心区街区保护更新导则等上位规划要求，结合专家、使用方、居民等各方意见诉求，编制风貌设计条件（任务书），作为指导后续方案编制审查的依据。以风貌设计条件（任务书）为指导，将方案编制分为概念方案和设计方案两个阶段（图6）。概念方案阶段进行各类风貌专项设计，包含建筑立面、第五立面、牌匾标识、夜景照明等建筑风貌专项与道路空间、街道附属设施、绿化景观等公共空

图 6　各阶段风貌内容编制要求与作用
（来源：笔者自绘）

间专项。在概念方案的基础上，对接实施需求，对各专项进行全面统筹和设计深化，形成初步设计方案和整体投资概算。值得提出的是，各阶段内的专项统筹工作至关重要，由多个专项设计团队共同承担的项目，应指定其中某一团队进行技术牵头汇总。

在明确各阶段工作要求的基础上，后续计划由城乡规划主管部门会同各专业主管部门，区分项目类型，制定概念方案、初步设计方案中的风貌专项编制内容与深度要求，作为设计团队与主管部门的工作

参照依据。这一思路同时与城市设计管理办法的工作部署契合。在上述地外大街试点工作中，重点即对专项编制与统筹要点进行了初步探索，后续西城区将进一步扩大试点项目类型，并结合专家访谈、现场调研等多种方式，完善分级、分类的技术编管要求。

3.3 全周期——落实督与查

为解决规划设计方案面向建设施工阶段的传导问题，西城区以"双备案"制度加强实施监督。

项目初步设计方案经正式审定、审批后，由区规划主管部门进行首次备案，备案方案应达到指导实施的深度要求，作为后续风貌验收的主要依据。在具体实施过程中，项目主体应结合施工实际吸纳各方意见，同步完善设计方案。涉及对备案内容进行修改的，应编制专题说明，视修改情形执行简易或完整调整程序。简易调整程序经专项设计团队、总责任规划师签字确认，即可由区规划主管部门对修改情况进行二次备案。完整程序需再次履行审查、公示、上报程序，并进行二次备案。

项目竣工后的联合验收阶段，规划主管部门需以"双备案"内容为依据，出具风貌验收意见，并由所在街道组织对项目风貌进行长效维护（图7）。

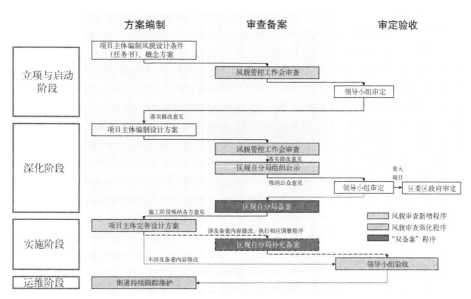

图7 项目整体审查程序示意
（来源：笔者自绘）

4 地安门外大街风貌管控试点工作

地安门外大街是北京中轴线遗产区的北端点，亦是各类遗产要素最密集的区域之一。为配合中轴线申遗，西城区从周边建筑、街道空间、重要节点、功能提升等多个方面推进地安门外大街复兴，由多部门、多主体、多团队同期开展工作，项目体现突出的重要性、复杂性、紧迫性。在前期工作中，由所属建设指挥部牵头，成立现场领导小组，成员单位包括各专业主管部门、街道、项目主体、专项设计团队，按传统模式进行工作调度，多次征求部门意见并开展专家咨询。然而，因编审要求、权责界定不清晰，各专项编制、统筹中暴露出一定问题，部门与专家意见标的不一、难以落到实处（图8）。

工作后期，结合西城区城市风貌管控机制的研究制定，地安门外大街作为首项试点，对初步设计阶段的风貌专项编制内容与深度、技术统筹要求、项目把关机制进行了重点试验，提出以"零缝隙""一张表""两套图""三师制"为核心的风貌管控示范。

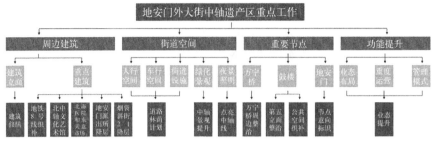

图 8　地安门外大街复兴项目工作组织框架

（来源：地安门外大街项目专项设计团队）

4.1　横向衔接"零缝隙"

在地安门外大街前期工作中，重点落实各专业主管部门的实施任务，开展了建筑立面、夜景照明、绿化景观等专项设计工作。然而在方案深化与实施对接过程中，逐渐暴露出牌匾标识、线杆箱体等重要风貌专项缺位，以及行政交界、空间交界地带成为专项管控盲区等问题。

纳入风貌管控试点后，项目指定由公共空间专项设计团队牵头，对各专项进行整体统筹。一方面，补充完善缺失专项，完善后专项工作分为建筑风貌与公共空间两个大类，建筑风貌类专项包含沿街立面、南北立面、第五立面、牌匾标识、夜景照明等，公共空间类专项包含车行空间、步行空间、街道设施、绿化景观、市政设施、公共交通等。

同时，结合工作时限要求及实施条件，统一项目风貌管控范围为地安门外大街中轴线遗产区，将位于各类交界地带的专项工作盲区一并纳入管控。以风貌管控范围为基础，各专项依据所属分类确定最小工作范围。建筑风貌类专项的最小工作范围为沿地外大街与相交胡同两侧的建筑本体（含台阶），公共空间类专项的最小工作范围为沿地外大街与相交胡同两侧建筑界面之间的全部空间。已开展工作的各专项参照自查，完善工作内容，并同步考虑交界地带的工作衔接，形成全域覆盖的工作"一张图"（图 9、图 10）。

图 9　地安门外大街城市风貌管控工作范围

（来源：笔者自绘）

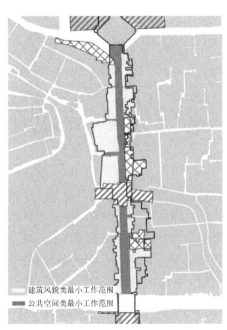

图 10　地安门外大街风貌专项最小工作范围

（来源：笔者自绘）

4.2　精细管控"一张表"

在地安门外大街前期工作中，各专项内容缺乏有效衔接，出现了部分设计交叉与缺失地带，如夜景照明的接线需求未与立面开槽整体考虑，沿街立面（东西立面）和南北立面之间风格、材质缺乏统一，沿街立面与步行空间之间台阶设计缺失等。

试点工作启动中，对标中轴线遗产区管控的高标准高要求，制定了面向实施的全要素、精细化管控"一张表"，对各专项应包含的设计内容与深度进行详细规定，妥善解决内容交叉与缺失。以建筑立面为例，专项工作应明确区分新做、更换、修复、见新等更新方式，并需对牌匾标识，夜景照明，雨棚和雨搭、雨水管、散水、卷帘门和防盗设施、空调室外机位、室外公用设施等建筑外挂效果进行充分考虑（表3）。

地安门外大街各专项内容要求编制要求详表

表3

分类	专项名称	内容要求
A建筑风貌类	1–沿街立面、 2–南北立面	· 门窗、雨棚和雨搭、雨水管、散水、卷帘门和防盗设施、空调室外机位、室外公用设施等主要结构、建筑部件、建筑外挂的可见部分的更新方式、样式、材质、工艺、位置 · 墙体可见主要部位的更新方式、材质、工艺 · 台阶设置 · 临时围挡设置 · 飞线清理
	3–第五立面	· 屋顶样式（含檐口） · 屋面的更新方式、材质、工艺 · 屋顶设备（含鸽舍）
	4–牌匾标识	· 建筑物牌匾、店铺牌匾、橱窗、门牌、楼牌、街巷牌、文物标识、历史文化资源说明牌、步行者导向牌等的样式、材质、工艺、位置
	5–夜景照明	· 建筑物照明、街道空间照明
B公共空间类	6–车行空间	· 落客区设置、交通护栏设置（待定）、地面铺装、涂装样式、材质
	7–步行空间	· 地面铺装的分区、样式、材质、工艺；盲道的设置；绿化种植的边界
	8–街道设施	· 交通设施：阻车装置的样式、材质、设置；电子围栏的铺装、设置；交通标志的设置 · 公共服务设施：公共座椅的样式、材质、位置；垃圾箱的样式、材质、位置 · 景观设施：挡土墙的设置
	9–绿化景观	· 绿化种植的配置与布局
	10–市政设施	· 市政箱体的样式、位置、尺寸、装饰方案（涉及地下管线的调整）；灯杆、市政井盖的样式、材质、位置
	11–公共交通	· 公交车站、电车电缆的设置

4.3　专项统筹"两套图"

为便于规划主管部门备案审查，项目由牵头团队组织，在各专项成果统筹的基础上汇总编制"两套图"，包括以产权单位为最小单元、达到初步设计深度的建筑立面图（含沿街立面、南北立面）、建筑第五立面图，以及达到初步设计深度的公共空间总平面图。"两套图"作为项目的核心技术图纸，是审查、上报、备案的主要对象，亦是城市风貌持续跟踪维护的重要依据（图11）。

4.4　技术把关"三师制"

为加强规划设计阶段的技术质量把关，同时确保规划设计意图有效传导至实施环节，在项目层面建立以责任规划师、责任设计师、责任工匠师（"三师"）为主的专业技术把关负责制度，其中，责任规划

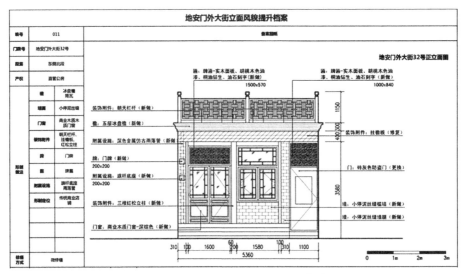

图 11 地安门外大街建筑沿街立面备案图
（来源：地安门外大街项目专项设计团队）

师、责任设计师（含建筑、景观等专业）负责规划设计阶段的把关，责任工匠师由老工匠、老师傅担任，负责建设施工阶段的技术把关。"三师"贯穿项目规划、建设施工全过程，施工阶段驻场工作，加强对项目各阶段的技术指导及预审，各环节签字盖章，确保真正做到高标准设计、高质量实施（图 12）。

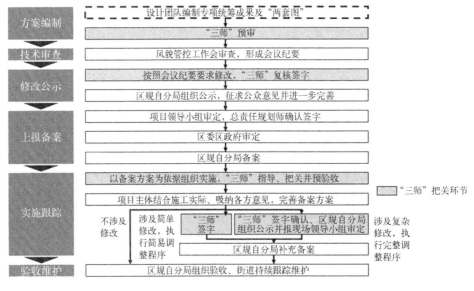

图 12 "三师"参与项目审查把关
（来源：笔者自绘）

5 城市更新治理背景下的风貌管控组织保障

风貌管控机制的推广运行已列入西城区全面深化改革的重点工作事项，就后续工作的持续推进而言，尚需进一步整合政府部门、专业团队与社会力量，强化工作共识、加强组织保障。多方力量的统筹整合亦是城市更新类项目风貌管控的普遍性工作重点。

5.1　提升管理认识水平

保留提升类项目多以各级政府为主体，行政决策机构对"一张蓝图干到底"的理解，对项目实施周期的预判，对方案审查方式的创新，都在逐步完善建立的过程中。

首先是对"蓝图"的理解，引言已经提到，城市风貌受社会、经济诸多要素的影响，初始设计方案在实施、维护的过程中必然会产生调整。蓝图不是简单的概念方案和表现图，而是结合各种实施限制条件审慎深化，不是不能改，而是要改在明处，走全程序，要做到效果经得起验收，责任经得起追究。要保证过程不走样，各阶段工作就要定好规矩，做好存档，有据可循。

其次是走出"运动式"改造，整齐划一的批量实施方式难以保留、创造城市的风貌。在地外试点中，市、区主要领导多次强调"老城保护需要慢工出细活"，政府对实施周期的良性预判，给予了项目充足的酝酿与实施磨合时间。正是在这一背景下，地外的牌匾标识得以纳入下一步工作，一户一策，精工细作。

再则是"开门"审方案，实现从结果审批到过程指导的管理方式转型。地外试点中，规划主管部门在正式的城市风貌工作会前，多次组织专家、"三师"与专项设计团队开展研讨，前置性征求沿线98家商户意见，从被动接收舆情到主动吸纳意见，将行政审批转化为行政指导，实现了社会与经济效益的双赢。

5.2　加强专业技术储备

高水平、延续性的专业技术力量参与，对地区风貌管控的长效维护至关重要。在地安门外大街试点中，项目技术把关依赖于三方专业力量，一是由规划主管部门聘请的专家，属于第三方；二是由项目主体聘请的"三师"，深度参与项目把关，本质是运动员；三是由政府聘请的责任规划师，无论总责任规划师或街区责任规划师，都属于裁判员。三方力量共同发力，保证了项目的技术水平与实施成效。

当前西城区已经建立区名城委、区规划设计艺术审查委专家智库，近年来更聚焦文物古建修缮技能技艺，建立"大都工匠"名单，为城市风貌管控奠定了良好的专业技术基础。未来将持续吸引一批了解西城、耕耘西城的专家学者、规划设计团队、老工匠、老师傅，长期参与地区规划、设计、建设工作，提升城市风貌设计与管理的延续性。

5.3　推进多方协商共治

项目实施完成后，城市风貌的长效维护要依托空间的实际使用主体。在上海新天地的实践经验中，营运方通过编制《租户手册》，将照明、招牌、橱窗等风貌要素的维护要求传达至所有商户，带动使用方共同参与街区风貌维护，实现了较好的收效。在地外试点中，后续拟由所属街道牵头，组织制定"业主公约""居民公约"，结合地区业态更新，将外立面、橱窗、牌匾、夜景照明的二次改造标准与相关要求纳入公约，营造多方共治共建共享的良好氛围。

6　结语

北京西城区与地安门外大街的风貌管控实践充分立足于对"城市风貌"本身的认识，城市风貌不是设计而成的，风貌管控机制的建立中亟须补足的并非设计本身，而是由设计端面向施工、运营端的有效传导。将静态的蓝图转变为动态的实施深化、运营跟踪，以明确的权责分工、专业的技术力量、完善的决策机制，实现当下的最优、未来的次优，并保持不断更新迭代、动态调整的能力，才是城市更新治理背景下风貌精细化管控的必然选择。

参考文献

[1] 王剑锋 . 城市设计管理的协同机制研究 [D]. 哈尔滨：哈尔滨工业大学，2016.

[2] 薛文飞，朱晓玲 . 城市设计全过程管理的若干思考：以上海为例 [J]. 上海城市规划，2016，2（15）：1673-8985.

[3] 吴荣华 . 法定规划体系中城市风貌精细化管控：以广州为例 [J]. 城市住宅，2021（5）：56-59.

[4] 王考 . 德国风貌规划：面向精细化管理的城市风貌塑造手段及启示 [J]. 国际城市规划，2015，30（4）：139-143.

从城市更新制度研究的演进历程看制度创新
——基于 CiteSpace 的可视化分析

武 丹*

【摘 要】随着城市更新制度的变迁，学术界逐渐积累了丰硕的研究成果，但是对城市更新制度的演进历程、热点主题的科学性文献梳理较少。本文以中国知网从 1996 年至今所收录的 87 篇关于城市更新制度的期刊论文为样本文献，借助 CiteSpace 软件对样本文献的关键词进行分析。同时，结合相关政策变迁将我国城市更新制度的演进历程划分为三个阶段，即市场经济体制背景下的城市更新增长型制度探索（1996—2011 年）、存量规划背景下的城市更新渐进型制度探索（2012—2016 年）、高质量发展背景下的城市更新提质型制度探索（2017—2021 年）。同时，本文从供需双轮驱动、规模转向质量、公共利益出发、技术引领创新这四个方面对城市更新制度创新的未来趋向进行初探，以期对未来城市更新的制度创新提供新的思考角度。

【关键词】城市更新制度；演进历程；热点主题；制度创新；CiteSpace

1 引言

改革开放以来，我国城市更新制度在不断地随着国家政策以及社会需求而变迁。为建立更符合我国国情的城市更新制度，学术界对该领域进行了长期深入的研究。伴随着我国城镇化进程的不断推进，城市建设的土地资源日益紧张，发展重点逐渐从增量用地转向存量用地，人们对城市发展的要求越来越高，强调存量规划和提质增效为主的发展新阶段已经到来。在高质量发展的背景下，城市更新实践与制度的不适应逐步凸显，推动城市更新和活力重塑的法律政策、行政管理、公共参与等亟待创新。制度体系是推动我国发展的核心资产和实现生态文明建设的重要基础，制度创新决定着城市更新的质量，带领城市更新的实践。城市更新作为城市自我调节机制和国家治理体系的重要组成部分在我国社会经济发展工作中越发重要，如何科学合理地设计城市更新制度成为重中之重。本文采用文献计量分析法对该领域已有的文章进行分析，进一步探究城市更新制度创新的未来趋向。

2 数据与方法

本文以城市更新制度的相关文献为研究对象，将中国知网中的学术期刊数据库作为本文的数据来源。本文于 2021 年 8 月 7 日进行检索，时间范围设置为 1996 年 1 月至 2021 年 8 月，检索主题为"城市更新制度"。在对检索的文献进行初步阅读筛选后，将与研究主题不相关的文献进行剔除，最终保留 87 条文

---

* 武丹，华中科技大学建筑与城市规划学院硕士研究生。

献作为研究样本。基于文献计量分析法,利用 CiteSpace 软件对城市更新制度的相关研究进行知识图谱的绘制,通过提取和分析该研究相关文献的关键词,将内容繁杂的文献数据转化成便于分析的可视化图像,并结合文献归纳法对城市更新制度研究的演进历程、热点主题以及未来创新趋向进行探究和思考。

3 城市更新制度研究的热点主题和演进历程

3.1 城市更新制度研究的热点主题

关键词时间线图能够从时间线上反映一个领域内的研究重点。为了更加深入了解城市更新制度近 25 年的研究热点,笔者对关键词进行共现图谱和时间线图的分析(图1、图2),得到 15 个聚类,包括"城市更新""土地管理制度改革""交易成本""城市治理""制度设计""土地制度改革""历史变迁""更新改造""老城复兴""实施效果""发展权""强制缔约制度""精神层""可持续更新""动态维护"。

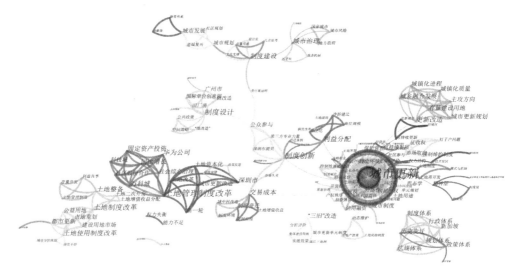

图 1 关键词共现图谱
(来源:作者自绘)

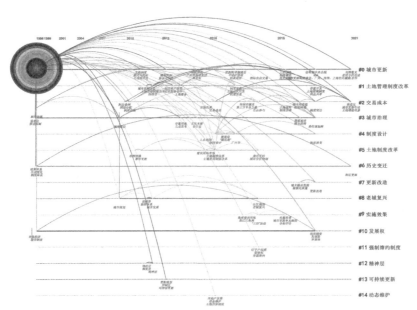

图 2 关键词时间线图
(来源:作者自绘)

在 1996—2011 年的时间段内，城市更新制度的相关研究成果较少，该时间线内主要出现城市更新、城市治理、历史变迁、发展权 4 个聚类，研究热点主要为市场经济下与城市更新相关的城市制度研究、政策体系研究及历史变迁研究。

在 2012—2021 年的时间段内，城市更新制度的相关研究成果增多，尤其是城市更新、土地管理制度改革、交易成本、制度设计、土地制度改革这 5 个聚类的研究成果大量出现，其中包括土地制度改革、土地整备、三旧改造、公园规划、老旧小区改造、城中村改造、微改造、责任规划师等多项内容。由该领域的关键词时间线图可知，我国学者对城市更新制度的研究热点呈现越来越多样化的趋势，涉及政治、文化、生态、经济等多个方面，包括城市物质空间的修补、存量土地的开发利用、生态环境的修复、历史文化建筑的保护以及城市活力的再塑等。同时，我国学者对城市更新对象的关注也由区域、城市、城市片区扩展到建筑组群和微空间，该领域的研究活跃程度和受关注程度也逐年提升。

3.2 城市更新制度研究的演进历程

利用 CiteSpace 软件对样本文献进行关键词突现分析（图 3），得到的突现词可在一定程度上展现我国近 25 年来对城市更新制度研究的演进历程。本文以突现强度排序的前 23 个关键词为基础，对城市更新制度的研究历程展开分析，在综合考虑突现词出现的年份和其持续的时间基础上，研读各个时期的样本文章，分析我国学者们在不同时期对城市更新制度研究的重点主题。同时，考虑到期刊论文发表的滞后性，在分析样本文献的时候，笔者结合当时城市更新相关的国家政策和城市更新实践情况进行探究。本文在政策颁布和变迁的背景下将我国城市更新制度于 1996—2021 年这近 25 年的研究演进历程划分为三个阶段：市场经济体制背景下的城市更新增长型制度探索（1996—2011 年）、存量规划背景下的城市更新渐进型制度探索（2012—2016年）、高质量发展背景下的城市更新提质型制度探索（2017—2021 年）。

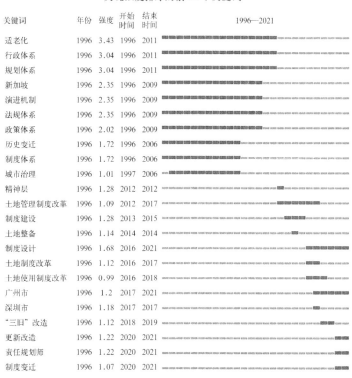

突现强度排序的前 23 个关键词

关键词	年份	强度	开始时间	结束时间	1996—2021
适老化	1996	3.43	1996	2011	
行政体系	1996	3.04	1996	2011	
规划体系	1996	3.04	1996	2011	
新加坡	1996	2.35	1996	2009	
演进机制	1996	2.35	1996	2009	
法规体系	1996	2.35	1996	2009	
政策体系	1996	2.02	1996	2009	
历史变迁	1996	1.72	1996	2006	
制度体系	1996	1.72	1996	2006	
城市治理	1996	1.01	1997	2006	
精神层	1996	1.28	2012	2012	
土地管理制度改革	1996	1.09	2012	2017	
制度建设	1996	1.28	2013	2015	
土地整备	1996	1.14	2014	2017	
制度设计	1996	1.68	2016	2021	
土地制度改革	1996	1.12	2016	2017	
土地使用制度改革	1996	0.99	2016	2018	
广州市	1996	1.2	2017	2021	
深圳市	1996	1.18	2017	2017	
"三旧"改造	1996	1.12	2018	2019	
更新改造	1996	1.22	2020	2021	
责任规划师	1996	1.22	2020	2021	
制度变迁	1996	1.07	2020	2021	

图 3 关键词突现分析图
（来源：作者自绘）

3.2.1 市场经济体制背景下的城市更新增长型制度探索（1996—2011 年）

1996—2011 年的突现词主要是规划体系、政策体系、制度体系、历史变迁、城市治理。该阶段由于国内城市更新专门化的制度体系还未形成，因此相关研究较少，多集中于城市规划体系和政策体系。自改革开放以来，随着我国社会主义市场经济体制的建立及完善，我国国有土地有偿出让、分税制、住房商品化等制度改革为推动我国城镇化提供了制度保障。我国城镇化快速发展，由 1978 年的城镇化率 17.92% 到 1996 年增长至 30.48%，城镇人口也从 17245 万增至 37304 万人，城镇人口成倍增长。从 1996 年开始我国城镇化进入高速发展阶段，2011 年我国城镇化率突破 50%，进入城镇化中高速发展阶段。在该阶段之前，我国城市更新制度通常包含在城市规划建设制度的宏观政策中，例如1989年颁布的《中华人民共和国城市规划法》、1993年颁布的《国务院关于实行分税制财政管理体制的决定》以及1994年颁布的《国务院关于深化城镇住房制度改革的决定》。直到2009年广东省人民政府提出《关于推进"三旧"改造促进节约集约用地的若干意见》才开启了我国城市更新制度的专门化。该阶段我国为了应对城市快速扩张、旧城急需改建提出了相关土地管理与规划的政策和制度，全面引入市场机制，由政府和市场联合推动旧城更新改造。

在该阶段我国处于城市建设增长阶段，城市更新多为大拆大建的增量规划，结合该时期的突现词可发现我国学者对城市更新制度的研究主要是关于市场经济体制下的城市规划、政策、制度体系的研究，处于增长型建设的探索阶段。

3.2.2 存量规划背景下的城市更新渐进型制度探索（2012—2016年）

2012—2016年的突现词主要是土地制度改革、土地管理制度改革、土地使用制度改革、土地整备、制度建设、制度设计。随着城市的不断发展，我国城镇化进程不断推进，城市规模在不断扩张，以增量规划为主的城市规划已不能适用于当今城市，城市规划的转型势在必行，而存量规划是解决城市规划可持续发展的必经途径。在2014年国土资源部下发的《关于强化管控落实最严格耕地保护制度的通知》明确提出"严控增量、盘活存量、优化结构、提高效率"的总要求，这意味着我国城市规划将从以增量规划为主转向以存量规划为主的城市规划。该时期是增量规划向存量规划转型的重要阶段，城市更新制度也变得更加专门化，城市更新是促进城市建成区进行存量规划的重要手段。国务院在2013年和2014年连续颁布了加快棚户区改造工作以及推进城区老工业区搬迁改造的相关意见，提出要重点推进资源枯竭型城市及独立工矿棚户区、三线企业集中地区的棚户区改造以及科学实施城区老工业区搬迁改造，提出对于老工业城市推进产业结构调整的要求。2013年和2016年也相继颁布了开展推进城镇低效用地再开发的相关文件（图4），提出了提高土地集约利用，优化城镇用地结构，进一步完善土地利用管理机制的要求。这些城市更新政策的颁布进一步验证了增量规划才能适应城市的高速增长阶段，在城市发展空间面临紧缩的形势下，存量规划更具适用性，存量用地才是城市建设用地的常态。

在存量规划背景下，结合该时期颁布的城市更新相关政策和突现词可知，土地制度改革、土地整备、城镇用地结构优化等是该阶段我国学者对城市更新制度研究的重点主题，学者们在该阶段主要展开城市更新渐进型制度探索。

3.2.3 高质量发展背景下的城市更新提质型制度探索（2017—2021年）

2017—2021年的突现词主要是广州市、深圳市、更新改造、责任规划师。随着我国过去几十年的高速发展，快速的城市扩张和盲目建设为我国的城市更新埋下了环境破坏、交通堵塞、住房紧张、就业困难等环境、社会以及经济方面的城市病。在高质量发展的背景下，我国正在由"规模发展"向"高质量发展"转型。随着我国城市进入高质量发展时期，人们对城市发展的要求越来越高，建设生态文明、发展经济高质量、现代化治理体系、历史文化保护与传承等越来越多的目标被纳入其中。伴随着以深圳市、广州市为代表的城市进行"微改造"、历史建筑保护更新、老旧小区更新改造的实践创新，我国相继出台了关于历史文化街区、老旧小区改造等城市更新的相关政策。2017年住建部印发的《关于加强生态修复城市修补工作的指导意见》，便是我国城市更新制度在针对生态、治理、历史文化保护方面提出的，既要修复城市生态，改善生态功能，又要修补城市功能，提升环境品质。在现阶段，我国老旧小区改造面临着"房屋产权复杂，沟通协调困难；供需结构矛盾，增量空间有限；过度依赖政府，资金筹措艰难"等问题。对此，2019年和2020年我国相继发布了关于推进城镇老旧小区改造工作的指导文件（图4），提出了全面推进城镇老旧小区改造工作、推进城市更新和开发建设方式转型、促进经济高质量发展的相关要

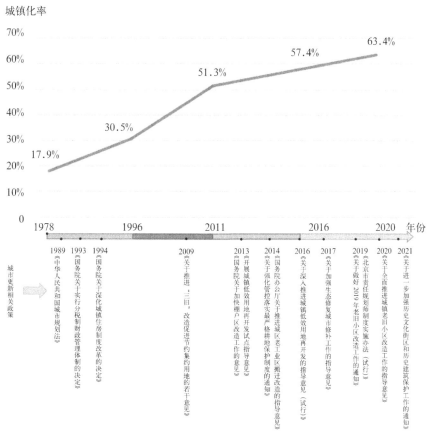

图4　城市更新研究演进历程划分及相关制度变迁

(来源：作者自绘)

求。同时，我国学者也开始了关于老旧小区更新改造的相关制度讨论，为更好地推动城市更新添砖加瓦。同时，伴随着 2019 年《北京市责任规划师制度实施办法（试行）》的发布，责任规划师制度正式被引入城市更新制度体系中。该制度引入了责任规划师，很好地解决了旧城改造过程中，政府、居民、市场之间的关系，有利于促进公众参与，通过博弈实现公共利益的最大化。此外，2021 年住建部发布了《关于进一步加强历史文化街区和历史建筑保护工作的通知》，提出在历史保护的前提下，推进城市更新工作。

在高质量发展背景下，结合该时期颁布的城市更新相关政策和突现词可知，地方实践、老旧小区改造、城市双修、微改造、责任规划师、历史保护等是该阶段我国学者对城市更新制度研究的重点主题，我国学者该阶段主要展开城市更新提质型制度探索。

4　城市更新制度创新的重要性

在我国城镇化进程不断推进的过程中，各种城市发展问题不断显现，城市更新制度的创新对推动城市发展具有重要的作用。城市更新制度的决定性、规范性意义能够更好地引领地方实践，而具有良好效益的城市更新实践也能通过制度创新得以推广，形成更符合当今国情的制度。根据道格拉斯·诺斯的"制度变迁理论"可知，制度变迁理论是以更高效率和配置的新制度取代旧制度的过程，制度变迁决定城市更新的发展方向，制度创新决定了城市更新的速度与质量。

不存在适用任何环境的制度，城市更新制度也不例外，当城市更新制度的供给与需求相吻合时，制度才能均衡。制度变迁需要动力，从新制度经济学角度看，只有制度创新能够使变迁主体的财富最大化，才能推动制度变迁。在进行制度创新的时候，应充分了解城市更新发展的演进历程和不断变更的供需要求，既要考虑已建成的城市环境所具有的历史文化的传承性、居民使用的适应性以及物质更新的可持续性，又要考虑各方利益的权衡、需求方对生活品质的要求以及社会活力再生的要求，处理好历史保护和城市发展之间的平衡，这些是推动城市更新工作的关键问题。因此，只有通过不断的制度创新，推动制度变迁，才能满足新时代城市的发展要求。

5　城市更新制度创新的未来趋向初探

5.1　供需双轮驱动：顶层设计与基层实践双向对接

根据近 25 年来我国城市更新制度研究的演进历程可知，我国城市更新制度的建立通常有两种模式，一种是由供给方自上而下地编制规划、政策法规带领城市更新制度的发展，即"顶层设计"；另一种则是需求方自下而上的社会基层创新力量促使城市更新制度的逐步形成，即"基层实践"。由政府领头的城市更新政策和规划管理体系等，虽然具有良好的战略谋划，但仍存在相关管理部门不协同、传导不清晰、实施不适合地方实际的情况；由基层业主、社区、地方政府主动申请的微更新改造、绿地更新等，虽然能够更加符合老百姓的实际需求，但推广和形成制度的过程较为困难，资金和人才也有所匮乏。因此，笔者认为顶层设计与基层实践双向对接是城市更新制度创新的未来趋向之一，只有供需双轮驱动才能构建国家、城市、社区、建筑等全方位的城市更新制度体系。

5.2　规模转向质量：存量优化与高质量发展相结合

在双循环发展的新格局下，我国由规模发展转向高质量发展，城市扩张建设向城市更新建设转变，提质增效逐渐成为当今时代的热点议题。我国现有的部分规划管理制度无法适用于存量建设，满足不了城市更新过程中的历史保护、功能转变以及产权变更等多种要求，因此建立面向存量发展的城市更新制度成为当务之急。伴随着存量规划时代的到来，我国面临着土地整备、片区协调、利益平衡等众多挑战，历史与品质的关系亟待解决。具有历史的街区、建筑等通常存在基础设施较差、环境品质难以提升的状况，如何平衡历史保护和城市发展是城市更新需要解决的重要问题。因此，笔者认为存量优化与高质量发展相结合是城市更新制度创新的未来趋向之一，只有通过制度创新推动城市更新的质量，既要历史传承又要生活品质才能推动我国高质量发展。

5.3　公共利益出发：多方合作构建多元化治理机制

伴随着城市更新工作的不断推进，多方主体的参与度不足愈发凸显，城市治理所需要的平台和组织极为匮乏。城市更新作为一项公共政策，为了更好地推动城市更新工作，应充分发挥政府、市场、人民等多方主体的智慧、资金、人才等，以协调各方诉求最大化实现公共利益为主。为了满足人民日益增长的美好生活需要，城市更新在实施过程中要注重全民参与，让政府、市场、开发商、规划师、居民均参与其中，建立共建治理机制。其中责任规划师制度就是多元化治理机制的尝试，通过在制度上确定责任规划师的工作目标、明确其权利义务以及保障机制等内容，将责任规划师作为各方交流的桥梁和保持各方平衡的支架，更好地实施城市更新工作。因此，笔者认为从公共利益出发促进多方合作构建多元化治理机制是城市更新制度创新的未来趋向之一，只有建立了多方合作交流的平台，确定不同主体的责任和权利，通过相互合作、相互博弈，才能平衡好各方权益，从而最大程度地实现公共利益。

5.4　技术引领创新：引入数字化技术动态监测平台

在城市发展的历史进程中，决策者针对不同发展时期的城市更新政策以及实践进行了深入的解读，但是由于城市更新长期处于动态变化当中，使得决策者在对城市更新制度变革时的信息收集、整理及分析工作极为繁杂。同时，城市更新建设也因信息的不全面而无法顺利进行，缺乏面对突发事件快速解决的能力。随着全球信息化以及大数据时代的到来，与传统数据的数据容量较小、类型单一、时效性不高的特点相比，大数据具有数据容量较大、类型丰富、时效性较高的优势。因此，大数据时代对城市更新提出了更高要求，城市更新工作必将走上数字化、自动化、定量化的道路。为了摆脱以往城市更新的决策主观性大、各部门缺乏对接平台以及实施全过程不连续的情况，笔者认为引入数字化技术动态监测平台是城市更新制度创新的未来趋向之一，通过对大数据平台的信息采集，利用数字化技术实现"规划—施工—反馈"的动态监测，将所有与城市更新有关的数据上传平台，为各个部门提供一个标准化、系统化的工作依据，从而实现制度的合理性和科学性。

6　结语

本文借助 CiteSpace 软件对城市更新制度的研究成果进行可视化分析，探究我国城市更新制度研究的热点主题和演进历程。通过对"市场经济体制""存量规划""高质量发展"三个时期的城市更新"增长型制度""渐进型制度""提质型制度"的探索，结合制度创新的重要性，提出了"供需双轮驱动：顶层设计与基层实践双向对接""规模转向质量：存量优化与高质量发展相结合""公共利益出发：多方合作构建多元化治理机制""技术引领创新：引入数字化技术动态监测平台"四个城市更新制度创新的未来趋向。面对高质量发展时代的要求，城市更新制度创新势在必行。

参考文献

[1]　王世福，易智康 . 以制度创新引领城市更新 [J]. 城市规划，2021，45（4）：41–47，83.

[2]　丁寿颐 ."租差"理论视角的城市更新制度：以广州为例 [J]. 城市规划，2019，43（12）：69–77.

[3]　阳建强，陈月 .1949—2019 年中国城市更新的发展与回顾 [J]. 城市规划，2020，44（2）：9–19，31.

[4]　葛爱霞 . 基于大数据集成的顺德区"三旧"改造模式研究 [D]. 广州：华南农业大学，2017.

[5]　屈亚茹 . 存量空间视角下老旧居住区渐进式更新的规划策略研究 [D]. 郑州：郑州大学，2017.

[6]　施索 . 扎根社区、服务社区的北京责任规划师制度思考 [J]. 北京规划建设，2020（2）：120–122.

[7]　王嘉良 . 新制度经济学视角下的城市更新探讨 [J]. 经济师，2021（2）：270–271.

[8]　洪名勇 . 制度经济学 [M]. 北京：中国经济出版社，2012.

[9]　唐燕 . 城市更新制度建设：顶层设计与基层创建 [J]. 城市设计，2019（6）：30–37.

[10]　阳建强 . 转型发展新阶段城市更新制度创新与建设 [J]. 建设科技，2021（6）：8–11，21.

国土空间规划下的城乡要素市场化配置转型机制初探
——以武汉为例

熊章瑞 *

【摘　要】中央要求"构建更完善的要素市场化配置体制机制",探究城乡融合过程中与大城市发展紧密结合的乡村地区市场化发展范式转型,有一定意义。土地要素市场化改革为乡村以自然资源为核心的要素被赋予资产价值奠定基础,以此逐步形成大城市-近郊村要素循环和乡村群落内循环机制。对资源"非建设"价值显性化的认识,为资本在乡村创造可持续性现金流的模式提供可能,从而摆脱传统资本"圈地运动"的路径依赖。本文运用"多因子综合评价法+模糊评价法",从资源丰富度、产业兴旺度、社区和谐度和设施完善度等方面,评价武汉土地要素市场化配置改革实施过程中乡镇社区乡村发展情况,并对进一步完善乡村要素市场化配置提出发展策略和规划重点。
【关键词】城乡融合;国土空间规划;要素市场化;集体经营性建设用地;政策机制

引言

随着我国新型城镇化战略由"大中小城市协调发展"逐步转移到以大城市为中心的城市群促进区域经济发展,极化效应将重塑因区位而分异的城乡空间关系,位于区域性中心城市周边的乡村受扩散趋势而引发的熵增现象愈发明显,但以土地要素为基本物质载体和生产资料的乡村作为国家安全综合结构体系中的压舱石,决定了其面对工业化资本积累和产业扩张的"路径依赖"下必须严控要素的自由流动,"戴着镣铐跳舞"成为乡村振兴模式摸着石头过河的显著特征之一。

城乡关系随着社会发展呈现不同的关系特征。刘俊杰等通过以发展方式和市场化改革为主线,将改革开放后城乡关系探索分为 4 个阶段;曹智等从马斯洛需求层次出发,结合区域空间和产业结构演化将乡村转型发展分 4 个阶段;张英男等通过对农村政策制度的梳理,总结出 3 个不同时期的城乡关系对应的乡村转型发展阶段的不同特征;陈宏胜等以"五年计划(规划)"为依据,将城乡关系演变划分为城市重建—乡村重构、城市收缩—乡村扩大、城市恢复—乡村发展、城市扩张—乡村再造等 4 个时期。学界对于乡村的发展离不开城市的认知逐渐深刻,从历史演进、政策改革和理论发展等方面试图为城乡关系变迁梳理出一条清晰的脉络。但不同于一般乡村发展路径,大城市周边乡村社会经济演化带有强烈的"依附-离散"空间属性,面对当前大城市"摊大饼式"发展逐步侵吞周边乡村生存空间的突出问题,鲜有研究聚焦城市群内大城市与其所属乡村之间独特的竞合关系和发展历程。

制度安排是推进乡村发展方式的重要手段,其中市场化改革的成败决定了当前乡村能否在维持稳定的"社会-地理实体"自治组织关系的前提下,走出一条保护和发展并行的社会主义道路。陈秧分等

---

　* 熊章瑞,华中科技大学建筑与城市规划学院硕士研究生。

从"三农"角度进行大都市乡村发展比较，结果表明乡村发展并非城市工业化自发外溢的结果，验证了顶层设计干预的必要性。城市经济发展、工业化、社会人口流动是乡村依托所属大城市发展的主要驱动力，杨贵庆等提出推进服务均等化，强化政府制度和法律保障作为推进乡村振兴的多元路径，经济学和社会学者多从乡村社会治理视角尝试破解乡村发展的困境，缺少规划界对乡村社会空间综合治理的关注。2019 年 8 月《中华人民共和国土地管理法》的修改通过，破除了集体经营性建设用地入市法律层面的障碍；2020 年 3 月中共中央、国务院印发了《关于构建更加完善的要素市场化配置体制机制的意见》，强调要完善城乡要素的有序配置，推进土地、资本要素市场化配置，促进劳动力有序流动，将对大城市周边乡村的空间社会结构产生深刻影响，需要在厘清相关概念和运行逻辑的基础上，助力乡村更好地可持续性发展。

基于此，本文尝试提出乡村主体同城市互动发展的过程中，要素存在内外循环倾向的解释，进一步阐述资本在不同阶段对乡村发展产生的影响。文章将以武汉"三乡工程"实证为例探究超大城市的乡村在要素市场化配置中的空间表征及其关系内涵，以期探讨新时代以乡村空间社会治理促进城乡融合的可行路径。

1 城乡融合发展逻辑及动力机制

1.1 农村集体经营性建设用地入市打通以自然资源为核心的要素双循环

乡村源于自然或历史条件下具有高度嵌入性的社会－地理组合，不同于由社会分工主导的城市，乡村在社会自组织逻辑上存在高度血缘相关性，当前在城镇化牵引的作用下城郊村呈现独特的以家庭代际分工为主的"半城半乡"模式，劳动力流动范围受到限制。除部分外出务工青年外，因老、幼、残、病待业在乡人群缺少现有资源合理的市场转化渠道，生活收入来源单一，其潜在劳动力效能无法充分释放，总体呈现乡村人口向大城市的净流出。乡村在自然和居住环境中讲求"天人合一"的空间组织逻辑，良好的自然生态本底孕育出了独特的乡土文化。同时，经过我国多轮乡村建设，公共设施成为当前乡村的沉淀资产，因为缺乏以国有土地作为信贷抵押融资的土地金融模式，导致巨额基础设施投入的不可持续，表现在只能满足村民基础的生活、生产服务需求，无法进一步提升公共设施品质。由此可知，以自然资源为核心的土地要素、劳动力要素、乡土文化、公共设施成为乡村的潜在资产，但囿于缺乏合理的市场化介质，城市中的资本要素无法寻求向自然资源方向流入的渠道，在潜在利益和现有政策的诱导下偏向突破城市发展边界，逐步侵蚀乡村，迫使其走向萎缩。

乡村集体经营性建设用地入市为沉寂的乡村资源成为可以待价而沽的资产提供了可能，以乡村自然资源为核心的要素市场化运作将逐步形成大城市—近郊村要素循环和乡村群落内循环机制（图1）。由城市资本下乡向市民下乡的转变体现了资本要素的流入特征趋向多样化和碎片化，城市居民以短期和中长期的观光体验栖居为主，这为不同类型的乡村"量身定制"适合于本村的土地用途管制规划和商业引导策划提供了基础。盘活当前乡村的存量用地将进一步激发乡村产业的发展，促进部分外出务工农民回流，也为本

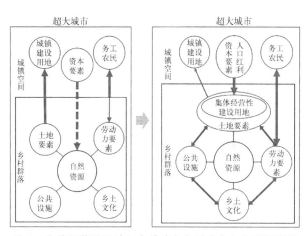

图1 集体经营性用地入市前（左）后（右）乡村要素双循环结构示意
（来源：作者自绘）

村潜在劳动力提供创造价值的机会。城乡循环的关键在于将传统积累下的资本性收益转变为经营性收益，以缩小城乡差距为目标，进一步扩大市场内需。

以往城市以政府垄断的国有土地出让和开发促进城市公共服务水平的提升作为城市居民资产升值的重要制度设计，农村集体经营性建设用地在某种程度上可视为以村集体为单位的共同资本，合理的市场化流通将为村集体创造同城市地产类似的成倍增长的资产增值收益，这是乡村群落内循环的基础。乡村资产的增值效应将以家庭为单位的私人消费，逐步扩大为推动内需的集体消费，主要表现在公共设施水平的提升和服务均等化的覆盖，由此进一步吸引本村劳动力人口回流。以自然资源为核心的要素循环改变了以往乡村土地向建设用地转换才能在短期产生巨额收益的不可开发模式，自然资源价值的"显性化"是"两山理论"的核心思想，进而推动要素市场化下乡村群落的内循环。

1.2 资源资产化市场的演进创造可持续性现金流模式

最新审议通过的《中华人民共和国土地管理法》不再要求需要使用土地的任何单位或个人必须使用国有土地，转而确定集体经营性建设用地"所有权人可以通过出让、出租等方式交由单位或者个人使用"，并"可以转让、互换、出资、赠与或者抵押"，即集体经营性建设用地入市，这给农村集体经济组织以土地作为可持续性的资产化资源提供了可能。将这一过程中的利润 P 和成本 C 的关系描绘为三段曲线（图2），利润 P 增长的速率用 k 表示，以此表达在不同阶段投入产出所能创造价值的模式。

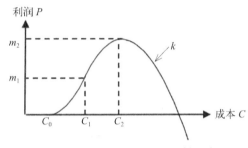

图2 "利润—成本"曲线坐标轴示意图

C_0 作为初期一次性成本投入，在国有土地垄断一级市场时面对高额的出让费用缺乏市场可选项，集体经营性土地将出让主体扩大到单位和个人，同时出让时间、支付方式等可以直接与村集体商定，初期成本投入的规模弹性有效地降低了商业准入门槛，激发了市场主体活力。$C_0\sim C_1$ 阶段为资本型增长，土地积累的潜力迅速释放吸纳大量资本涌入，聚集规模效应让利率 k 快速上升，直至达到资本投入的增长临界点 C_1，利率 k 将不再恒增，此时需要寻求新的商业模式实现可持续增长。

$C_1\sim C_2$ 阶段提出了一种创造可持续性现金流模式的可能性，是维持大城市资本不断支撑乡村发展的持续性动力机制，可以称之为经营型增长阶段。其主要特征是在乡村存量建设用地市场不断趋于饱和后，不再盲目进行土地扩张，而是转向大力培育可以带来可持续性利润的实体经济和集体性消费，扩大乡村市场对更高端需求的饱和度，此时虽然利率 k 不断放缓，但总利润将无限趋向 m_2，实现总利润的最大化。实现经营型阶段增长主要有以下几种路径：一是以产业升级优化工商企业发展质量，提高单位产量净利润以扩充税收，通过作价出资（入股）等方式形成集体经济组织统一合理的分配机制，激发村民主体积极性，为乡村发展注入持续性动力。二是乡村规模产业的发展吸引本地劳动力回流，通过完善乡村公共设施的覆盖密度和服务质量提升集体消费，以"扩大再生产"的原理提振内需。三是逐步实现将集体建设用地推广为信用派生赋予的金融属性，使其成为稳增长的重要政策工具之一，但要防止其过度的"脱实向虚"倾向，而是利用金融贴现为实体经济服务。

如果对资本的逐利性不加以遏制，当建设投入成本超过 C_2 后就进入了超过环境容量限制的过渡性开发阶段，此时资本所追求的利润和收益不但不会超过 m_2 还将进一步快速萎缩，直至产生亏损，从而引发一系列危机。究其原因是乡村以其自然资源为核心要素，以往却只看到了自然资源经过开发建设后的价值，忽视了资源保护利用的"隐性"价值。因此加强保护乡村自然环境和资源就是在为可持续性现金流创造基础条件，符合乡村经济永续发展逻辑。

2 武汉土地要素市场化配置改革试点对乡村发展效用实证分析

"三乡工程"即市民下乡、能人回乡、企业兴乡，源于 2017 年武汉对中央"盘活利用空闲农房及宅基地"政策的探索，在实施过程中逐步形成了共享农庄、闲置农房租赁、存量集体建设用地流转等利用乡村本底资源促进城乡融合的具体措施，实现了城市资源、社会要素参与乡村的发展。武汉"三乡工程"本质上是一次利用市场机制促进城乡要素优化配置的实践，虽然彼时还未完全开放乡村集体经营性建设用地市场准入门槛，但从相关政策文件来看已基本形成推进要素配置市场化的雏形，对其实施效果的评价和分析将有利于利用市场化机制更好地促进超大城市乡村振兴。

2.1 评价方法与指标体系

为了更好地了解武汉市域内乡村发展情况和城乡市场化流动过程中乡村空间表征的变化，需要将抽象化的发展特征分解为若干可以量化评价的指标。以市民能人、务工农民为代表的人群和新兴技术、管理模式、启动资金、文化艺术为代表的生产资本是当前重点流通的要素，在多重驱动影响下，对于激活乡村潜在劳动力、乡土资源、公共设施和地域文化起着关键性作用，这体现了乡村的发展是结合社会、地理的空间表征映射，在此基础上运用"多因子综合评价法 + 模糊评价法"确定乡村发展评价指标体系和分类体系。具体步骤为，从武汉"三乡工程"重点推进的闲置农房租赁、未利用的存量集体经营性建设用地经营权转包、体验性乡村旅游开发等项目方面确定市场化影响乡村发展的主要指标，并利用 AHP 层次分析法赋予权重，建立相互联系的综合性指标体系，通过指标加权总和得到评价结果，实现对武汉乡村要素市场化配置下发展特征的量化评价。

在以往评价乡村发展性指标体系建立的过程中，通常直接套用评价城市建设发展水平的指标和数据，忽略了乡村是以族群聚居为本体的社会特征，以及其所处的地理空间紧密相连，并在粮食供给和生态环境等方面承担着重要缓冲区的特性。同时，要充分认识到自然资源的"非建设开发"价值，用富有特色吸引力的乡土文化重塑乡村精神内核，这些看似与经济无关的要素都是乡村在市场化浪潮中无法忽视和摒弃的。因此本次研究在因子选择和指标体系建立的过程中，根据系统性、层次性、综合性和实操性的原则，从 4 个准则层和 34 个指标层构建乡村发展评价指标体系（表1）。

要素市场化配置下乡村发展评价因子　　　　　　　　　　　表 1

准则层	指标层	单位	数据处理或来源
资源丰富度	主要农产品产量	t	粮食产量 + 果品产量
	劳动生产率	%	统计年鉴
	土地生产率	%	统计年鉴
	耕地保有率	%	统计年鉴
	林业面积占比	%	统计年鉴
	生态用地面积占比	%	统计年鉴
	旅游资源数量	个	统计年鉴
	土地流转租金收入	元	统计年鉴
	农作物秸秆综合利用率	%	统计年鉴

续表

准则层	指标层	单位	数据处理或来源
产业兴旺度	人均乡村主要经济总产出	元	村各类产业收入／村总人口
	农民人均收入所得	元	总收入／总人数
	农副产品总产量	元	统计年鉴
	乡镇企业总产值	元	统计年鉴
	多种形式土地适度规模经营占比	%	统计年鉴
	空闲农房租赁收入	元	统计年鉴
	接待下乡居民总人数	个	统计年鉴
社区和谐度	聚居组团人口密度	人／hm²	统计年鉴
	下乡居民人数	个	统计年鉴
	返乡农民占比	%	返乡农民／村总人口
	村庄有效建筑面积	m²／人	常住房屋总面积／常住总人数
	租赁闲置农房可达性	无	GIS 可达性模糊评价
	村民教育文化娱乐支出占比	%	教育文化娱乐支出／总支出
	下乡居民融入度	无	问卷模糊评价
	村民获得感	无	问卷模糊评价
设施完善度	供水普及率	%	统计年鉴
	燃气普及率	%	统计年鉴
	污水处理率	%	统计年鉴
	无害化公共厕所覆盖率	%	统计年鉴
	生活垃圾处理率	%	统计年鉴
	交通便利度	%	道路总面积／村域面积
	平均每个教师负担学生数量	%	学生人数／教师总人数
	文化设施数量	个	统计年鉴
	医疗卫生机构床位占比	%	医疗卫生机构床位总数／总人口
	通信设施覆盖率	%	通信基站数量／聚居区总面积

2.2 评价结果及分析

根据上文所述的评价方法，将"三乡工程"正式提出的 2017 年作为初始，分别统计了近三年（2017—2019 年）的数据，综合计算得出结果，由三年得分均值分别为 90.67、93.39 和 94.47 可知武汉市乡村发展成效显著。其次运用 GIS 软件自然断点法，得到不同乡镇社区发展上的空间分异，表明要素并非均匀的流入各类乡村和市场，不同资源禀赋和地理区位的乡村发展程度各不相同。资源市场化配置下的超大城市乡村发展在空间上主要呈现以下特征：

2.2.1 "中心－组团"结构体现区位圈层分异特征

受自身全国交通枢纽地位和传统、新兴产业发展的影响，武汉以两江三镇为依托的中心城区形成中央活动区，以周边承担不同职能的远城区节点作为发展组团，形成"中心－组团"式格局带动市域乡村地区发展。

武汉中心城区外围随着近年环形交通线网的扩张和部分产业外迁，空间功能和设施配套逐步初具规模，并以圈层式向外递减发展。东西湖区泾河街、金银湖街的乡村地区较早与中心城区建立轨道交通连接促进城乡一体化，共享城市配套资源，江夏区的流芳街作为东湖高新区的一部分承担新兴产业发展职能，乡村广阔的平原腹地有助于疏解中心密集人口和落后产业，形成自身经济集聚发展效应，因此乡村发展水平较高。市域外围地区，如湖泗街、索河镇乡村地区缺乏与周边城镇联系，本身良好的自然生态资源未得到合理的保护和利用，人居环境较为破败，整体发展水平不高。

传统的乡村发展路径多以土地资源建设用地化完成原始积累，但由于缺乏持续性的集体消费拉动仍然出现后续产业发展乏力、发展无以为继的情况。尤其是外围乡镇急于在十年快速城镇化时期获得发展，缺乏对自身比较优势的认知和资源"显性化"的路径，乡土环境一再受到破坏，进一步加剧了人口流失。要素市场化配置是未来乡村发展的基本原则之一，不同地理区位和自然环境特征的乡村发展机遇各不相同，规划作为促进公众利益分配的技术手段需要引导资源合理配置以期将公共利益最大化。

2.2.2　特色资源型乡村发展潜力释放迅速

从近三年统计结果来看，武汉"三乡工程"实施后评价得分低于49.73的乡村在逐步减少，得分高于88.26的高质量发展型乡村比例提升至17.28%，腰部得分的乡村数量仍是最多的，比例由35.8%上升至38.27%，整体表明在一定程度上乡村发展潜力得到释放，三年行动效果初显。

具体到各乡镇街道内村庄的发展速度出现区域性差异，呈现南北快、东西次之的地区分异特征。三年得分增长15%以上的较快速发展乡村涉及39个乡镇街道，占总数的37.14%，其中评分增长高于35%的乡村以点状形态特征分布在中心城区周边的东北和东南地区、远城区发展组团周边。该类在城乡要素流动过程中发展速度较快的乡村典型特征为位于具有一定发展基础的区域中心乡镇周边，处于城市要素辐射范围的第一梯队；有一定的公共服务设施配套，但在均等覆盖上仍有一定缺口；乡村生态资源本底良好，部分依托历史文化及风景名胜区等旅游资源作为主导产业，第二、三产业特征突出，立足自然资源、乡土文化等特色资源合理进行空间演进，是城市资本青睐的重点对象。例如，木兰乡木兰山村、姚集街杜堂村等依托山水资源打造生态体验旅游区，对接武汉市民近郊观光休闲需求，合理融资扩大本村做资入股分红总量，村内基础设施在景区配套改造中进一步完善，激发"三生"空间活力。

2.2.3　社会发展资源整合引导乡村空间"精明收缩"

评价结果显示，并非所有乡村都在增量发展，有少量乡村近三年得分呈下降趋势，表明其在市场化要素配置下发展受阻或停滞，这与我国人口红利逐步减少成正相关，在新型城镇化背景下乡村聚落的"精明收缩"有利于土地整治和减少人为因素对生态环境的影响，是超大城市乡村发展中市场选择和规划推动的必经之路。

这类收缩型乡村的发展有如下特点：一是大多位于发展外围地区，资源丰富度和产业兴旺度得分较低，在没有其他主导产业的同时传统农业生产效率也较低，乡村人口数量减少进一步加剧。二是通过以往乡村建设运动有一定的基础服务设施，但普及覆盖程度不够、质量不高，成为乡村沉淀资产。三是交通环境薄弱，区位优势不明显，现有条件下与周边乡村同质化，不能很好地利用地域乡土文化和乡村自然环境优势形成本村特色，因此接收外部高层次经济社会辐射机会较少。未来要素市场化配置会进一步加强外部发展资源的整合，及时研判此类乡村并以规划引导其空间"精明收缩"，有利于推进我国高质量新型城镇化的发展。

3　完善乡村要素市场化配置的路径对策

3.1　推进市场主体关系重构，坚持"以农为主"的优先地位

在城市资本通过市场化配置进入乡村的过程中，往往会形成"农民个体—基层政府—城市资本"三方市场关系主体，这就导致资本在强大渗透博弈的过程中会逐步控制处于弱势方的农民，继而嵌入集体自治组织内部，通过"资本—权利"的利益同盟控制乡村社会，置乡村集体社会于多重风险之中。在优化要素进入乡村市场的同时应兼顾效率与公平，坚持农民是乡村社会治理主体，农业是维持市场稳定的

压舱石，资本的合理运作应以人为本，通过探索集体经营性建设用地价值潜力逐步激发劳动力要素、乡土文化和公共设施的轴带效应，促进其合理配置与发展。

乡村市场化关系主体应当以村民经济合作社为自身利益连接的纽带，并进一步进化为提供自我公共服务的组织，形成"农民个体—合作社—城市资本"的三位一体格局，从而提高农民主体的谈判和议价能力，优先保障农民的土地权利、劳动权利和股份权利，加强新时代乡村社会自治组织凝聚力，维护集体自身利益。在重构过程中要找准具有乡村地域文化性的特征，形成市场主体间稳定的多重驱动机制，让资本明确获利渠道，精准施策，防止混乱的利益输送破坏乡村市场，实现要素的可持续循环。

3.2　探索"事权合一"的规划编制体系，严肃国土空间规划法定地位

以集体经营性建设用地入市改革为代表的新版《土地管理法实施条例》已明确加入国土空间规划专章，以国土空间规划为核心手段贯穿乡村要素市场化流动是新时代赋予规划者们的使命。在确保其严肃法定地位的同时，探索"事权合一"更为有效的管控方式将成为重点。

一是规划应以用途管制为核心，对重点开发地块采取管制和开发控制相结合的思路，制定用地性质转变规则，形成要素流通的合理渠道。二是统筹编制混合产业用地整体性出让导则，将盘活存量用地，解决乡村地区融资难、投入大、见效长的难题，培育符合乡土资本增长的商业模式。三是建立开放式的乡村自然资源库，通过市场化的价格信号和竞争机制将自然资源的利用合理分配给效率最大化使用者，在要素流动形成资本创造"现金流"的同时，实现乡村自然资源的保值增值，以非建设性自然资源的显性化促进乡村生态环境保护。

3.3　建立统筹市场的利益联结机制，确保"三资一体"的市场有效地位

通过土地要素入市形成统一的城乡建设用地市场价格机制，并保证各方市场主体利益不受损害是城乡一体化的改革难点。应当将资本、资产和资源整体化看待，增强顶层系统性设计，在逐步推动土地改革的同时统筹考虑户籍制度、财税制度和投资制度的一致性，形成紧密的市场利益联结机制。具体来看，一是进一步探索集体建设用地入市方式，包括就地入市、调整入市和整治入市；二是建立合理的集体土地增值收益分配制度，以创造可持续性的收益为目标，兼顾公平与效率；三是将在征收农民集体土地中，始终贯穿"公共利益"导向的市场监管体系，保障农村土地征收制度改革成果全面推开，为集体土地入市创造必要条件。

4　总结与展望

乡村的发展离不开城市，位于超大城市的乡村面临更为紧迫的发展与保护问题，当前以集体经营性建设用地入市为突破打开了要素市场化配置的窗口，如何合理引导城市资本助力乡村发展决定了我国市场化改革的新方向。本文阐明乡村是以自然资源为核心资本参与要素流动，在城乡之间"人－地"循环缩小发展逆差，在乡村群落间激发公共设施、潜在劳动力、乡土文化等要素价值。城市资本在自然资源价值"显性化"的过程中逐步摆脱一次性土地开发价值，转向产生持续性现金流的经营增长。以武汉"三乡工程"的实践为例探索市域尺度上乡村空间形态特征，发现传统的"中心－组团"优势结构正在向特色资源型乡村辐射，而对于以生态保育、农地保护为基础的乡村地区实施"精明收缩"更符合未来发展规律。

当前城镇发展的重心向城市群和都市圈聚集，后续研究可以进一步探究城市群尺度下不同类型的乡

村发展与要素市场化配置的相关性。今后随着集体经营性建设用地改革的深入，国土空间规划对乡村市场化会产生更深远的影响，学界对于建立完善的乡村要素市场化配置机制需要进一步讨论，为乡村振兴提供坚实的理论基础和实践经验。

参考文献

[1] 姚毓春，梁梦宇．新中国成立以来的城乡关系：历程、逻辑与展望 [J]．吉林大学社会科学学报，2020，60 (1)：120-129．

[2] 张克俊，杜婵．从城乡统筹、城乡一体化到城乡融合发展：继承与升华 [J]．农村经济，2019 (11)：19-26．

[3] 潘晔．城乡关系研究的演变逻辑与评析 [J]．经济问题，2020 (4)：77-85．

[4] 刘俊杰．我国城乡关系演变的历史脉络：从分割走向融合 [J]．华中农业大学学报（社会科学版），2020 (1)：84-92．

[5] 曹智，李裕瑞，陈玉福．城乡融合背景下乡村转型与可持续发展路径探析 [J]．地理学报，2019，74 (12)：2560-2571．

[6] 张英男，龙花楼，马历，等．城乡关系研究进展及其对乡村振兴的启示 [J]．地理研究，2019，38 (3)：578-594．

[7] 陈宏胜，李志刚，王兴平．中央—地方视角下中国城乡二元结构的建构："一五计划"到"十二五规划"中国城乡演变分析 [J]．国际城市规划，2016，31 (6)：62-67．

[8] 孙梦莹，秦兴方．论乡村振兴的动力结构：以城乡关系演进为主线 [J]．江海学刊，2020 (2)：248-253．

[9] 董筱丹，梁汉民，区吉民，等．乡村治理与国家安全的相关问题研究：新经济社会学理论视角的结构分析 [J]．国家行政学院学报，2015 (2)：79-84．

[10] 陈秧分，刘玉，王国刚．大都市乡村发展比较及其对乡村振兴战略的启示 [J]．地理科学进展，2019，38 (9)：1403-1411．

[11] 杨贵庆．城乡共构视角下的乡村振兴多元路径探索 [J]．规划师，2019，35 (11)：5-10．

[12] 唐燕，赵文宁，顾朝林．我国乡村治理体系的形成及其对乡村规划的启示 [J]．现代城市研究，2015 (4)：2-7．

[13] 贺雪峰．规则下乡与治理内卷化：农村基层治理的辩证法 [J]．社会科学，2019 (4)：64-70．

[14] 温铁军，杨帅．中国农村社会结构变化背景下的乡村治理与农村发展 [J]．理论探讨，2012 (6)：76-80．

[15] 戈大专，龙花楼．论乡村空间治理与城乡融合发展 [J]．地理学报，2020，75 (6)：1272-1286．

面向实施的社区生活圈行动规划与实践探索
——以上海市长宁区新泾镇社区生活圈行动规划项目为例

王慧莹 莫 霞*

【摘 要】伴随着国家对社区生活圈建设的重视，上海将营造 15 分钟社区生活圈作为实现城市发展与治理方式转型和完善的重要途径，通过制定 15 分钟社区生活圈规划导则将概念转化为实施与管理工具，并在全市试点开展相关规划探索和实践。长宁区新泾镇社区生活圈行动规划基于上海 15 分钟社区生活圈规划的要求，结合未来的实施管理，针对不同人群，建立社区生活圈，优化资源分布，挖潜补齐短板，形成系统方案，并通过一张蓝图和一套实施项目的任务清单表，依托多元力量推进规划编制与实施，统筹 15 分钟社区生活圈的建设。

【关键词】实施管理；社区生活圈；行动规划；探索实践

1 引言

社区生活圈规划建设是落实建设共建共治共享的社会治理新格局，加强社区自治的重要媒介，也是实现党的十九大所要求的"保证全体人民在共建共享发展中有更多获得感"的重要途径。2021 年 5 月底，商务部等 12 部门联合印发了《关于推进城市一刻钟便民生活圈建设的意见》，推动在全国范围内开展城市一刻钟便民生活圈建设试点；6 月初，自然资源部发布了《社区生活圈规划技术指南》，这是国家层面第一个关于社区生活圈规划的规范性文件，也是国土空间规划领域首个行业标准，从配置层级、服务要素、布局指引、差异引导和实施要求等方面提出了明确的技术指引，标志着从国家层面开始全面推动对我国城乡社区生活圈的规划工作。上海一直以来很重视社区的规划与建设，出台了相关规划导则，并结合城市更新不断推动 15 分钟社区生活圈的建设。

2 上海社区生活圈实践历程

2.1 阶段一：宣传发布，典型项目提升

上海一直提倡以人为本的城市生活理念，生活圈所蕴含的内容能很好地延续、传承这一理念。因此，早在 2016 年上海就发布了我国首个《15 分钟社区生活圈规划导则》，希望通过完善基本生活单元模式来反映和体现新时期的城市生活方式、规划实施、社区管理的转型。在 2018 年 1 月上海市政府公布的上海 2035 总体规划中也进一步提出"构建多元融合的 15 分钟社区生活圈……至 2035 年，社区公共服务设施

---

* 王慧莹，上海现代建筑规划设计研究院有限公司，规划一院副院长，高级工程师。
莫霞，上海现代建筑规划设计研究院有限公司，副总规划师、规划一院院长，正高级工程师。

15 分钟步行可达覆盖率达到 99% 左右"。

在实践方面，上海在 2016 年开展了城市有机更新四大行动计划，针对社区生活、创新创业、历史传承、休闲空间等四个市民关注焦点和城市发展的主要短板，通过典型项目，提供公共开放空间、完善公共服务设施，提高社区生活的品质。如长宁区的上生所是上海市 2017 年城市有机更新四大行动计划中魅力风貌计划的重点更新项目之一，通过功能转型，促进历史建筑保护与整体风貌协调，激发空间活力，联动地区繁荣，并于 2018 年向公众开放，在此举办了多种文化主题活动，为周边居民提供了大量的公共开放空间、社区公共服务设施，激活了地区的活力和文脉。

2.2　阶段二：试点阶段，资源系统整合

自 2019 年起，上海全面推动"社区生活圈行动"，选取了 15 个试点街镇，针对社区治理和空间品质两大短板，聚焦规划空间整合和资源政策统筹，重点提升文化、体育、医疗、养老、教育、休闲及就业等设施的配建水平和服务功能。

试点街镇基本都按照要求形成系统方案与行动指引，同时落实到项目清单，并在实施主体、资金安排和建设时序上予以明确，成为街镇全面提升社区空间品质和社区治理的重要抓手。作为全市试点工作的"先行者"，两年多来，长宁区新华路街道、徐汇区田林街道、闵行区梅陇镇等都在行动规划编制完成的基础上，不断推进改善民生、提升环境品质、优化资源布局的项目实施，规划落地成效显著。如徐汇区还结合社区规划师制度，在 2019 年进一步制订《徐汇区社区规划师制度实施办法》，以社区规划师为核心，贯穿社区更新的规划、设计、施工、管理等全生命周期的城区精细化管理模式，进一步提升社区设施品质，优化公共空间，完善社区生活圈的建设。

2.3　阶段三：全面铺开，行动规划统筹

在上海市层面全面推广社区生活圈的影响下，许多区也在积极探索社区生活圈规划建设，结合各自的治理特点，开展相应的社区更新实践，并在覆盖广度和内容深度上各有特色。如长宁区就在《长宁区国民经济和社会发展第十四个五年规划和二〇三五年远景目标纲要》中要求 15 分钟社区生活圈基本覆盖全区，目前正在按计划有序推进 10 个街镇的行动规划编制工作，要求突出行动规划统筹的要求，排摸整理出具有可操作性的项目清单，并且在空间规划上落地；浦东新区的"缤纷社区建设"是浦东新区在社会治理创新背景下开展的社区微更新实践，围绕口袋公园、街角空间、运动场所等 9 项与居民生活密切相关的公共要素进行微更新，通过社区微更新这一空间载体，推动浦东新区在社会治理创新上有新作为。

2021 年 6 月《中共上海市委关于厚植城市精神彰显城市品格全面提升上海城市软实力的意见》中也进一步提出打造满足品质生活的服务体系，推进 15 分钟生活圈建设。2021 年上海城市空间艺术季的主题为"15 分钟社区生活圈—人民城市"，《"15 分钟社区生活圈行动"上海宣言》也在上海城市空间艺术季开幕时发布，可以预见未来上海市"15 分钟社区生活圈"规划与建设的覆盖规模将进一步扩大，推动上海"人民城市"建设进入新阶段。

3　长宁区新泾镇社区生活圈行动规划项目概况

3.1　长宁区社区生活圈规划背景

2019 年初，市规划资源局组织开展了"15 分钟社区生活圈行动规划"试点工作，在全市选取 15

处试点街镇进行实践。其中，长宁区新华街道被列为重点试点街道之一，其行动规划的成果也成为全市推进 15 分钟生活圈工作的规划范本。2020 年，长宁区又启动了虹桥和仙霞的 15 分钟社区生活圈行动规划，并要求于 2021 年完成含新泾镇等全部 10 个街镇的行动规划编制工作，完成统筹整合研究。

在 10 个街镇的规划编制工作中，区政府对行动规划的实施落地极为重视。社区生活圈行动规划的核心成果是一张蓝图和一套实施项目的任务清单表，任务清单表要能够真正实现统筹指挥社区生活圈的建设，关键在于可落地性。考虑到项目实施情况的复杂性，在规划编制阶段就要求将任务清单分为三种类型，第一类为涉及基本民生且短板明显并基本具备实施条件的项目，应争取基本全部完成；第二类为有一定实施难度，但是也是补短板需求明显的项目，应大部分争取完成；第三类为实施难度较大，需要条件成熟才能实施的项目，应积极创造条件实施。同时在实施阶段，要求充分发挥街镇的主体积极性，各部门和单位积极配合。在新华街道的行动规划实施中，已经逐步形成由区分管区长牵头，多部门协同推进社区各类项目实施落地的实施机制。

3.2 新泾镇社区特点与现状问题

新泾镇位于长宁区西部，北邻北新泾街道，南接程家桥街道，总用地面积 11.89km^2，约占长宁区面积三分之一，下设 33 个居委会，常住人口约 15 万人。通过近 30 年的发展，区域整体经历了快速城市化到城市更新的城市发展阶段，在基础设施完善、生态系统优化、公共服务提升和城乡区域统筹等方面取得大量的建设成就，但在公共开放空间、小区环境品质、社区公服设施等方面仍存在一些问题。

（1）局部滨水步行道不贯通，中部绿地分布不均衡

新泾镇居住区主要集中在天山路以南、外环线以东区域，区域内现状公共绿地较少，主要以附属绿地为主，有中新泾公园、哈密公园、虹康绿地广场三处集中开放绿地，其余大部分为沿河带状绿地，部分河道已建设滨河步道及亲水设施，部分开放度与可达性有待提升。开放公共绿地 300m 服务范围覆盖率较高，居民到达公共绿地较为便捷。通过分析，中部可乐路两侧和东南角存在一定盲区。局部缺少停留空间与休憩设施，公共开放空间缺乏亮点（图 1）。

（2）住宅类型多样，老旧小区有待提升

从居住环境满意情况上看，超过半数的居民对于新泾镇住区绿地景观与场地活动较为满意；接近半数的居民认为住宅建筑外观及室外活动设施需要提升、需要增加电梯等必要设备。辖区老小区"停车难"问题较为突出，与周边商务楼宇、单位集成共享率不高。

（3）社区公服设施西强东弱，局部设施品质有待优化

现状社区级公共服务设施呈现中西部设施较密集，东部和南部设施较缺乏状态（图 2），总体设施量有待增加，局部设施品质有待提升。从服务半径上看，现状社区商业（菜场）、医疗、福利设施的服务覆盖有一定缺口，在局部区域覆盖不足；体育、文化设施有待进一步提升。问卷显示，大部分居民会经常使用小型绿地广场、大型公园绿地以及商业购物中心这几类空间，同时对社区医疗点、菜场、综合百货便利店等便民生活服务设施的需求较高。

针对现状问题，结合 15 分钟社区生活圈的相关规划要求，进一步聚焦新泾产业、水系等方面的特色，提出社区公共服务完善、交通慢行网络塑造、居住环境更新提升、公共开放空间活化等六大行动目标，打造具有水韵魅力、产城融合、绿色和谐的 15 分钟社区美好生活圈。

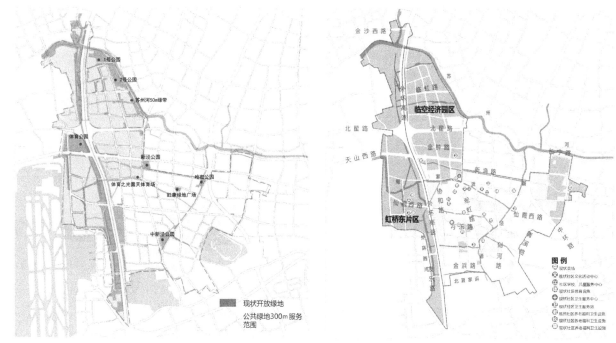

图1　新泾镇现状绿地分布　　　　　　　　图2　新泾镇现状社区公服设施分布

4　新泾镇社区生活圈规划实践策略与思考

4.1　针对不同人群，优化设施配置

由于新泾镇镇域范围内有接近一半的用地为上海虹桥临空经济园区，就业人口数量巨大，并且未来在园区内还有五千多套的租赁房的建设，因此，针对这一特征，在生活圈的规划中需要同时考虑居住人群和产业人群两种不同人群的需求，有针对性地配置公共服务设施（图3）。

规划人员结合两类人群的不同需求侧重，准备了两套公众问卷。居民问卷关注于公共服务设施、空间环境、生活质量等方面；产业人群问卷聚焦于交通、空间环境、设施服务等方面。通过问卷发现居民对社区医疗卫生，菜市场及为老服务等设施有着较为强烈的需求；且大多数居民表示到达滨水空间较为便利，同时提出替换老旧设施，增加休憩设施、儿童游乐设施等需求。产业人群则更关注于最后一公里的交通问题，同时也希望园区的餐饮、文化体育设施能更多元化。

结合问卷调研及现状设施评估，对居住区域和产业区域的社区生活圈的打造提出了不同的导向与策略。居住片区的生活圈在设施配套方面更关注日常生活设施配置

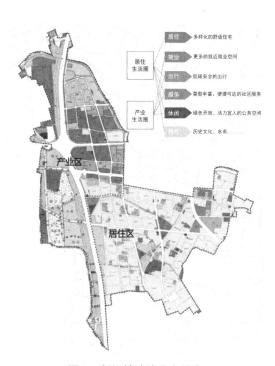

图3　新泾镇功能分布特点

的全面性及居民所需的急迫性，重点进行社区医疗、福利、商业等设施的补足；园区相对来说对社区医疗、福利等设施的需求不大，更关注白领食堂、就业服务设施的配置。此外，由于园区与一些居住小区

距离较近，规划提倡园区内的设施与周边社区分时共享，加强园区内的白领食堂对外的开放度，增加办公人群的餐饮选择；部分有球场的办公园区则建议增加公益开放时段，提供周边社区居民共享运动场所。

图 4　居住功能区域分区短板问题

4.2　融合片区特点，统筹资源分布

由于新泾镇的镇域范围面积较大，重点针对居住区的生活圈建设，规划结合新泾镇社区管理网格分区以及现状主要道路，划分为东北、西北、西南、东南四个片区。进一步通过分析现状不同区域特征，归纳区域的短板问题及清单，结合存量资源挖潜，精准施策（图 4）。

在打造"水绿交融·生态新泾"的总体特征定位之下，通过有针对性的策略，优化资源分布，打造分区特色。东北片区注重完善配套，规划建议结合污水处理厂改造，更新完善公服设施共享与配置，重点提升社区养老服务、医疗卫生服务等配套设施品质。西北片区则注重小微更新，规划建议重点推进既有老旧住宅改造与住区环境治理，挖潜居住区空间资源，通过微更新的方式提升住区环境，并沿仙霞西路轴线或滨水布局完善配套设施，营造滨水文化休闲氛围。西南片区注重优化交通，规划建议增加公共通道与过街设施，提高慢行连通性，加强东西向公共交通联系，消除外环线隔离影响，精准补充社区体育等配套公服设施，结合现有步道，完善康体慢行体系。东南片区注重精准配置，规划建议以融合多元文化功能为主，有针对性地完善设施，优化慢行体系网络，建设高品质国际社区。

4.3　关注水系文脉，形成系统引导

结合新泾镇的特点与问题，对现状进行全要素短板评估，除了按照规定的"服务、出行、居住、休闲、就业"五个方面外，本次还关注新泾自身的水系特色内容，提出打造具有江南文化氛围的社区生活圈。新泾镇水系资源丰富，镇域内拥有 19 条河道（段），滨水 500m 范围可覆盖约 85% 的社区，这也是与中心城区其他街镇相比最大的特色和亮点。但目前也存在局部滨水步行道不贯通，缺少休憩设施，环境品质有待提升等问题。

针对这些问题，规划提出两方面的策略。一方面，结合公共设施及现状建设条件，形成连续贯通的公共岸线。如周家浜规划通过二期、三期、四期的建设，形成北部岸线全贯通，并在设计中注重对新泾历史文化的挖掘，在节点展现新泾特色，增加人性化空间，提供适合交流的开放空间和多样的休憩设施，激发空间活力。另一方面，由于大量的滨水岸线是位于小区内部，难以对外开放，建议结合精品小区建设提升住区内部的滨水岸线景观品质，满足居民日常休闲活动需求（图 5）。

通过对每条水系的特色与问题的梳理，及与相关部门对接，具体提出周家浜滨水二期、三期贯通等 14 项具体的滨水品质提升项目，落实到相关部门，使得"十四五"期间有希望实现居住功能区域 20% 以上的滨水空间品质提升，从而进一步形成六条各具特色的水系公共景观，打造水韵魅力休闲空间，营造可看、可感、可互动的新泾江南文化氛围。

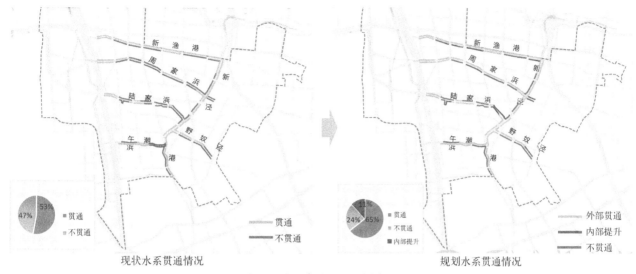

现状水系贯通情况　　　　　　　　　　　规划水系贯通情况

图 5　水系内外提升规划成效

4.4　挖潜社区资源，多策补齐短板

社区公共服务设施是构成社区的一个不可缺少的重要组成部分，也是 15 分钟社区生活圈最关注的内容之一，但中心城区的街镇由于建成度较高，因此更需要通过更灵活多样的方式补齐社区公服设施的短板。

本次行动计划通过挖潜置换、局部共享等多种策略方式实现"十四五"期间基础保障类公共服务设施全覆盖的要求。重点结合社区公服设施的规划评估与社区现有的资源梳理，挖掘出 9 处目前空置或经营效果不佳的建筑及空间，并对其未来的公共服务功能进行引导，纳入行动计划的项目清单，争取进一步的财政资金（图 6）。此外，在基层排摸和调研中发现，社区医疗、福利等基础保障类设施虽然目前在镇域范围内局部存在一定缺口和覆盖不足的问题，但在邻近街道有相类似的功能点位可以覆盖新泾镇现状的盲区，因此建议进一步建立跨街镇共享的实施机制，消除行政界限的隔阂。同时规划建议镇域内特色亮点项目，例如哈密路市民中心、威宁路为老服务中心等资源也可与周边街道共享，统筹优化资源配置，避免重复建设。

图 6　现有存量建筑资源挖潜

4.5　网络支撑渗透，引导小微更新

慢行交通是居民最基本的出行方式，随着上海城市有机更新的进一步推进，建构社区的慢行交通体系成为实现资源集约型、环境友好型、可持续发展社会的重要保障。新泾镇围绕自身水系资源丰富的特征，建构"绿道 + 社区街巷"为主的慢行系统，绿道主要结合目前新泾港、外环等已有绿道，进一步增加午潮港绿道的建设，形成以运动康体为特色的绿环，街区街巷则基于仙霞西路、林泉路、剑河路等道

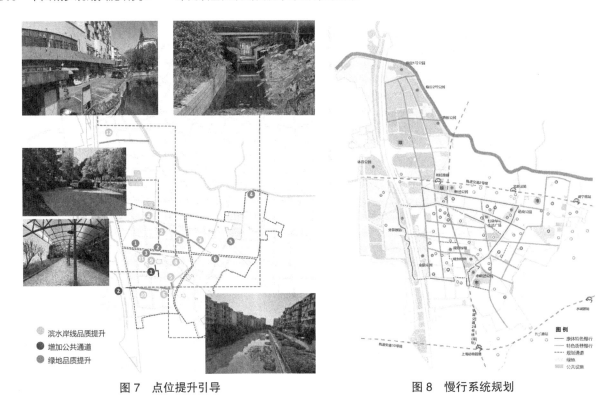

图 7　点位提升引导　　　　　　　　　　图 8　慢行系统规划

路的现状特点，结合生态景观、生活休闲不同的规划定位，提出规划引导要求，为未来更新实施与管理提供指导，打造各具特色的街巷空间（图 7）。

此外，结合慢行网络的规划梳理，梳理两侧未来需要进一步提升的空间，进行相应规划设计引导，纳入行动计划，提升慢行系统沿线公共开放空间品质（图 8）。通过精细化的设计引导，创造具有观赏性、人性化的慢行空间体验，系统串联绿地广场、公共服务设施、地铁公交站等要素，形成具有生态、休闲、康体特色的慢行系统网络。

5　结语

建构完善的社区生活圈是落实上海城市发展目标的重要载体之一，也彰显了上海城市规划和更新工作的创新转型。新泾镇的社区生活圈行动规划充分借鉴了第一批 15 个社区生活圈试点的经验，并结合新泾镇自身特点，基于未来的实施管理，针对不同人群，建立社区生活圈，优化资源分布，挖潜补齐短板，形成系统方案，落实到实施项目的任务清单表，统筹 15 分钟社区生活圈的建设。建议后续进一步建立对 15 分钟社区生活圈实施的评估机制，有助于总结实施中的问题与经验，并根据地区的动态发展进行评估，调整相关行动计划，从而更好地推进社区生活圈落实，提升市民的获得感、幸福感。

参考文献

[1] 上海市规划和国土资源管理局，上海市规划编审中心，上海市城市规划设计研究院. 上海 15 分钟社区生活圈规划研究与实践 [M]. 上海：上海人民出版社，2017.

[2] 李萌. 基于居民行为需求特征的"15 分钟社区生活圈"规划对策研究 [J]. 城市规划学刊，2017（1）：111–118.

[3] 张弛. 存量适应下社区规划的价值取向与路径探索：以上海 15 分钟社区生活圈为例 [J]. 城市建筑，2018（12）：46–50.

[4] 程蓉. 15 分钟社区生活圈的空间治理对策 [J]. 规划师，2018，34（5）：115–121.

中部欠发达山区县市产业空间优化实践研究

王紫薇*

【摘　要】2021 年是"十四五"开局之年，促进包括中部欠发达地区的区域协调发展成为重要任务。本文在梳理当前欠发达山区产业发展相关研究的基础上，以鄂西山区巴东县、秭归县及竹山县为研究对象，分析提出当前三县产业发展存在自身基础薄弱、产业同质化严重以及区域空间联动不足等问题，并针对此提出明定位促整合、育产城促互动、强协作促集群、优生态促协调四大产业空间布局优化策略，为重点生态功能区中山区县市优化产业协调发展提供有价值的参考。

【关键词】欠发达地区；鄂西；山区县市；产业空间优化

引言

2019 年 5 月 27 日，我国提出建立国土空间规划体系并监督实施，将主体功能区规划、土地利用规划、城乡规划等空间规划融合为统一的国土空间规划，并将其作为地方顶层设计规划，是城市为实现"两个一百年"奋斗目标制定的空间发展蓝图和战略部署。科学布局生产空间、生活空间、生态空间，坚持生态优先、绿色发展，实现高质量发展、高品质生活、高效能治理，是开展各类开发保护建设的基本依据。

改革开放以来，我国城镇化快速发展，预计"十四五"期间城镇化率将达 65.5%。与此同时，我国经济水平不断攀升，但增速却在逐步放缓，目前已进入"新常态"发展阶段。在新型城镇化基础上，山区县市的产业与城镇化需走出适合自身发展节奏的可持续发展道路。所以对城镇化的考量，已经转向更加合理地推动产业发展优化转型，合理利用城乡空间，注重高质量发展，加强生态文明建设。

1　欠发达山区产业发展研究综述

城镇化反映在地域实体上就是城镇空间的扩展和空间资源的优化。随着城镇化快速发展，区域间城乡发展严重失衡，不仅引发了诸多社会经济问题，更对生态环境产生了不可逆转的影响。研究表明，发达地区对于社会经济发展的理论资料颗粒度较细，而中部地区以山区农村为主要组织形式，相关数据资料有所缺失，研究边缘化情况凸显，亟待强化研究力度。当前小镇产业发展问题主要包括发展类型趋同、空间结构模式单一及产业配套不健全等，其不应当是工业、旅游等功能的简单叠加，而应是一个产业发展、空间结构协同的复合体。

湖北省为中部地区重要组成部分，全省 76 个县级行政单位中有 25 个县市长期名列国家级贫困县榜单，其土地规模和人口总量分别占湖北省的 40% 和 20%，占据面积较广，且人口基数较大，平均城镇化

---

*　王紫薇，华中科技大学建筑与城市规划学院硕士研究生。

水平严重滞后于省平均水平。与此同时，具备良好生态环境的山区县市又作为我国区域可持续发展的重要载体，因此对于欠发达山区的绿色城镇化及产业空间发展等研究尤为关键。

研究表明，区域空间优化可带动产业升级，体现在空间载体需求、多元化的集聚经济优势及现有资源等方面的有效整合。笔者针对现有研究，总结梳理出具有一定参考性的产业空间优化策略：第一，需要以功能布局优化带动空间布局优化，界定功能及空间的主要载体，明确产业缺位；第二，需要在充分考虑山区乡村空间的脆弱性及生态敏感性，探索乡村特有的空间格局分异，构建以"三生"空间功能协调下的"功能－效率－微观主体"空间优化研究范式；第三，结合城乡一体化发展作用机理及产业融合理论对乡村产业空间影响因素进行分析并予以实证分析及推广，提升研究应用性。

但通过整理发现，目前对于欠发达山区产业发展研究多集中于西南地区，虽然有少量针对产业空间优化及升级策略方面的思考，但与中部山区县市产业空间发展的相关研究较少。在国土空间规划背景及国家中部崛起战略指导下，目前尚无有关中部山区县市生态导向的产业发展特征研究及对空间优化策略探索的研究，而此类研究却是目前规划领域必须考虑的问题。

2 鄂西三县产业发展特征及问题

本次研究选取湖北省欠发达山区鄂西三县，包括巴东县、秭归县及竹山县。

巴东县南北狭长，东西最大距离 15.6km，南北最大距离 137.6km，县境内地表崎岖，地势西高东低，南北高低悬殊。长江、清江分割县境，北有大巴山余脉盘踞、中有巫山山脉延伸，南有武陵山余脉峙立。土地以山坡林地、草地为主，农耕地占 13.01%，水面占 2.03%，概称"八山半水一分半田"。

秭归县位于湖北省西部，长江西陵峡畔。长江流经巴东县破水峡入境，横贯县境中部，地势西南高、东北低，东段为黄陵背斜，西段为秭归向斜，属长江三峡山地地貌。

竹山县位于湖北省西北秦巴山区腹地，属十堰市。地处秦岭、大巴山、武当山三大山脉之间，东邻房县，北接郧县，西北邻陕西省白河县，西交竹溪县、陕西旬阳县，南接神农架林区、重庆市巫溪县。全县地势由南、西向东北倾斜，特点是高差大，坡度陡，切割深。

2.1 产业自身基础较薄弱

2.1.1 经济基础薄弱

2019 年鄂西三县地区生产总值达 407.25 亿元，占整个鄂西地区同年生产总值的 16.58%；全社会固定资产投资 467.53 亿元，占鄂西的 21.25%；一般公共预算收入 21.12 亿元，占鄂西的 14.9%。由于竹山县绿松石产业较发达，导致二产比重较高，则竹山县产业比重为 1∶6∶3，而另外两县平均水平基本保持在 2∶4∶4。总体来看，鄂西三县在其所属发展板块中经济总量发展基础较为薄弱。同年，鄂西三县人均国民经济生产总值远低于湖北省平均水平，其中只有秭归县人均 GDP 超过湖北省平均水平的一半；城镇及农村居民人均可支配收入也均低于湖北省平均水平。经济落后是山区县市的普遍现象，也是山区产业发展缺乏动力的主要原因。

2.1.2 三产发展基本特征

（1）第一产业：特色不显，大而不强，经济转化率低

鄂西三县农产品的精深加工链条存在短板，未能深入到保健品等行列，且休闲农业、旅游产品加工等产业精细化、特色化仍有挖掘空间，目前规模不大，且知名度不高，风格不够突出。整体上，农业龙头企业规模不大，品牌知名度有限，辐射带动能力不足。目前已经形成了一批具有影响力的农副产品品

牌及商标，但农产品加工产值仍不断波动，农业龙头企业规模不大。

（2）第二产业：依靠初加工，工业现代化体系尚未健全

在工业方面，由于产业基本处于前端状态，开采及加工技术落后，因此整体经济效益较低，且对生态环境造成了不可逆的影响；产业体系单一，产业链条未能深化，未来亟须延伸产业链，进行绿色生态转型思考。

（3）第三产业：旅游业发展不协调，潜力有待挖掘

三县自然及旅游资源基础雄厚，足以支撑整个县域作为旅游区进行打造，将全域作为旅游发展的载体和平台，农旅潜力巨大。但旅游资源整合程度较低，休闲、康养、农旅类业态明显不足，缺乏沉浸式体验项目，旅游综合带动能力不足，产业融合发展亟待优化。

2.2　产业发展结构同质化严重

产业发展结构方面，到 2019 年，鄂西三县的三次产业结构只有竹山县是"二、三、一"以第二产业为主的结构，秭归县及巴东县均为"三、二、一"以第三产业为主的产业结构（图 1）。

根据产业结构可知，秭归县及巴东县均以发展第三产业为主，主要源于有较优质的历史人文及自然景观资源，适合开发旅游业，且生态保护要求较高，限制二产发展；竹山县由于绿松石产业发展基本成熟，则相对其他两县而言第二产业较强，三产发展较弱。三县产业结构基本可以表现出鄂西山区县市的发展瓶颈，资源条件优质地区虽以

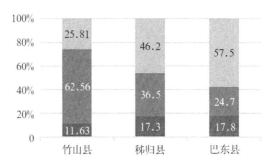

图 1　鄂西三县 2019 年产业结构图
（来源：笔者根据《2019 年国民经济与社会发展公报》及统计局数据整理）

第二产业为主，但产业链未形成，资源亟待整合，且劳动生产率低，产能低；而自然生态本底好、旅游资源丰富的地区虽以第三产业为主，但业态单一，配套设施较差，交通条件限制大，因此也未能使旅游业成为带动地区经济的主要驱动力。因此，山区县市的产业结构基本趋于此两种类型。

鄂西地区产业结构同质化明显，山区城镇由于地理情况相似、区位条件接近、资源本底雷同，在产业结构及产业发展方面存在相互模仿局面。因此，如何避免区域间的同质化竞争，成为优化产业发展模式的关键一环。

2.3　产业发展区域空间联动不足

区域协调发展并不排除差异（分工）和冲突（竞争），应从符合宏观政策要求、适应山区县市内部产业分工与协同入手，重点对鄂西地区产业类型进行分析，统筹协调。以第二产业为主导，以二产与三产中间带产业和第三产业为支撑，以现代精品农业为补充，发展先进制造业、创新研发、生产服务、生态休闲、医疗健康等产业。通过合理划分不同产业功能区域，以"园中园"形式打造一批产业基地，通过统一招商、统一政策、统筹考虑，制定统一的负面清单，限制污染、落后产业进入，进行产业链聚集，以形成功能合理、具有互补性竞争优势的产业链。

2.3.1　土地资源紧缺，城镇规模扩展空间限制较大

鄂西地区以高山地形为主，地理条件复杂，生态环境敏感脆弱，地质灾害现象频发，可利用建设的面积有限，资源承载能力限度小。由于土地资源紧缺，山区县市的城镇发展空间有限，可延拓空间更为有限。

2.3.2 空间格局受山地影响较大，等级体系需优化

山区各乡镇二产发展潜力各具优势，但受自然和生态环境限制，部分乡镇不建议推进二产发展。例如秭归县两河口镇为最具第二产业发展潜力的乡镇，具体优势在于具有更高的生态承载力、更优越的交通运输条件和更平缓的地形地貌；九畹溪镇具备良好的交通运输优势，具备一定面积的平坦用地，可为产业园建设提供用地基础，但镇域多位于生态红线保护范围。

2.3.3 部分乡镇产业特色鲜明，区域层面上缺乏合作

城乡发展待统筹。鄂西三县目前城区和乡镇的二产发展缺乏统筹，应根据各个乡镇的二产发展基础条件和城区发展新机遇，对城区和乡镇的二产分布进行协调，顺利推进产业升级、转型和培育。

2.3.4 产业园区规划欠统筹

（1）基于生态工业理念的发展优势创建

山区县市大多数第二产业区位熵较低，二产发展不占优势。加之交通运输不便、生态保护政策限制、基础设施建设落后等因素加剧了发展劣势，导致秭归县难以吸引更多的规模以上工业企业入驻。

（2）产业类型与园区职能待重组

例如受长江大保护等生态政策的制约，秭归县原污染型主导产业（例如印刷业等）和以矿产开采为主导产业的产业园（沙溪镇）亟待调整。同时，根据湖北省国土空间规划的要求，对现有产业进行绿色经济和创新驱动方向进行重组更新，例如"芯"产业集群、临港工业集群和生物医药产业集群等。

3 鄂西三县产业空间优化探索

3.1 明定位，促整合

构建产业协同体系，携手其他行政区域进行合作转型，强调打破行政壁垒，进行区域合作，活化资本和空间的互补作用，创造有利于产业升级转型的大环境，构建创新驱动发展大平台；优化产业空间布局，采取"集群化"战略，充分发挥集群效应，把产业发展放在全省、全国甚至是全球发展中谋划，统筹考虑产业发展基础和资源禀赋条件，科学确定产业发展的重点领域、方向和布局导向，合理划定产业功能分区，明确重点产业集聚区的产业定位、发展重点，促进全县市产业协调发展（表1）。

鄂西三县产业规划引导　　　　　　　　　　　　　　　　　表1

县市名称	第一产业规划方向	第二产业规划方向	第三产业规划方向
竹山县	在稳定粮油生产的基础上，抓好以茶叶、食用菌、畜禽养殖、中药材为主的农业特色产业，保障农产品有效供给	提升绿松石加工、特色农副产品深加工、服装服饰加工制造；培育生物医药、清洁能源产业	依托竹山自然资源发展康体旅游、文化旅游及观光旅游；提升现代物流及电子商务产业
秭归县	积极建设世界最大的柑橘产区和一流的精深加工基地；建成国家标准化茶叶示范区和中国茶产业高新技术集成基地；建成中国一流的高山生态蔬菜基地	发展光机电产业、新型建筑材料产业、高端装备精密制造业及生物医药产业	全域生态文化旅游，积极融入长江旅游带，使三峡坝区成为通往西部地区物流陆路运输最短、水路运输最快、物流成本最低的陆转水和水转陆的重要节点
巴东县	按照"低山柑橘、二高山茶叶、高山药材"的产业规划布局，大力发展特色产业	发展壮大绿色富硒食品加工、清洁能源、先进制造等产业，培育发展生物医药产业	重点发展旅游业、健康产业、商贸服务业、现代物流业、信息产业

（来源：笔者根据"十四五"规划及城市总体规划内容整理）

（1）秭归县采用核心集聚的发展思路，规划形成"一心引领、五区联动、轴带串联"的产业总体空间布局；东部以中心城区为中心的城镇核心发展区依托县城产业园区发展基础，建设商贸流通集聚区，

结合罗家康养旅游、构建三产融合发展核心推动区；
北部以水田坝乡为中心的休闲文旅发展区包括屈原镇、
归州镇、水田坝乡，重点建设运动小镇、打造屈原文
化品牌效应，完善民宿经济等生活性服务业；西部以
沙镇溪为中心的乡村农旅发展区包括泄滩乡、沙镇溪
镇、梅家河乡，依托脐橙、茶园等农业优势，坚持镇
园结合，建设乡村农旅先行区；西南部以磨坪乡为主
的康养旅游发展区包括两河口镇、磨坪乡，依托三龙
潭大峡谷、香龙山等自然资源，发展高山旅游业；中
部以郭家坝镇、九畹溪镇为主的产业融合发展区包括
郭家坝镇、九畹溪镇、杨林桥镇，因地制宜发展农产
品加工业，支持特色农业的全产业链发展，推进九畹
溪镇扩区调区，建设新型工业示范区（图2）。

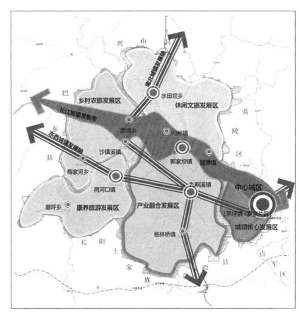

图2　秭归县产业协调发展格局图
（来源：作者自绘）

　　（2）竹山县结合"一体系三驱动"的发展思路，
规划形成"双轴三心构框架，五区覆盖盘区域，五大
组团共协作"的产业总体空间布局；分别围绕城关镇、
宝丰镇、官渡镇形成县城综合服务主中心、宝丰综合产业服务次中心、官渡旅游发展中心；以麻竹高速
为依托的县域东西向城镇发展主轴、以G242为依托的县域南北生态文化旅游发展次轴分别形成以县城综
合服务中心为核心的生态创新工贸服务板块、以宝丰产业集聚中心为核心的绿色矿产工贸板块、以秦古
镇为核心的山地特色文旅板块、以官渡镇为核心的康养度假文旅板块和以双台乡为核心的休闲农贸板块；
结合区域现有资源规划秦古得胜茶产业发展组团、楼台双台特色种植组团、官渡柳林烟叶种植组团、宝
播麻溢综合产业发展组团及城上探文综合产业发展组团五大组团（图3）。

　　（3）巴东县规划形成"双心引领、两带控制、三重辐射、四区联动"总体格局，分别以主城区和高
铁新区构成的县城主中心，野三关镇为副中心，长江、清江作为生态保护带，以沿渡河、溪丘湾、水布
垭3个重点镇辐射带动南北片区，并形成康养旅游发展区、城镇核心发展区、产业融合发展区及休闲文
旅发展区（图4）。

3.2　强协作，促集群

　　以"安全、生态、绿色、高效"为农业发展导向，依托现有特色农业资源和农产品加工基础，重点
打造特色农业发展片区和现代农业产业园，积极探索"农业＋加工业""农业＋旅游业"及"农业＋电商"
等"农业＋"新模式，促进种养、加工、流通、休闲服务等一二三产业相互融合、协调发展，建立规模
化经营、特色化培育的现代化农业发展体系。将规模化种养、精深加工、农旅融合、品牌推动作为农业
产业发展战略核心，走出具有县域特色的现代农业高质量发展路径；同时，强化产业内部联系，加强产
业协作配套，延伸产业链条，形成一批特色优势产业集群（图5）。

　　例如，秭归县采用"彰显特色、提质增效"的一产优化战略，做大做强具有良好发展基础的山地特
色现代农业，打造高知名度农业品牌；推进一产产业规模化、科技化、信息化经营；开拓特色化定制服
务；创新农业发展管理新模式，加强农村三次产业融合，积极发展电子商务和休闲农业等产业。

　　重点产业方面，融入"秭归脐橙"品牌，结合秭归县发展突出的智慧农业和未来重点发展的精品农
业，做强做大秭归脐橙产业，形成全国的高品质脐橙基地，延伸产业链，促进脐橙加工由粗加工向深加

图3 竹山县产业总体发展格局图
（来源：作者自绘）

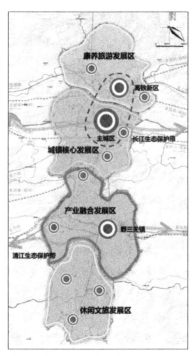

图4 巴东县产业总体发展格局图
（来源：作者自绘）

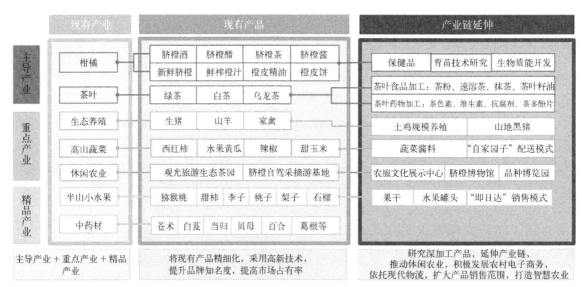

图5 秭归县农业产业链示意图
（来源：作者自绘）

工的转变。带动特色板块不断发展壮大，比较效益不断提升。立足工业发展的优势、全域旅游的大势、电商蓬勃的来势，促进加工企业对接园区集聚发展，打造享誉全国的秭归脐橙品牌，建立"中国高品质脐橙之乡"（图6）。

3.3 育产城，促互动

处理好产业与城镇化发展的关系，科学界定重点产业集聚区的主体功能，合理安排产业发展和城市建设用地，在推进新区开发、老城改造的同时注重培育产业，加大产业整合力度，促进产业集聚发展，推动优势资源和规模企业向符合产业布局要求的园区集中，增强规模效应，深化产城融合；此外，在加快产业园区建设的同时注重完善配套服务，促进产业发展与城市功能同步提升，实现产业布局与城市建设的良性互动（图7）。

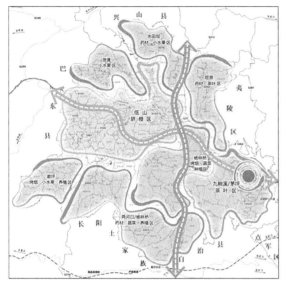

图6　秭归县精品农业布局发展示意图
（来源：作者自绘）

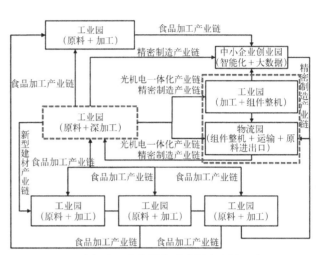

图7　秭归县工业多园集群发展产业链示意图
（来源：作者自绘）

以多平台多点联动发展、传统产业链升级及高附加值产业链延伸为主要发展策略，促进现有重点企业发展，加大对高新技术企业扶持力度，培育龙头企业，整合重点企业加强技术创新，促进科技体系协同创新，加强标准支撑体系建设，推进技术装备、自主创新、产品开发水平和能力全面提升。

例如，秭归县全力壮大农副食品加工业，金属制品业，酒、饮料和精制茶制造业，建筑建材等产业集群，传统产业信息化、生态化和培育新兴产业双轮驱动，坚持以工业园区为主导的工业空间组织模式，以九里工业园工程强力推进产业集聚发展；用坝上库首第一县的独特区位优势，从综合交通运输体系全局出发，以长江大通道为重点，抢抓三峡枢纽综合运输体系建设等机遇，使秭归县积极融入三峡枢纽综合运输体系建设，充分发挥"呼应汉渝"的节点优势，完善配套设施，形成区域性商贸物流节点，带动全县快速发展。培育引进和壮大市场主体，积极支持新型业态发展，加大内外贸一体化、线上线下融合发展力度，努力营造诚信经营环境，推动商务经济稳定快速发展，立足秭归港，协同宜昌港，构建综合的立体交通走廊，将翻坝物流园建成为三峡航运物流中转中心，大幅提升影响力（图8）。

巴东县构建"一区多园"工业发展结构，以巴东经济开发区为统一平台，重点布局野三关、溪丘湾、后坪、水布垭等多个工业园区。坚持改造升级传统产业和培育新兴产业并举，完善产业集群布局。其中野三关工业园重点发展绿色富硒食品加工、先进制造业（电子信息、环保材料）、生物医药，溪丘湾工业园重点发展生态农产品加工，后坪工业园重点发展旅游产品加工、农副产品加工，水布垭工业园区重点发展清洁能源、中药材精加工等。

推动二产提升战略与主要项目对接，强化战略的实施和保障。结合新能源新材料产业集群、生物产业集群、智能制造产业集群和集成电路产业集群远期发展转型需要，引导重要项目落地，推动产业集群建设（图9）。

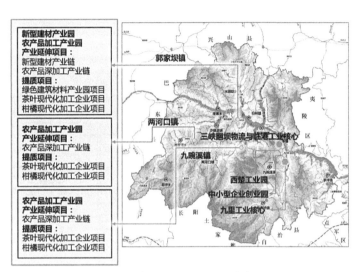

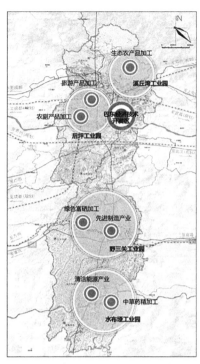

图 8　秭归县工业园区规划分布图　　　　　　　图 9　巴东县工业园区规划分布图
（来源：作者自绘）　　　　　　　　　　　　（来源：作者自绘）

3.4　优生态，促协调

产业发展要有利于生态环境保护和自然资源集约利用，坚持产业发展与生态环境保护协同并进，努力构建经济循环型、资源节约型和环境友好型的现代产业体系，提高产业集中度，实现经济和环境的完美结合。

重点发挥县域资源优势和区位优势，传承地方特色文化精神，以文化为先导推动发展全域旅游，使文化和旅游深度融合，推动相关体制机制创新，逐步完善县域旅游基础设施和配套服务体系，培育战略性支柱产业，打造全域旅游示范区，积极融入国家战略旅游圈。

以"生产性服务业、生态文化旅游业、文化创意产业"为重点，大力推进连锁经营、专业配送、仓储运输、技术研发、电子商务、文化创意等新兴业态，发掘文化特色、利用山水资源，结合特色农业、文化创意产业，发展具有特色的生态文化旅游业"创新创意"，增加研发收入，培育创新环境，开展创意培育，发掘创意人才（图 10）。

例如，秭归县以全域旅游发展为契机，以旅游为内容，以产业化为导向，依托屈原文化、脐橙产业、茶叶产业，发挥旅游业的带动效应，以延伸旅游产业链条为重点，完善旅游功能要素，健全旅游产业体系，推进旅游产业由"景点观光游"向"农旅一体游"转变。其中，秭归重点依托"山—水—林—田—城"核心生态旅游资源，围绕"屈原文化、脐橙特色、坝上风光"旅游品牌，重点打造以"回归山水、走进屈原、畅游河谷、诗意栖居、静修康养、饱览坝上"为主题的六大全域旅游产品，积极发展田园度假、乡村会议、房车露营、中医药健康养老、研学旅游等新业态，建设长江经济带重要的新兴旅游目的地；促进全域资源的旅游化利用，以高峡平湖、屈原故里、三峡竹海、九畹溪景区等重要资源为引领，依托长江、芝茅路等，穿点成线，实现多项目、多节点、多业态支撑，融合生态、文化、农业、康养等各类主题旅游产品，形成多元选择（表 2、图 11）。

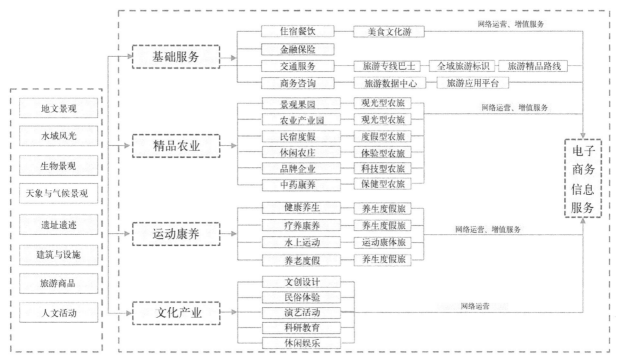

图 10　深化旅游的多产融合产业链示意图
（来源：作者自绘）

秭归县"旅游+产业"融合示意图　　　　　　　　　　　　表 2

三大产业	具体内容	"旅游+"结合点
第一产业	脐橙产业	依托脐橙产业优势，建设国家级脐橙标准示范园、脐橙文化展示中心，依照山水的自然景观对山、水、园、田进行全面规划，生产与观光、科技应用与示范推广相结合，例如使九畹溪观光园与九畹溪漂流景区相呼应
第一产业	茶产业	依托茶叶资源，开展茶文化休闲体验式旅游、茶园观光、休闲度假、康体养生旅游等
第二产业	食品加工业	围绕特色农产品，丰富旅游商品体系，以屈菇食品加工园为例，建设屈菇柑橘品种展览馆、屈菇柑橘根雕园、屈菇柑橘盆景园等
第二产业	生物医药业	利用中草药资源，发展康体养生旅游
第三产业	文化产业	挖掘三峡库区人文历史，彰显屈原文化特色，提高文化休闲氛围，大力挖掘文化体验、文化演艺等多元化旅游产品
第三产业	会议产业	依托脐橙文化节、屈原文化交流会等基础，建设文化展示中心、会议交流中心，开展专题专项旅游
第三产业	体育产业	以水田坝水上运动为依托，大力举办水上运动赛事，发展文化旅游运动产业

（来源：作者自制）

竹山县以堵河－十竹水陆交通轴、谷竹快速交通轴为发展轴，以堵河源生态画廊、武陵峡·桃花源农耕体验、九女峰森林康养、圣水湖休闲度假、城关秦巴民俗文化和玉石珠宝观光、美丽乡村、女娲山寻根问祖形成七大旅游组团，及其囊括的若干点状旅游资源，如上庸文化、百里河、沧浪山、太和梅花谷、莲花山等（图 12）。

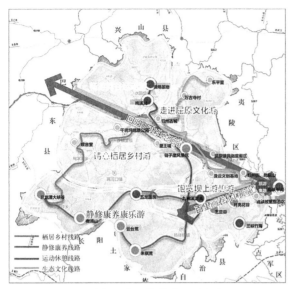

图 11 秭归县全域旅游产业空间布局图
（来源：作者自绘）

图 12 竹山县全域旅游产业空间布局图
（来源：作者自绘）

4 结语

我国山区县市基数较大，地域特色较为明显，因而如何在不同地区进行相似类型的产业协调发展优化为本文研究意义。在国土空间规划背景下，本文根据现状调研情况及经济层面数据收集，整理思路框架，剖析产业发展问题，对产业优化模式及设计进行实证探索，增强优化策略的指导性、可操作性和落地性，为重点生态功能区中山区县市优化产业协调发展提供有价值的参考，有力指导了城市规划建设。但整体上，本文仍存在缺少对空间布局方面问题及优化策略的深入研究整理，未来可重点针对微观主体因子影响进行探索。

参考文献

[1] 张磊. 西南欠发达山区城镇产业空间优化路径研究 [D]. 重庆：重庆大学，2016.

[2] 杜春兰. 山地城市景观学研究 [D]. 重庆：重庆大学，2005.

[3] 韩跃. 战略性新兴产业空间布局研究 [D]. 北京：首都经济贸易大学，2014.

[4] 李松志，张晓明. 欠发达山区城镇空间结构的优化研究：以粤北山区龙川县城为例 [J]. 城市发展研究，2009，16（1）：60-63.

[5] 黄亚平，林小如. 欠发达山区县域新型城镇化动力机制探讨：以湖北省为例 [J]. 城市规划学刊，2012（4）：44-50.

[6] 王咏笑，敬东，袁樵. 上海市以功能布局优化带动空间布局优化的研究：从产业空间分布的视角 [J]. 城市规划学刊，2015（3）：94-100.

[7] 洪惠坤. "三生"功能协调下的重庆市乡村空间优化研究 [D]. 重庆：西南大学，2016.

[8] 岳芙. 城乡一体化发展背景下苏南乡村产业空间优化策略研究 [D]. 苏州：苏州科技大学，2016.

[9] 韩平，梁谱，孙晴，等. 黑龙江省以区域空间优化带动产业升级研究 [J]. 齐齐哈尔大学学报（哲学社会科学版），2018（3）：12-16.

[10] 李娜，仇保兴. 特色小镇产业发展与空间优化研究：基于复杂适应系统理论（CAS）[J]. 城市发展研究，2019，26（1）：8-12.

[11] 柳百萍，叶旸，任平，等. "三生"空间融合视域下的旅游小镇空间优化研究 [J]. 合肥学院学报（综合版），2019，36（6）：77-82.

[12] 仪帆. 中小城市工业园区产业空间优化研究 [D]. 济南：山东建筑大学，2019.

分论坛四

历史保护规划与城市更新的实施理论与技术

古城更新下历史地段历史文化要素保护研究
——基于文化空间视角

许濒方*

【摘　要】本文基于文化空间理论视角出发，从历史文化要素与文化空间的"横向融合、纵向链接"双维度出发，明确此理论与历史文化要素体系构建的契合点。由此明确了"多维度、全覆盖"的历史文化要素体系整合目标导向与"时空性人类活动"耦合下的历史文化要素体系增补导向。由此基于"人—文化空间—历史文化遗产"这三者的互动关系作为建构逻辑，遵循"人与文化空间"的关联逻辑对要素进行细化，最终得到了完整的历史地段历史文化全要素体系。旨在为古城更新背景下的历史地段的历史文化要素的保护发展提供新的思路。

【关键词】历史文化要素；历史地段；文化空间；古城更新

引言

　　古城是凝聚城市集体记忆、折射历史文化轨迹的"地方"，蕴含着特色丰富的文化遗存和文化特色。古城作为特殊类型的城市，其更新模式区别于一般的城市更新模式。以时空观念审视历史地段更新，其中涌现出来的诸多矛盾，使我们逐渐认识到古城更新面临的难点，如"传统""现实"与"未来"的时间矛盾，"物质空间发展更新"与"非物质空间保护延续"的空间矛盾等，古城更新的实践存在诸多难点和挑战亟待解决。

　　古城在承载突出历史文化价值的同时，也发挥着城市功能，因此，在古城更新进程中，古城的历史文化遗产的保护与发展都缺一不可。我国古城保护研究初始于对单个文物建筑的保护，随后逐渐发展为对历史文化名城的保护，在此基础上补充了其他保护区内容，最终形成由"文保单位—历史街区—历史文化名城"三级保护的历史文化遗产保护。历史地段作为历史文化遗产保护体系的重要组成部分之一，其环境构成的复杂性、文化遗存的多样性以及空间分布的碎片不规律性使其成为古城中的"特殊场所"。近年来，随着古城的规划建设和发展，历史地段的保护与发展问题已日益突出。历史地段具有复杂的空间特性和文化要素分布特征。但"历史地段"的概念及内涵一直以来都不十分明确，尤其易与"历史文化街区"的保护体系混为一谈，历史地段的历史文化要素的整理与保护体系仍待明确及完善。因此，如何确切认知现状历史地段的历史文化要素保护存在的问题，明确历史地段历史文化要素的全部类型，以及具体确定其保护发展的导向和实践行动路径等诸多难题，需要我们深入思考与研究。

---

*　许濒方，苏州科技大学硕士研究生。

1　古城更新与历史地段的历史文化要素

1.1　古城背景下历史地段的历史文化要素全面保护的必要性

我国的古城保护研究起步较晚，但随着保护遗产工作的不断深入，目前对于古城保护已经突破了传统的历史物质单体的保护，扩展到结合历史文化环境、历史氛围空间的整体保护上。并且在国土空间规划的指导下，上层对文化保护空间专项规划提出指导方向：将文化遗产保护传承与国土空间规划结合起来，实现从"文化遗产"到"文化保护空间"的视角转变。由此可见，无论是自下而上的古城更新探索进程，还是自上而下的城市发展战略导向都共同明确一个对历史文化要素的保护要求：对历史突破传统物质文化遗产的保护层次，强调将物质文化遗产的空间属性，地段中记载着历史记忆的非物质空间一并纳入保护要素中。整体且全面的历史要素保护，可以为古城的建设与发展提供系统且高质量的发展基底，这既给古城的文化遗产保护工作带来了新的挑战，也是重大的改革机遇。

1.2　历史地段的历史文化要素保护存在的问题

1.2.1　水平维度——要素碎片化边缘分布

从水平维度历史要素的存在及分布情况来看：历史地段与历史文化街区一样，都聚集着一定数量并能够充分反映某一历史时期传统风貌和格局的历史要素。但由于历史演进的复杂性与多元性，造就了地段内的历史要素大多呈现非规律型碎片化分布，未形成组群状、成规模的街区肌理。众多城市在早期对历史地段进行了保护范围的划定，但由于近年来城市建设发展的快速推进，城市结构发生了巨大改变，局部街区的功能分布和空间结构也今非昔比。基于法定范围线与实地调研对比分析，较多历史要素被历史地段范围线分割，存在于保护范围线边缘，更有甚者被划于范围线外。如苏州葛百巷历史地段的北张家巷雕花楼文保建筑保护范围线未被此地段保护范围线所完全包括、苏州东麒麟巷历史地段中东麒麟古驳岸仅部分被划入地段范围线内，较多部分位于范围外。历史地段保护范围线的划定亟待更新，以囊括全面的历史文化要素，重新耦合保护效力与历史要素遗存。

1.2.2　垂直维度——保护维度划定单一

从垂直维度的多层级历史要素识别情况来看，大多对于历史地段的遗产对象研究、分析与保护方法总体而言仍停在单一维度的物质空间保护论，仅主要关注对历史地段物质性保护范围线的划定，通常仅以口号或名录记载方式进行非物质文化遗存的保护与传承。2019年6月自然资源部《资源环境承载能力和国土空间开发适宜性评价技术指南（试行）》提出文化保护空间的识别与文化保护空间重要性评价的具体方法，充分指明保护对象从文化资源保护转向为历史文化空间保护，保护范围线的划定也应契合历史文化空间的多重维度属性。

2　文化空间理论与历史文化要素

2.1　文化空间概念辨析

国内外的人类学、社会学、人文地理学等学科对"文化空间"从不同的视角出发，对其概念界定有着诸多不同的表述。狭义的文化空间被认为是非物质文化遗产的表现形式或是生存环境，但国内外诸多学者认为文化空间的内涵和外延形式都有待进一步探索与界定，并提出更多对文化空间的属性定义。认同度较高、界定概念较为重合的文化空间定义可以分为以下三类：（1）作为容纳显性物质文化要素，集聚传统文化的表现形式的空间。其中通过集聚传统景观要素、传统建筑要素等，向人们传递文化意义和感受。（2）作为承载传统文化活动行为，并集中展示传统文化氛围的场所，这也是作为非物质文化遗产的延伸物质空间。此类型文化空间被识别难度一般，明确举办传统文化活动行为发生的地点，以及明确历史文化遗产较为集中、保存较好的区域，即可确定此类文化空间。（3）作为承载传统文化集体记忆，包括演示及重复人类共性行为、聚会、生存轨迹的空间场所。此类型文化空间是具有特殊价值的非物质文化遗产（如传统日常生活）的社会性表现空间，其难以被人们感知、关注（如日常生活空间），但从中人们能获得完整的社会文化和社会价值，其重要性不言而喻。

2.2　文化空间与历史文化要素体系的逻辑耦合

2.2.1　横向融合——要素本体与其生存空间

随着城市建设发展对地段的侵蚀，地段内部文化环境逐步被蚕食分解，在历史文化环境已逐渐分崩离析的困境下，不仅需要保护历史文化遗存本体，更要关注其生存的空间环境。文化空间保护理论强调应超越传统意义上的遗存本体独立保护，对创造了历史文化特殊存在空间结合应一并保护。因此物质性历史遗存本体以及承载、容纳其的空间环境都应被重视。如若也重视遗存本体的周边空间保护工作，将能在一定程度上避免历史遗存碎片孤岛化分布、被"分离切割"的困境。并且对周边空间的联合保护，更能连接线性文化空间廊道。

2.2.2　纵向链接——物质维度与非物质维度

历史文化要素存在"形"和"义"两个属性，若仅关注其任意一个属性都是十分片面和危险的。物质历史文化要素的形态显而易见，但作为"非物质文化要素的物质延伸"的"义"则常被人们所忽略。非物质历史文化要素的"义"一般作为区域的宣传性文化信息，易被人们所得知、记忆。但其"形"，即落实到空间的生存、展示，以及记忆环境常被不为人们感知、重视，这些空间的落寞可能带来非物质文化遗产的逐渐灭失。文化空间的"义"在于"文化"，"形"在于"空间"。文化与空间之间有着密不可分的互动与关联，只有以文化与空间双重特性去认知物质及非物质历史文化要素，基于文化与空间之间密不可分的互动与关联机制对其进行分析，才能全面认知并识别历史地段的历史保护要素。

3　文化空间视角下的历史地段的历史文化全要素体系

3.1　历史地段历史文化全要素整合的导向

3.1.1　目标导向——"多维度、全覆盖"的历史文化全要素体系

"单一维度"式空间保护理论已难以剖析、整理与评估复杂的历史文化要素，其主要问题为：一是侧重物质维度历史文化要素，忽略非物质维度历史文化要素；二是注重遗存在现阶段的显性价值，轻视历史文化要素的内在价值与未来衍生价值的挖掘。这样的保护理念及理论使得历史文化空间中较为"精品"的物质维度历史文化要素得到控制和保护，但现阶段发展性较弱的物质维度历史文化要素以及与物质维度具有密不可分关联的非物质维度历史文化要素可能都并未纳入保护体系中，直接受到忽视。三是对于文化与空间的关联度没有引起重视，从而造成了其他潜在的、衍生维度的历史文化要素被忽视。这些历史文化要素最终随着物质环境的老化、现代建设的侵蚀而自生自灭，逐渐消失在不断更迭的城市空间生产的潮汐中。由此可见，片面性保护视角下的单一维度空间保护路径难以适应未来的历史文化空间保护与更新，必须重新梳理与整合历史文化要素的类型与内容，探索历史文化要素的"多维度、全覆盖"保护与传承路径。

3.1.2　增补导向——"时空性人类活动"耦合下的历史文化全要素体系

在文化空间理论中，众多学者的研究揭示出：文化与空间始终存在密不可分的关系。对历史文化要

素进行整合，必定不仅要关注文化与空间，更需关注两者之间的关联，将文化与空间的契合交错产物纳入历史文化要素体系中。文化与空间具有时空性，时间性与空间性可作为度量文化与空间的本质方式。在时间与空间的坐标轴中，人类活动正是影响文化与空间的形成、创新、保存与毁灭的最大影响因素，人类的集体记忆造就文化、人类的生活需求以及精神需求指导实践行为创造、改变空间。所以应关注人与文化、人与空间之间的互动关系，将其作为研究文化与空间契合交错产物的切入点，对历史文化要素进行增补完善。

3.2　历史地段历史文化全要素体系建构

3.2.1　"人—文化空间—历史文化遗产"的互动关系为建构逻辑

现有的法定历史文化遗产是"文化"的显性基础，文化空间则是文化与空间的融合产物，将"历史文化遗产"与"文化空间"作为历史文化全要素分类的两大核心要素，是在已有的遗产本体的基础上，重视文化在空间上的映射。决定着文化和空间"生死存亡"的重要因素之一是行为主体"人"，人及其行为是关联两大核心要素的媒介。将"人、文化空间与历史文化遗产"作为历史文化全要素的三大核心要素，探究三者的关联，完成"从文化资源保护到历史文化空间保护"的切实保护全要素体系构建。

深入三大核心要素的研究：（1）行为主体"人"。行为是人对于外在事物的一系列反应控制，而人的思想、价值观念等内化物质，控制并影响人的行为，这一核心要素则可分为主体本体和主体行为。（2）文化空间。文化空间既包括一定范围内的物质空间载体，也包括这一空间内的思想文化、观念意识以及社会结构和社会关系。所以，将文化空间的类别细分为物质文化空间和精神文化空间。（3）历史文化遗产。其分类沿用传统的遗产体系，细分为物质文化遗产、非物质文化遗产以及文化景观。

探索三个核心要素之间的关系（图1）：行为主体"人"的行为延续文化空间的使用功能，其主体的思想、价值观念等赋予其精神文化价值。文化空间承载着人的行为，提供传承、创新历史文化的场所。人作为对历史文化遗产直接影响因素之一，不断延续、再创造历史文化遗产，而它就成为有形的人的精神文化核心，体现塑造着社会结构、文化等。历史文化遗产塑造文化空间，控制其发展及演变。物质文化遗产和非遗交叉、融合着形成文化空间，它是承载文化遗产的空间载体。

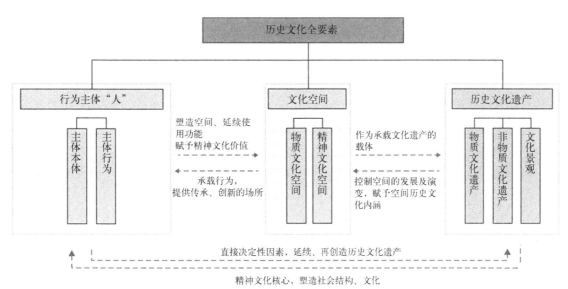

**图1　"人—文化空间—历史文化遗产"之间互动关系作为
历史文化要素的建构逻辑**

3.2.2 "物质文化要素、非物质文化要素与文化景观"作为主要类别

经过对文献以及相关保护规划的查阅整理,传统的历史文化要素体系由物质及非物质性文化遗产要素与文化景观构成(图2)。把握三大核心要素及其互动机制的思维导向,关注三大类别中文化遗产在"空间"性质上的所映射现象,最终对历史文化全要素进行分类整理。

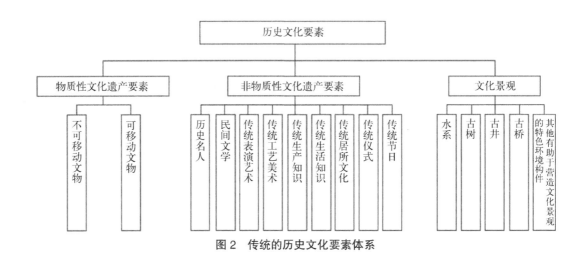

图2 传统的历史文化要素体系

物质性文化遗产要素沿用原有的分类体系,细化物质文化遗产的分类。这里的非物质性文化遗产要素涵盖物质文化遗产在空间维度上的映射,如将遗产建筑空间纳入非物质遗产要素的范围中。依照非物质文化遗产的特性,人和空间是非物质文化遗产得以生存的两个先决条件。行为主体包含空间内居住的一般本地居民和非遗传承者,一般本地居民是非遗的受众群体,他们使用、创造非遗。历史名人背后蕴含的名人典故具有时间的纵向传递性,并在无形的空间具有横向的地域传播性,所以历史名人、非遗传承人和地段原住民共同构成了非遗要素中的"人"。

3.2.3 "人与文化空间"的关联逻辑细化要素分类

由本地居民创造、延续、创新的,与遗产、遗存相关的活动,可以被统称为"传统生活",传统生活成为日常生活精神文化的核心,塑造着社会结构、社会文化等。与非遗相关活动必须被锚固在一定空间范围内才能展开,可能在街巷空间内、居住片区内或者是建筑内部,这样与非遗活动相关的空间被统称为"与传统生活相关的空间"。物质文化遗产要素作为此类空间其中一部分的物质组成,此类空间作为容纳物质性文化遗产要素的空间载体,为可持续保护及利用提供场所。文化景观类型遗产包含了物质和非物质的内容,与物质文化遗产和非物质文化遗产并列。文化景观类别包含文化景观元素以及文化景观的空间构成。前者赋予一定范围内的空间以特色文化景观功能,通过在一定的空间范围内集聚各类文化景观要素,形成了具有历史文化韵味的特色空间。

综上所述,三大类别作为体系框架,以三大核心要素的互动逻辑进行要素增补,最终构建完整的历史文化全要素体系(图3)。

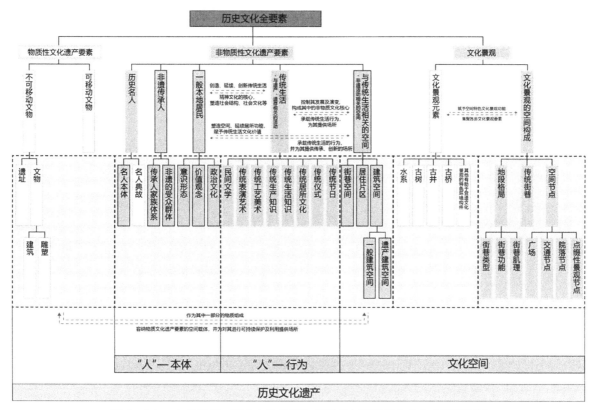

图 3　"人—文化空间—历史文化遗产"关联导向下的历史文化全要素体系

4　结语与讨论

4.1　结语

对历史文化全要素进行梳理、整合并保护，探索相应的历史文化要素保护路径，是传承传统文化、凝聚文化基因、建立民族文化自信的重要途径。本文基于文化空间理论视角，从历史文化要素与文化空间的"横向融合、纵向链接"双维度出发，明确此理论与历史文化要素体系构建的契合点。由此明确了"多维度、全覆盖"的历史文化要素体系整合目标导向与"时空性人类活动"耦合下的历史文化要素体系增补导向。由此基于"人—文化空间—历史文化遗产"三者的互动关系作为建构逻辑，遵循"人与文化空间"的关联逻辑对要素进行细化，最终得到了完整的历史地段历史文化全要素体系。

4.2　讨论

本文构建的历史地段历史文化全要素体系仅基于文化空间与其逻辑耦合，并不代表以其他适当视角进行切入不能对历史文化全要素体系进行进一步的完善。在重视历史地段范围线区域内历史文化要素真实性和完整性的同时，也需重点关注历史地段与周边空间环境的连接关系。它们创造了地段内历史文化要素的特殊环境，超越了传统意义上的单体物质性保护，深入文化资源与人居环境结合，由此应也考虑周边环境与历史地段结合的衍生价值与发展可能性。

历史地段中复杂的组成要素给其保护及更新工作带来极大的不确定性，未来的历史地段保护与发展的战略方向必定指向：首先整合"一个历史文化空间资源体系"，在此基础上探索各类型历史文化要素的发展模式，最终实现全域空间协同发展。整体协同性发展的战略方向不仅落实于空间本体的保护，更要助力城市的发展，即历史地段要与社会、经济与人文协同发展。

参考文献

[1] 李和平，肖竞，胡禹域 . 碎片式历史地段与城市整体发展耦合机制研究 [J]. 城市发展研究，2014，21 （9）：62–68.

[2] 王颖，阳建强 . "基因·句法"方法在历史风貌区保护规划中的运用 [J]. 规划师，2013，29 （1）：24–28.

[3] 胡超文 . 近十年我国历史地段保护研究综述 [J]. 惠州学院学报（自然科学版），2011，31 （6）：73–81.

[4] 王景慧 . 文化遗产保护的新进展 [J]. 北京规划建设，2011 （3）：21–24.

[5] 陈曦 . 论历史街区保护与再生的原则和手段 [J]. 江南大学学报（人文社会科学版），2008 （4）：125–128.

[6] 刘奔腾，董卫 . 基于分层思想的历史地段保护方法探讨：以明孝陵神道南段保护规划为例 [J]. 规划师，2008 （10）：19–23.

[7] 刘晓娜，段汉明，汪强 . 日常生活视角下历史地段的更新路径探索：以开封鼓楼田字块历史风貌区为例 [J]. 美与时代（城市版），2020 （6）：40–41.

[8] 肖芮 . 沿江风光带历史地段的城市设计策略：以湘潭市河街城市设计为例 [J]. 住宅与房地产，2020 （18）：258.

[9] 谈国新，张立龙 . 非物质文化遗产文化空间的时空数据模型构建 [J]. 图书情报工作，2018，62 （15）：102–111.

[10] 汤夺先，王增武 . 文化空间视角下非物质文化遗产的传承困境论析：以当代桐城歌为例 [J]. 文化遗产，2020 （4）：30–39.

[11] 金沁，曹永康 . 国外文化遗产"周边环境"保护理论对国内文物保护范围划定的借鉴意义 [J]. 华中建筑，2015，33 （7）：22–25.

[12] 郑忠，杨洋 . 南京城市历史文化资源的保护与利用：兼与上海城市之比较 [J]. 南京社会科学，2003 （3）：91–94.

[13] 伍乐平，张晓萍 . 国内外"文化空间"研究的多维视角 [J]. 西南民族大学学报（人文社科版），2016，37 （3）：7–12.

[14] 陈星，杨豪中 . 非物质文化遗产保护及历史地段更新研究 [J]. 工业建筑，2016，46 （4）：44–50.

[15] 孙华 . 试论遗产的分类及其相关问题：以《保护世界文化与自然遗产公约》的遗产分类为例 [J]. 南方文物，2012 （1）：1–7.

[16] 王云霞 . 文化遗产的概念与分类探析 [J]. 理论月刊，2010 （11）：5–9.

[17] 袁磊 . 空间规划背景下历史文化空间保护利用的方向思考及探索 [J]. 中国房地产，2020 （12）：59–61.

大城市景中村的治理困境与制度优化策略
——以武汉市东湖风景区磨山村为例

陈鹏宇 洪亮平 乔 杰[*]

【摘 要】随着我国城市化水平的提升，大城市中景中村规划不再是单纯的景区村庄规划问题，而是具有了城市更新的内涵，面临着复杂的治理困境。在推动城市高质量发展和促进国家治理体系现代化的发展背景之下，需要通过制度的优化提高景中村的治理效能，实现乡村振兴。本文选取武汉东湖景区的磨山村为案例，对其治理困境和制度优化策略进行研究。具体包括：①提出磨山村治理困境，包括规则困境、利益困境、参与困境三方面，揭示了景区保护、村庄发展、城市发展之间的矛盾；②针对治理困境从管理规则、管理体系、公众参与三方面提出制度优化策略，发挥制度的激励和约束功能以推动景中村治理创新；③在回顾主要研究进展的基础上对景中村未来发展进行了有益讨论。

【关键词】景中村；治理困境；制度优化；城市更新；城中村；风景名胜区；公众参与

1 引言

截至 2021 年 8 月，我国共有国家级风景名胜区 280 处，省级风景区超过 800 处，据不完全统计，其中 72% 的风景区中含有村落，景中村治理的研究逐渐得到学者们的重视。陈继松在 2002 年绍兴市柯岩新未庄建设的研究中首次使用"景中村"的提法，杭州市政府于 2005 年在《西湖风景名胜区景中村管理办法》中首次以法规的形式对景中村的建设管理作出了规定。对于景中村的概念，学者们从区位、产业类型、管理主体等方面进行了剖析，但具体定义仍存在争议。笔者认为景中村尤其是城市内的景中村其内涵主要包括三方面：空间形态上，与景区自然环境相融合，具有明显的村庄肌理，通过道路与城市相连但形态异于城市（图 1）；社会组织上，突破了宗族聚居的熟人社会网络，形成了外来人口混入的社区模式，管理上同时受景区管委会和村集体领导；产业发展上

图 1 景中村与城市的空间肌理差异
（来源：谷歌地图）

---

* 陈鹏宇，华中科技大学建筑与城市规划学院城乡规划学硕士研究生。
洪亮平，华中科技大学建筑与城市规划学院教授、博士生导师。
乔杰，华中科技大学建筑与城市规划学院规划系讲师。

以第三产业为主，第一产业为辅，村民外出打工多，具有城中村的特征。

目前学界对于景中村的研究集中于"景"与"村"的关系和建设营造方法上。郑捷从建筑与景观设计的角度，提出景中村要与景区整体风貌和空间意境相协调；李王鸣研究了景中村空间与社会网络的演变特征，归纳了景村矛盾并提出空间和谐发展的策略；黄诗琴提取了景中村的景观基因，通过构建派生模型对村庄文化保护与传承进行了探讨；樊亚明基于"景村融合"，提出景中村规划设计路径可以从空间布局优化、旅游产品打造、配套设施提升等方面进行完善；保继刚认为借助风景区的旅游资源，可以合理引导乡村走向新型城镇化的道路，但是这个过程需要政府的规划引导和政策干预。对景中村治理困境的研究上，陆建城从产权理论的视角，总结了景中村所面临的权力不均衡问题并提出相应的优化策略；朱教藤通过景中村微改造的实践，认为景中村改造面临着资金、产权、补偿、利益协调四种困境。

随着我国城市化水平的提升，城市尤其是特大城市的建设用地不断扩张，原本位于城市边缘区的风景名胜区逐步转变为市区型风景名胜区，而位于其中的景中村治理也不再是单纯的景区村庄规划问题，而是具有了城市更新的内涵。大城市景中村治理面对着复杂多元的问题，实际上已经出现了一系列治理困境，已不单单是规划技术能解决的。在以存量规划为主推动城市高质量发展和促进国家治理体系现代化的发展背景之下，需要制度创新引领城市更新，通过制度的优化提高景中村的治理效能。基于此，本文选取位于武汉东湖景区的磨山村为案例地，通过对其景中村治理困境的研究，提出相关制度优化策略，以期完善我国景中村治理的理论研究，同时对其他大城市景中村规划提供借鉴。

2　研究对象与研究方法

2.1　研究对象

武汉东湖风景名胜区简称东湖景区，是首批国家重点风景名胜区、国家5A级旅游景区，位于武汉市中心城区东部，占地面积61.86km²。东湖风景秀美，历史悠久，景区内名胜古迹众多。近年来，随着武汉城市建设用地快速增长，东湖逐渐被扩张的城市地域包围，成为武汉第二大的城中湖，东湖景区内的村庄发展迎来新的机遇与挑战。

磨山村占地133hm²，包括方家村、西头村、沙湾村、茅屋岭村四个村湾，村内有城市干路两条，包括东西向的八一路和南北向的鲁磨路（图2）。磨山村位于东湖景区南部，北接东湖，南连中国地质大学和华中科技大学，距离光谷2km。作为东湖景区的"南大门"，独特的区位造就了其景中村与城中村的双重身份（图3）：一方面，磨山村是东湖六大景区之一喻家山景区的重要组成部分，由景区管委会管理并纳入风景名胜区规划，

图2　磨山村范围
（来源：作者自绘）

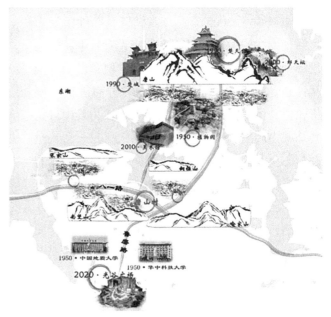

图3　磨山村与东湖景区和光谷广场的区位关系
（来源：作者自绘）

是典型的景区村庄；另一方面，磨山村位于武汉市中心城区内，实行土地集体所有制和村民自治，发展方式和阶段异于城市，有着鲜明的城中村属性。双重身份的磨山村在更新与发展的过程中受到了管理制度的制约，亟须进行制度创新以解决当下的治理困境。

2.2　研究方法

（1）问卷调研

笔者于 2021 年 4 月~8 月进行多次实地调研，对磨山村村民进行问卷发放，回收有效问卷共计 100 份。问卷主要涉及村民社会资本情况、土地（宅基地）使用情况、收入支出及生计情况、对城市更新和景区保护的态度等内容。

（2）深度访谈

与磨山村规划密切相关的 20 名个体进行深度访谈，包括 5 名村民、8 名租客、2 名村委工作人员、5 名游客。深度访谈的主要内容是围绕个人基本信息、磨山村发展中的问题、意见与建议来展开。通过半结构式访谈，探索不同主体在磨山村更新中的利益诉求以及对制度优化的看法和建议。

（3）文献研究

对上位规划、相关政策文件、学术文献、网络资料等进行文献研究，对现状调研进行补充，从而全面了解磨山村的发展背景和治理困境。

3　磨山村的治理困境

磨山村治理中同时需要解决城市更新、村庄发展、风景区保护的复合型难题，其治理困境笔者总结归纳为三方面：规则困境、利益困境、参与困境。

3.1　规则困境：村庄发展与景区保护的矛盾

磨山村位于东湖景区内，其村庄建设受上位规划、相关法律规范与管理程序等"景区规则"的严格控制。①上位规划中，《武汉东湖风景名胜区总体规划（2011—2025 年）》中对磨山村有着详细的功能分区：西头、方家、茅屋岭三个村庄为控制型村庄，沙湾村为集聚型村庄，其余区域主要分为自然景观保护区、风景游览区、发展控制区（图 4）。控制要求可以概括为生产及经营性设施建设控制、保留原有村庄布局和用地、限制村庄发展规模、村庄需与风景名胜区环境相协调等。②相关法律规范方面，《武汉东湖风景名胜区条例》第十九、二十条中规定了风景区内村（居）民住宅建设应当符合规划要求，同时应与环境相协调，违法建设应拆除或迁出。此外，武汉市开展的湖泊"三线一路"保护中对湖水蓝线、植被绿线、建筑灰线进行划定，在明确湖泊保护范围的同时提出建筑灰线原则上距湖泊蓝线不高于 200m，因此磨山村临湖地段由于蓝线管控，不得开发与建设。③管理体制上，东湖景区由市政府及东湖管委会执行景区管理工作，但在实际执行中，往往不同资源仍然隶属于不同部门管理，例如自然保护区归林业部门管理、文保单位归文化部门管理、景区规划由自然资源部门管理，管理体制复杂，管理机构多个。磨山村内有大量建设用地和农用地资源，建设用地多分布于地块内部以及临湖位置，农用地多分布于鲁磨路东侧，分布不合理（图 5）。农用地转用手续需要在省林业局审批，审批程序繁琐，造成了"建设用地不好用，农用地不能用"的局面。以上一系列"景区规则"实际上划定了景中村发展权利边界，构成了对村民发展的限制，反映了村庄发展与风景区保护之间的矛盾。

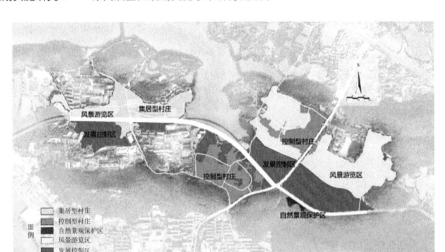

图4　上位规划对磨山村的保护功能分区
(来源：作者自绘)

图5　磨山村土地利用情况
(来源：作者自绘)

3.2　利益困境：村庄发展与城市发展之间的矛盾

磨山村位于武汉光谷北，毗邻两所大学，交通方便，区位优越，土地经济价值的上升激发了磨山村的利益困境。①产权难题：因为"景区规则"的限制，风景区土地无法出让，市场主体无法有效地介入，村民为了自身的发展权选择自发地与市场发生联系，主要收入来源为外出打工、租赁、开店。建筑面积的扩大可以直接增加村民收入，因此磨山村房屋扩建情形比比皆是，居住密度十分拥挤，并对耕地资源、水体、公共空间进行无序侵占（图6）。这就出现了集体经济组织内的违法建筑的认定问题和土地产权的划分问题，再加上复杂的租赁关系，造成了土地产权难以厘清的局面。②资金难题：由于景中村自身的复杂情况以及对风景名胜区土地禁止出让的规定，市场主体对于磨山村建设用地望而却步，磨山村改造中可以借助的市场融资渠道狭窄。但无论是微改造还是整体改造，磨山村更新均需要一笔巨大的补偿费用，这无疑会增加规划实施的难度。村庄周边地块快速发展和村民发展缓慢的情况促使利益困境进一步加剧，村民不断侵占景区公共空间，本质上同资本不断剥取城市空间剩余价值进行"空间谋利"类似，这体现了村庄发展与城市发展之间的矛盾。

图 6　磨山村鸟瞰图
（来源：作者自绘）

3.3　参与困境：利益涉及程度与话语权不匹配的矛盾

磨山村现居住本村村民 1566 人，外来人口 11010 人，租户占比约 87.5%，租户们希望在城市寻得一个安居乐业之所，他们的权益被损害会对城市的发展造成不可磨灭的影响。由此可见，磨山村不仅居住拥挤而且已成为一个混居社区，解决村内外来人口社会隔离的问题同样迫在眉睫。村内现状居住条件较差，基础设施不完善，安全隐患问题比比皆是，有 71% 的受访租户认为磨山村的居住环境亟须改善，其中 80% 的受访者希望通过微改造的方式改善居住环境。磨山村的治理和发展与租户密切相关，建设改造活动直接影响着租户的日常生活，但在规划中租户的话语权往往不被重视，有 65% 的受访租户认为自己并没有发声渠道。这主要揭示了现有公众参与制度不完善和村集体管理职能发挥不充分两方面问题。一方面，现有的公众参与按照村庄规划中的管理办法实行，即在规划编制完成后对全社会进行公示，随着居民产权意识的提升，单纯的规划编制完成阶段的意见反馈已经不能满足居民需求。《21 世纪议程》中提出每个公民都有对生存环境的知情权和决策权，存量规划背景下景中村更新的话语权体系亟须重构，要接收不同利益主体的诉求与建议。另一方面，不同于城市社区管理的管理权限，村集体在景中村治理中具有较大的事权和话语权，但由于规则和资金等困境以及自身管理水平限制，磨山村集体在村庄管理工作中显得有心无力且效率低下。

4　制度优化策略

城市的建设与发展需要在制度"管"与"放"的框架下实现，城市制度的创新对城市各区域的建设发展具有引领性和约束性的意义，通过激励和约束手段以带动治理实践的创新。本文将针对磨山村治理困境进行梳理，相应从管理规则优化、管理体系优化、技术优化三方面，提出景中村治理的制度优化对策。

4.1　管理规则优化策略

东湖景区的"景区规则"应兼顾人的发展诉求与景的保护要求，"一刀切"和模糊不清的条款都会损害居民的发展权，因此在制定相关规划及法律规范时应把握好刚性与弹性，并在程序制定上满足城市发展的需求。首先，为了应对城市发展中不断产生的新的"人—地""人—人""人—景"矛盾，需要更具弹性的制度设计以管控"存量建设—生态保护"复合的城市系统，给予土地使用、景区保护、设施建设以更多灵活性，对于景中村制度的设计尤其应关注当地居民的核心关切。其次，在利益问题上应借助刚性控制手段以保证管理规则的有效性和完整性，不能"说而不明"。例如在利益补偿上，应通过立法的形式明确补偿的主体、范围、方式，健全多元化的补偿机制，切实保护居民的财产利益；在违法建筑的处理上，落实国家"一户一宅"政策，对违法建筑进行明确规定，制定好相关处理措施并严格执行。最后，应优化城市管理程序，推进政府机构改革，明确各部门管理权限，简化审批程序，提高规划管理效率。

4.2　管理体系优化策略

在"规划师—村集体—管委会"的规划管理体系中，村集体在景中村治理中有着不可或缺的价值。伴随景中村外来人口增多，血亲聚落衰败的同时社区文化逐步兴起，村民自治逐步向社区化管理过渡，村集体职能由过去的村庄"领导者"逐渐转变为社区"管理者"。这要求村集体不仅要代表村民的利益，更需要关注所有景中村居民的切身关切，同时要提升景区保护和法律意识，辅助管委会对村庄进行有效治理。应进一步优化城市治理结构，推进建设扁平化的管理体系，通过政策、资金、技术、人才的支持，促进村集体的自主性建设，优化村集体管理队伍和管理水平。由村集体带领居民制定村庄管理条例，通过"共同缔造"管理规定形成集体约束，互相监督，共同促进景区空间再生产的外部效应正向化，保护景区自然生态的同时改善村庄的人居生活环境。

4.3　公众参与优化策略

在城市更新的背景下，公众参与景中村治理的过程同样是社会关系再造的过程，需要重新思考"人—制度—空间"的关系。首先，优化管理规则与管理体系，关注弱势群体的利益，保障居民的知情权、监督权、发展权，政策适当倾斜以保障居民与景区的互利共生关系，帮助居民找到经济增收方法，确立合理的利益分配机制。其次，通过立法的手段赋予公众参与更多渠道，通过居民自发合理的更新行为合法化提高居民参与规划实施的可能性，促进居民积极参与景区保护与更新改造工作，确保居民在景中村规划决策阶段发挥作用。最后，在参与式规划治理的过程中优化景中村的权力结构和治理能力，建立各个主体良好的沟通机制和合作关系，借助互联网和新媒体广泛地集中各主体的意见和力量，提高公众参与的深度和广度，实现治理主体多元化。

5　结论与讨论

当下无论是在城市规划还是风景区规划中，对景中村的规划管理工作均缺少重视，这使得景中村不仅是景区生态脆弱区而且还是城市规划管理的"盲区"。本文基于武汉东湖景区的磨山村治理困境的研究，提出了相应的制度优化对策，研究发现：①目前对景中村的研究集中于景村风貌协调和规划设计方法上，缺少对大城市景中村治理困境形成机制和制度上对应策略的研究；②磨山村的治理困境包含规则困境、利益困境、参与困境三方面，主要揭示了景中村治理在景区保护、村庄发展、城市发展之间的矛盾；③景中村制度优化应该从管理规则、管理体系、公众参与三方面入手，发挥制度的激励和约束功能以推动景中村治理创新。

值得注意的是，城市内景中村是诞生于我国的城乡二元体制和风景名胜区保护制度的特殊现象，其本身具有"景区"与"城中村"两种属性，当前制度下不同主体的权力失衡问题以及村庄发展、城市发展、景区保护三者之间的矛盾导致景中村治理陷入困境。因此，运用中国理念治理中国问题是景中村治理的题中之意，目前广州、深圳、杭州等城市在景中村的治理实践上已有一定探索，制度优化和公众参与是治理优化的关键。"人民城市人民建，人民城市为人民"，发挥人民的力量，提出中国之治在城市维度的表达，应当是未来景中村规划乃至城市更新的发展方向。后续研究希望通过对其他城市的实践创新进行总结，对景中村困境形成机制进行反思和分析，加强对景中村管理制度和规划实施的研究，以期优化景中村治理能效，形成我国景中村治理的技术逻辑和有效路径。

参考文献

[1] 陆建城，罗小龙．多因素影响下景中村群体特征与规划启示：以西湖风景区为例[J]．风景园林，2020，27（8）：91-96．

[2] 陈继松．柯岩·新未庄建设见与感[J]．城乡建设，2002（7）：52-54．

[3] 张琦．景中村居民点综合整治规划布局优化研究[D]．杭州：浙江大学，2014．

[4] 张晨．景中村发展规划策略研究[D]．杭州：浙江大学，2013．

[5] 陈双，王小飞．复杂系统视角下的景中村改造与可持续发展研究[J]．中国集体经济，2010（6）：16-17．

[6] 侯雯娜，胡巍，尤劲，等．景中村的管理对策分析：以西湖风景区为例[J]．安徽农业科学，2007（5）：1348-1350．

[7] 李王鸣，高沂琛，王颖，等．景中村空间和谐发展研究：以杭州西湖风景区龙井村为例[J]．城市规划，2013，37（8）：46-51．

[8] 郑捷，陈坚．心相的呈现：浙江杭州灵隐景区法云古村改造设计[J]．建筑学报，2012（6）：82-84．

[9] 黄琴诗，朱喜钢，陈楚文．传统聚落景观基因编码与派生模型研究：以楠溪江风景名胜区为例[J]．中国园林，2016，32（10）：89-93．

[10] 樊亚明，刘慧．"景村融合"理念下的美丽乡村规划设计路径[J]．规划师，2016，32（4）：97-100．

[11] 保继刚，孟凯，章倩滢．旅游引导的乡村城市化：以阳朔历村为例[J]．地理研究，2015，34（8）：1422-1434．

[12] 陆建城，罗小龙，张培刚，等．产权理论视角下景中村治理困境与优化路径：以西湖风景名胜区为例[J]．现代城市研究，2020（8）：75-80．

[13] 梁建豪．市区型风景名胜区景中村风貌规划研究[D]．广州：华南理工大学，2020．

[14] 王世福，易智康．以制度创新引领城市更新[J]．城市规划，2021，45（4）：41-47．

[15] 祝九胜，周彬．武汉市湖泊蓝线管理的几点思考[J]．中国水利，2017（18）：12-13．

[16] 金一，严国泰．基于社区参与的文化景观遗产可持续发展思考[J]．中国园林，2015，31（3）：106-109．

[17] 卓健，孙源铎．社区共治视角下公共空间更新的现实困境与路径[J]．规划师，2019，35（3）：5-10．

[18] 曾彩琳．风景名胜区保护利用与居民权益保障的冲突与协调[J]．中国园林，2013，29（7）：54-57．

[19] 阳建强．社区营造与城市更新[J]．西部人居环境学刊，2018，33（4）：4．

[20] 张若曦，王勤，殷彪．公众参与视角下旧城社区更新规划的转型与应对：以厦门沙坡尾社区为例[J]．西部人居环境学刊，2019，34（5）：18-26．

[21] 杨晓春，宋成，毛其智．从"120计划"事件看规划公众参与的制度创新[J]．规划师，2018，34（9）：130-135．

[22] 吴金镛．台湾的空间规划与民众参与：以溪洲阿美族家园参与式规划设计为例[J]．国际城市规划，2013，28（4）：18-26．

[23] 陈荣卓，肖丹丹．从网格化管理到网络化治理：城市社区网格化管理的实践、发展与走向[J]．社会主义研究，2015，（4）：83-89．

冬奥社区规划治理实践研究
——大事件下的老旧小区更新模式探索

陈宇琳 洪千惠*

【摘　要】冬奥社区是我国特有的奥运社区类型，是宣传奥运文化的重要阵地和全民参与冬奥的示范窗口。冬奥社区的建设体现了国家意志和地方社区的互动，是大事件下老旧小区更新的一次探索，也是一个观察老旧小区更新策略的天然实验场。本文以我国首个冬奥社区——与冬奥组委会毗邻的北京市石景山区广宁街道高井路社区为研究对象，对冬奥会大事件下老旧小区更新的规划治理实践进行研究。本文首先对冬奥这一外来元素植入老旧小区更新的做法进行梳理，分析其融合的效果；其次对全方位的冬奥社区更新策略进行评价，并结合典型案例，分析差异化实施进展的原因；最后基于冬奥服务社区的理念，提出冬奥社区建设的规划治理对策建议。

【关键词】冬奥会；冬奥社区；老旧小区；社区更新；大事件

1　研究背景

举办奥运会对于任何一个城市及其所在国来说都是无上的荣誉，因而常常被视为一项国家使命；而奥运会的公共事件属性又决定了城市市民在是否申办以及如何承办等决策过程的重要地位。国家意志和地方社区的互动一直是奥运建设的一个重要命题。历史上，不少城市由于建设奥运场馆影响原住民生活、奥运场馆赛后利用不足等问题饱受公众诟病，甚至还有一些城市由于市民反对而不得不退出奥运会申请程序。为了更好地发挥奥运会对主办城市的积极作用，国际奥委会于 2014 年通过《奥林匹克 2020 议程》，提出维护奥林匹克价值观，加强体育在社会中的作用，并强调将可持续理念贯穿于奥运会的各个方面。随后，国际奥委会和经济合作与发展组织于 2019 年达成备忘录，计划开发工具来评估全球事件对当地发展和公民福祉的贡献。

奥运遗产概念将奥运会大事件与主办城市连接了起来，它是指奥运会在会前、会中和会后为主办城市及其市民以及奥林匹克运动创造的长期效益，既包括有形遗产，也包括无形遗产，一般包含体育、社会、环境、城市、经济等 5 个方面。为了创造更广泛、更持续的奥运遗产，我国在人们熟知的奥运场馆、奥运村基础上，创造性地提出"奥运社区"概念，以促进奥林匹克运动更好地融入社区。目前我国已设立两个奥运社区，分别是 2008 年北京奥运会期间在奥组委所在地东城区东四街道设立的奥运社区，以及 2022 年北京冬奥会期间在与冬奥组委会毗邻的石景山区广宁街道高井路社区设立的冬奥社区。奥运社区既是宣传奥运文化的重要阵地，又是全民参与奥运的示范窗口。

---

* 陈宇琳，清华大学建筑学院，副教授。
　洪千惠，清华大学建筑学院，研究生。

本文将以高井路冬奥社区为研究对象，对冬奥会这一大事件下老旧小区更新的规划治理实践进行研究。冬奥会这一体育盛事与社区建设相结合，是大事件下老旧小区更新的一次探索。冬奥社区称号的授予，极大地加速了高井路社区更新的进程，从而为我们提供了一个观察全方位老旧小区更新策略的天然实验场。为此，本文试图回答以下两个研究问题：（1）冬奥元素是如何介入老旧小区更新的？融合效果又如何？（2）在诸多老旧小区更新策略中，哪些策略实施的效果更好？原因是什么？下文首先是文献综述，其次介绍研究案例和研究方法，之后将系统梳理冬奥社区更新手段，并从冬奥元素植入成效、老旧小区改造成效两方面进行评估，探寻冬奥建设与社区更新的契合点，最后提出冬奥等大事件在社区发展过程中的合理定位及相应的社区更新对策建议。

2 文献综述

奥运建设相关研究主要包括两个方面。第一方面是奥运城市和奥运社区建设的主要内容，在物质空间方面，举办城市需按时完成场馆建设、修复区域生态、完善交通住房医疗等各项基础设施，并增设健身器材与活动场地，美化城市形象；在经济文化方面，举办城市应抓住赛事机遇，调整产业结构，搭建民意互动平台，并适时推广体育文化、环保文化、志愿文化，营造奥运氛围。对于我国特有的奥运社区，有关"奥运进社区"的思考最早始于北京 2008 年奥运会筹办期间，蔡满堂呼吁奥运文化宣传应深入社区，提高全民参与意识，郑杨、杨圣博等人提出人文奥运社区建设的构想，还有学者总结了小黄庄小区建设"绿色奥运"、大屯街道建设"安全社区"、海淀区"安全办奥"的举措和经验。

第二方面是对奥运建设的评价，国内外学者研究发现，奥运主题城市建设需要在紧张的工期内完成大量工程，往往难以精确匹配民生所需。吴丽平对东四街区奥运社区的调研发现，街区环境整治改善了各项基础设施，但也提高了居民的生活成本，居委会组织的体育活动获得了居民的参与，但奥运元素并未真正深入人心。还有不少学者关注了体育设施的建设情况。方小汗基于对 2008 年以后的社区体育领域重要文献的综述发现，在后奥运时代，社区体育仍是我国体育建设的薄弱环节。荣湘江对北京亚运村的调研发现，半数以上居民对社区体育设施不满意，奥运健康遗产并未深入社区。梁婷玉等人通过问卷、访谈等方式研究后奥运时期安徽芜湖市社区居民健身情况，发现中青年人参与体育活动不足，社区体育场地有限。

综上，奥运建设能否匹配市民需求是奥运建设的一个重大挑战，既有研究已从多角度分析了奥运社区建设的具体内容，但对于奥运社区建设的系统评价还很不足。与以历史街区为特征的东四街道奥运社区相比，以高井路冬奥社区为代表老旧小区是我国城市社区的主要类型，对它开展研究有助于深化对我国城市更新工作的认知，并可为大事件下的城市更新实践提供实证案例借鉴。

3 研究案例与研究方法

本文研究的案例高井路社区隶属于北京市石景山区广宁街道，距冬奥组委办公地首钢 2.5km（图 1）。辖区面积 1.065km²，现有常住人口 4730 余人，其中 60 岁以上老年人口占比达 30%，流动人口占 31%。高井路社区是典型的老旧小区，在房改之前是京西电厂的配套家属院，由 28 栋楼房和 5 片平房区构成，住宅院落沿高井沟和高井路两侧呈带状分布（图 2）。在住房方面，除 29 号院以外，其余住宅小区均建成于 20 世纪 90 年代以前，且存在缺少电梯、管线老旧、屋顶漏雨、墙体脱落、公共空间及配套设施不足等问题；在居民方面，居民老龄化程度高、收入偏低、对旧单位认同感强、邻里之间较熟悉；在环境方

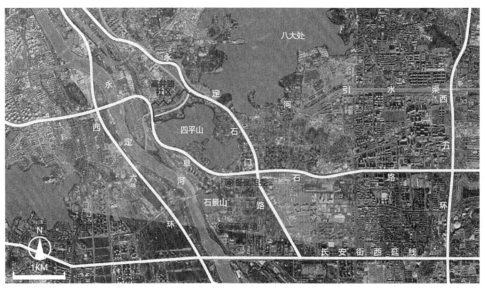

图 1 广宁街道高井路社区区位分析
（来源：广宁街道冬奥社区综合方案）

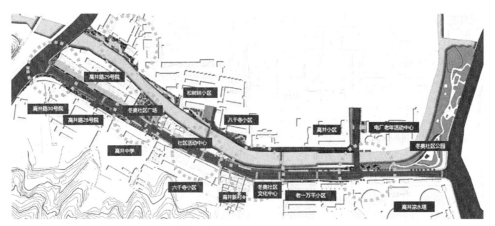

图 2 高井路社区总平面图
（来源：广宁街道冬奥社区综合方案）

面，社区设备老化、配套不全、停车问题较为突出、物业管理不足。可以看出，高井路社区具有较为典型的老旧小区特征。

举办冬奥会、奥运会等大型体育赛事，对城市的设施、环境、文化、制度等提出了较高的要求，相关城市建设、整治提升工作均由政府主导，时间紧、任务重。冬奥社区的建设亦是如此。高井路社区自2019 年 05 月 11 日被授予"冬奥社区"称号以来，积极开展环境改善和社会治理提升工作，同步推进高井沟治理、高井路整治、老旧小区有机更新等节点工程，并于 2021 年 2 月设立冬奥社区建设现场指挥部，全面统筹指导高井沟治理、街区环境提升、老旧小区改造、拆违治乱、规划治理等几个工作组的工作开展。

笔者在冬奥社区更新项目中负责规划治理工作，从 2021 年 2 月以来持续深入社区现场，收集工程建设与居民反馈的第一手资料。其中，高井路社区环境提升方案从街道、设计方提供的相关电子图纸、文本中获取。老旧小区改造成效指项目进展，主要通过现场跟进项目施工进度、与街道负责人访谈进行评估。冬奥元素植入成效指冬奥元素的融合度，即居民对冬奥主题建设的欢迎度、对冬奥主题活动的参与度，主要通过问卷调研、线上设施需求调查、线下参与式设计等方式进行评估。其中问卷调查主要了解居民参与社区活动的情况、对社区环境的满意度、对社区文化建设的建议和个人信息等内容。线上设施需求调查采用青年人友好的方式，邀请居民通过智能手机在开放地图平台上选择社区需要增设或改善的设施，如座椅、健身器材、儿童游戏场、公共厕所、绿化水景等。线下参与式设计以老年人和儿童友好的方式，邀请居民将设施需求写在便利贴上，并粘贴到实体社区模型中。调查于2021年4月至5月开展，清华大学学生访员于工作日和周末前往各小区院内开展问卷调查和设施需求调查，问卷数量根据各个小区人口占比确定。最终，获得有效问卷221份、设施需求提案106条。

4 冬奥元素与社区建设的融合分析

4.1 冬奥介入社区建设的方式

根据对冬奥社区建设项目的梳理，可将冬奥介入的社区建设归纳为四个方面（表1）。首先是民生改善。入选冬奥社区为高井路社区提供了一次宝贵的改造提升契机，政府提供的资金支持和来自专业团队的技术支持有效地保障了老旧小区改造、架空线入地等基础民生工程的全面开展和落地实施。第二是设施建设。为了宣扬体育精神、鼓励全民健身，冬奥社区在十分有限的社区范围内对公共空间进行了发掘与整合，增设了丰富的运动场所和健身设施，如打通高井沟两侧长达1.7km的健身步道，将原先位于小区内部的广场改造提升为面向全民开放的健身广场，并新建了冬奥社区公园和麻峪工贸公园等开敞空间。第三是景观提升。一方面是配合冬奥会烘托冰雪氛围，如设置冬奥吉祥物"冰雪门户"，并在重要空间节点如社区活动中心的立面设计中体现冬奥元素；另一方面是改造提升社区外部公共空间的景观环境，包括小区立面改造、街道立面提升、高井沟生态修复等工程，在设计中采用了以白、蓝为主色调的流线型的现代风格。第四是活动开展。社区组织开展了滑雪、冰壶等冰上体育运动体验活动，并发动社区居民和文艺队开展冬奥主题艺术作品制作、冬奥社区主题曲创作、冬奥志愿者培训、冬奥知识普及等多种活动。

冬奥介入社区建设的主要方式

表1

社区建设方面	冬奥介入社区建设的内容	实施要点
民生改善	为基础民生工程提供资金支持，并结合冬奥会时间节点推进工程实施	短期事件与长远民生结合
设施建设	新建或改造健身步道、健身广场、公园等体育设施	设施功能与民众需求匹配
景观提升	设置冬奥吉祥物，并在公共空间和相关设施设计中体现冬奥元素和现代风格	全球符号与地方特色融合
活动开展	组织开展冬奥主题相关的体育、文化、艺术和志愿活动	青年群体与老年群体兼顾

4.2 融合效果分析

从融合效果来看，冬奥社区建设中的民生工程比例高、施工难度大，但街道和社区仍然全力推进，很好地处理了短期冬奥大事件与社区长远发展之间的关系。民生改善工程的实施为全体居民带来了生活品质的切实提高，得到居民的广泛赞许，也拉近了街道、社区与居民之间的距离。

公共空间中的健身设施建设也获得了居民的普遍认可。问卷结果显示，在居民最常去的公共活动空间中，健身步道位居第一，比例达59%（图3）。当被问及最希望冬奥文化在哪些场所体现时，广场公园、体育活动设施的比例最高，分别为43%和41%（图4），与社区建设工作一致。当然，居民也提出了更高的要求，认为体育设施需要结合老旧小区老年居民的需求进行适老化调整。例如，在社区设施需求调查中，不少老年居民提出冬奥特色的流线型座椅是年轻人设计的，需要考虑老年人靠背的需求；建议增加

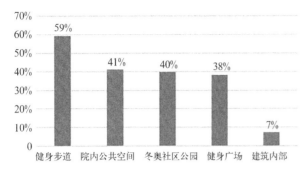

图3 居民最常去的公共活动空间

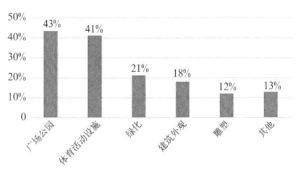

图4 居民最希望冬奥文化体现的公共空间

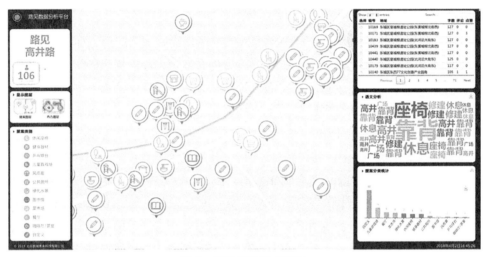

图5 居民设施需求调查

健身步道沿线的健身器材数量，因为老年人走一段路就需要休息，如果加密健身器材，就能边休息边锻炼；并希望小区院增设健身器械，为那些出不了院子的老人提供锻炼机会；此外，还建议在冬奥主题儿童游戏场内，增设看护小孩的休息空间（图5）。

在景观提升方面，居民对冬奥元素如何融入社区进行了讨论。一方面，居民为自己的社区能够入选冬奥社区感到自豪，对冬奥会充满期待；另一方面，居民也认为社区景观不应该只有冬奥一种元素，毕竟冬奥会只是一场体育赛事，高井路社区有自己悠久的历史和独特的文化。为此，课题组于2021年5月组织开展了"社区印象"民意征集活动。从电厂路小学学生提交的近百幅作品中可以看出，居民心目中的社区意象包括四平山、高井沟等自然要素，也包括电厂、凉水塔等工业基因，当然，随着冬奥主题活动的开展，冰墩墩、雪容融冬奥吉祥物，以及健身步道、滑雪场、冬奥公园等冬奥设施也出现在画作中（图6）。这次民意征集活动，提炼了社区特色，凝聚了居民认同，同时也为社区墙绘提供了素材。

冬奥主题的社区活动也得到了居民的支持。在综合性的社区邻里节之外，体育类活动最受欢迎。问卷结果显示，滑雪和冰壶是居民参与最多的冬奥活动，比例分别为18%和15%（图7）。在2020年春节期间，社区利用高井沟内的公共空间，兴建起长50m、宽20m、高3m的滑雪体验场，并设置雪上陀螺、冰壶等游乐项目，吸引了居民的广泛参与。但也有居民反映，在滑雪场活动的主要是儿童，老年人的参与度较低，并且滑雪场由于疫情影响限制人流，也影响了活动的参与面，问卷显示仍有超过一半的被访居民没有参与过冬奥社区活动。

图6　冬奥社区"社区印象"民意征集活动的作品

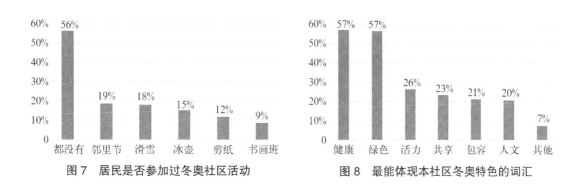

图7　居民是否参加过冬奥社区活动　　　　图8　最能体现本社区冬奥特色的词汇

　　总而言之，充足的体育设施、良好的人居环境、丰富的社区活动、广泛的居民参与，是高井路社区居民对本社区冬奥特色的愿景，也是冬奥文化嵌入社区建设的结合点。当被问及最能体现本社区冬奥特色的词汇时，超过半数的受访居民选择了"健康"和"绿色"，还有约1/4的居民选择了"活力"和"共享"（图8）。

5　冬奥社区更新策略实施评价

5.1　冬奥社区更新策略

　　冬奥社区的更新策略可以根据空间范围分为小区内部更新和小区外部公共空间更新两部分。小区内部更新的方式与我国大多数的老旧小区改造类似，在建筑物内包括更新上下水管线、完善无障碍设施等，在小区内院包括开展停车管理、完善绿化景观、修补破损地面等。小区外部公共空间更新则围绕高井路和高井沟两条平行的社区骨架展开。在高井路两侧开展街区环境提升工作，通过架空线入地、更新建筑立面、增设景观照明、新建活动中心等举措，改善高井路沿线的功能与风貌；在高井沟沿线，通过修复水生态、盘活滨河小型绿地、打通滨水步道、改造三座桥梁，构建开放连续的公共景观系统。

5.2　实施效果评价

已有研究发现，除客观原因导致的施工难度以外，老旧小区改造的主要难点包括资金匮乏、运作模式复杂、产权关系复杂、居民社会关系复杂等问题。在冬奥社区建设过程中，建设资金相对充足，两年来通过向政府申请专项经费获得资金支持近两亿元，用于高井路社区各项环境提升工程和冬奥相关活动开展。同时，广宁街道和高井路社区居委会建立了多方参与的社区治理运作模式，通过居民调查和民意征集等方式广泛听取民意，并邀请多个专业的规划设计建设团队指导冬奥社区建设工作的开展。因而，在本项目中，产权关系（公共产权／居民私有产权）与居民社会关系（对居民利益有相同影响／不同影响）是影响

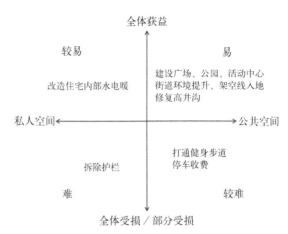

图 9　社区更新策略实施难度分析框架

老旧小区改造进度的主要因素。为此，根据空间的私人／公共属性，以及利益的获得／受损情况，构建社区更新策略实施难度分析框架，对冬奥社区各项更新策略的推进情况进行分析（图 9）。

在私人产权区域的改造中，若对各居民利益有相同的积极影响，则该项目较易完成，如对老旧小区建筑内部水电暖等基础设施的提升工程。尽管各小区的上下水设施更新涉及每一户的卫生间改造，需征得大多数住户的同意，在前期的民意调研方面需耗费较多时间，但上下水设施更新由政府出资，且能够显著改善居民的生活品质，因此多数居民能够对施工期间带来的不便表示理解，因而项目后期的施工推进得十分顺利。

反之，若对各居民利益有不同的影响，甚至有损于居民利益，则对属于私人产权区域的改造难以推行。在建筑立面改造项目中，冬奥社区原本计划采用我国城市社区通常采用的立面改造方案——拆除住宅的窗外护栏。但在实施过程中，这一方案遭到了九成以上居民的反对，多次做思想工作也不奏效。街道工作人员了解到，在护栏内杂物堆积固然有失美观，但老旧小区住房面积小，储物能力十分有限，拆除护栏不可避免会给居民生活带来不便。最终，社区没有简单地采取一刀切拆除的做法，而是通过评选"最美阳台"、开展废旧物品兑换礼品等活动，引导居民主动清理护栏内的垃圾，从而达到不拆护栏也能改善社区环境的效果。广宁街道副主任盛敏前在访谈中说，"护栏是我们老旧小区的一大特色，是老百姓真实生活场景的体现，拆掉护栏反而不能代表我们老旧小区了！"

对属于公共产权区域的改造，若对各居民利益有相同的积极影响，则该项目容易推进，如冬奥文化健身广场、社区活动中心和社区公园的建设，街道环境提升、架空线入地等工程。其中，冬奥文化健身广场改造的成效较为突出。该广场位于高井路中部，是居民最主要的户外公共活动场所，其改造工程获得了广大居民的关注，有上百位居民参与了多方案比选环节，并对于广场的具体改进提出了增设儿童游戏场、平整地面铺装、丰富景观绿地、完善夜景照明等高度一致的诉求，为设计提供了重要参考。广场正式启用后，立刻成为社区最热闹的公共活动场所。

反之，若对各居民利益有不同影响的公共产权区域改造较难推进。例如，小区内院的停车收费问题一直难以解决。拟实施的停车管理方案规定，对同一社区但非本小区住户的车辆将比本小区住户的车辆缴纳更高额的停车费。这一方案对本小区的住户有利，但对于其他小区的住户不利。事实上，由于各小区本身停车位数量、车主数量的不同，一些小区的车位资源比其他小区更加紧张，车主常需将车停放在自己不居住但车位数量相对宽裕的小区中。因此，现有停车收费方案遭到较多居民的反对，解决方案目前仍在探讨中。

6 结论与讨论

本文以高井路冬奥社区为研究对象，对冬奥会大事件下老旧小区更新的规划治理实践进行研究。首先，本文总结了民生改善、设施建设、景观提升、活动开展四类冬奥介入社区建设的方式，并通过对融合效果的分析，提出大事件下的老旧小区更新的实施要点：在民生改善工程中，应注意短期事件与长远发展的结合；在设施建设中，应加强设施功能与民众需求的精准匹配；在景观提升时，应注重将全球符号与地方特色进行有机融合；在活动开展过程中，应兼顾青年群体与老年群体，扩大活动的覆盖面。其次，本文分析了冬奥社区各项更新策略的实施情况，并通过构建社区更新策略实施难度分析框架，发现项目进度受到利益损益以及空间公私的影响：在公共空间开展的全体人群获益的项目最容易推进，而在私人空间开展的全体受损的项目最难实施。

总体而言，以冬奥为代表的大事件介入在老旧小区的长期更新过程中，起到了短期但强效的催化作用。冬奥建设由于政府关注度高、项目资金充足、民意互动积极，能够有力促进老旧小区改造。但受到冬奥社区建设周期较短的限制，改造多聚焦于改善社区公共空间、更新基础设施等短期内较易实现的项目。而对于停车管理等需要协调多方利益、建设周期较长的项目，仍需建立长效工作机制，以保障老旧小区改造全过程的有序进行。对于最难实施的全面受损的私人空间改造，冬奥社区的护栏拆除工程从最初硬性拆除转为最终柔性清理，探索了一种协商式的城市更新新思路。可以看出，冬奥社区建设并没有统一的标准，而是由政府与居民在协商过程中共同界定社区建设的任务清单，这与以往自上而下指令性的城市更新路径有显著不同，充分彰显了基层治理的自主性、灵活性和创新性，也反映出基层工作人员的智慧，其经验值得借鉴。

参考文献

[1] 胡孝乾，陈姝姝，Jamie Kenyon，等 . 国际奥委会《遗产战略方针》框架下的奥运遗产愿景与治理 [J]. 上海体育学院学报，2019，43（1）：36–42.

[2] 冯雅男，孙葆丽，毕天杨 . "无城来办"的背后：后现代城市变革下的奥运呼求：基于对《奥林匹克 2020 议程》的思考 [J]. 体育学研究，2020，34（1）：87–94，48.

[3] 徐成立，刘买如，刘聪，等 . 国内外大型体育赛事与城市发展的研究述评 [J]. 上海体育学院学报，2011，35（4）：36–41，73.

[4] 余莉萍 . 奥运会与可持续城市良性互动研究 [D]. 北京：北京体育大学，2018.

[5] 田静，徐成立 . 大型体育赛事对城市发展的影响机制 [J]. 北京体育大学学报，2012，35（12）：7–11.

[6] 林显鹏 . 体育场馆建设在促进城市更新过程中的地位与作用研究 [J]. 城市观察，2010（6）：5–23.

[7] 蔡满堂 . 走向社区的奥运 [J]. 前线，2003（5）：45–46.

[8] 郑杨 . 构建什刹海人文奥运社区 [J]. 北京规划建设，2005（4）：63–65.

[9] 杨圣博，李庚 . 人文奥运第一社区构想 [J]. 投资北京，2005（7）：49–51.

[10] 朱志胜 . 创绿色和谐社区，迎绿色人文奥运：访小黄庄居委会主任赵跃桀 [J]. 环境教育，2006（11）：32–34.

[11] 王胜 . "安全"延续奥运精神：走进全国安全社区大屯街道 [J]. 现代职业安全，2010（5）：106–109.

[12] 周东旭 . 立足本职 心系海淀 保障奥运：记海淀社区志愿者"地震应急救援"第一期培训班 [J]. 城市与减灾，2008（5）：32–33.

[13] García，Beatriz. Urban regeneration，arts programming and major events：Glasgow 1990，Sydney 2000 and Barcelona 2000 [J] International journal of cultural policy，2004（10）：103–118.

[14] 吴丽平 . 街区生活空间的变奏曲：北京东城区东四街区的历史追忆与现代重构 [J]. 民俗研究，2008（4）：102–118.

[15] 方小汗，毛文慧，于甲青 . 后奥运时期我国社区体育研究热点分析与趋势展望 [J]. 山东体育科技，2019，41（5）：21–28.

[16] 朱稼霈，荣湘江 . 奥运典型社区体育活动组织情况及其对策研究 [J]. 沈阳体育学院学报，2007（1）：20–22.

[17] 梁婷玉，刘宏建 . 后奥运时代芜湖市社区居民健身现状的调查与分析 [J]. 中国科技信息，2012（17）：99，106.

[18] 蔡云楠，杨宵节，李冬凌 . 城市老旧小区"微改造"的内容与对策研究 [J]. 城市发展研究，2017，24（4）：29–34.

[19] 郭斌，李杨，周润玉，等 . 中国情境下的城市老旧小区管理模式创新研究 [J]. 中国软科学，2021（2）：46–56.

[20] 田灵江 . 我国既有居住建筑改造现状与发展 [J]. 住宅科技，2018，38（4）：1–5.

[21] 余猛 . 快速城镇化背景下的城中村与老旧小区改造 [J]. 景观设计学，2017，5（5）：44–51.

[22] 张文涛 . 北京市老旧小区改造工程的进度管理研究 [D]. 北京：中国科学院大学，2017.

巴黎城市更新的经验及其对国内的启示

唐傲雪*

【摘 要】城市更新与旧城改造一直是国内外城市规划师、学者和建筑师们讨论的议题。如何在保存历史街区原始风貌与城市文脉的条件下进行城市更新，怎样应用各种办法使老城区焕发新活力，是国内外学者和规划师讨论的焦点。巴黎旧城保护与城市更新经验丰富，随着各类制度和法规的建立与完善，巴黎在城市更新方面积累了很多实用的经验，本文将列举一二并讨论其对中国的借鉴意义。

【关键词】城市更新；旧城保护；活化历史区；法国巴黎

引言

我国改革开放经历 40 余年，随着城市快速发展，土地资源愈加紧张，对旧城区利用的需求日渐突起。而旧城区逐步显现出建筑性能落后和社会结构失衡等一系列问题。《国家新型城镇化规划（2014—2020)》于 2014 年正式发布，提出要"健全旧城改造机制、优化提升旧城功能"。从此，城市规划和建设要高度突出地方特色，注重人居环境改善成为主流叙事手段，多采用微改造等"绣花"功夫，注重文明传承、文化延续，让街区讲述自己的故事，并给人留下印记，成为城市更新改造的美好愿景。并且，国内多个城市同时推出老旧小区微改造项目，着力解决旧城衰退、发展不平衡不充分等问题，以提升人居生活环境水平，优化居住空间品质。

法国和我国在很多方面具有相似之处，同为悠久历史国度，亦是农业大国，其城市建设和城镇化速度在"二战"以后快速发展，直至 20 世纪 70 年代达到法国国内"繁荣三十年"的经济顶峰，经历石油危机后城镇化速度放缓，与此同时，法国逐步推出各项法律法规和更新政策，如《分权法案》《国家建筑师制度》和《历史保护区保护与利用规划》等，均对旧城保护和城市更新起到了重要的促进意义。法国城市更新政策和旧城保护工具，以及它们的运行模式，均可在不同程度上对我国的旧城保护和城市更新起到对照意义。

1 巴黎城市更新的原则和制度

在长达 2000 多年的历史长河中，巴黎一直保留着其独特的历史风貌和文化肌理，"二战"结束以后，随着法国整体进入了"繁荣三十年"，巴黎也跟随着经济腾飞而进行了多处城市建设。结合巴黎行政区域的特点和历经千年保留的历史街区背景，20 世纪初的巴黎及现在的巴黎均面临着无地可开发的尴尬境地，因而在进行城市更新的过程中，巴黎的主要规划理念就是在"城市之上建立城市"。同时，巴黎对历史街

---

* 唐傲雪，硕士，助理规划师。

区施以保护、继承和发展予以重大关注，又不局限于单一的保护和观赏，而是活化利用历史建筑，赋予其现代化的功能，并且通过优化历史街区的公共空间功能，在有机整治的同时，提升城区品质，传承城市风貌，赋予老城区新活力，开启了通过城市更新改造而复兴城市的过程。在开发和运作层面，大型城市更新项目是经济和文化双重振兴策略，且涉及城市身份认同，因此，重视历史文化的传承发展保护与公共空间的活力再生，能够促进公共利益，激发地区活力，也是城市更新的重要方式和目的。

1.1　巴黎城市更新的原则

"城市保护不是为了过去而过去，而是为了现在而尊重过去"。

由于巴黎的存量用地稀少，除了在"城市之上建立城市"的理念深入人心以外，巴黎的建筑师和规划师在进行城市规划的过程中，尽量避免"拆除—重建"的改造方式，取而代之的是通过精细化的设计，对现有的具有历史价值的居住区和工业区进行微改造，保护历史遗产、传承城市风貌，比如改造建筑物立面、扩建阳台、增设阳光间、住宅底层的商铺向街道延伸、摆设咖啡座和餐椅、屋顶建设大平台、安置太阳能板、增设儿童游戏场地、种植花草形成屋顶花园等。对旧城保护的深入人心以及对历史建筑的活化利用理念已经成为社会共识。通过对重点历史文化街区采取完全保留历史风貌的手段，并借助现代化元素的加入，将历史建筑活化利用成为"博物馆""美术馆"或"影剧院"，让巴黎城市风貌得以保留至今，成为全世界城市规划和风景景观备受推崇的城市之一。这既是城市可持续发展的理念的应用，也是促进城市历史文脉发展的具体方法。

1.2　国家建筑师制度

法国特有的"国家建筑师"制度是保障历史文化遗产重要举措之一。从 1993 年开始，法国设立了"国家建筑师"机构，从有工作经验的建筑师和规划师中挑选优秀人才，这些人才需要通过考试，并在成功通过选拔后继续在专门的学校培训两年，方可正式任命上岗。"国家建筑师"考试录取率非常低，通常概率是 5%。国家建筑师除了在首都巴黎设有机构，外省也设立了办事处，由总部指派专业人员赴任。截至 2021 年 8 月，国家建筑师机构共拥有 180 名国家建筑师，参与了 19722 个市镇的旧城保护事项，在全国范围内认证了 844 处重要历史文化遗址、43000 处历史遗迹及其周边辐射地区，建立了约 40 万份建筑保护制度的案件相关档案。

国家建筑师在进行历史文化保护工作中，负责自然景观或者城市保护地区内的建设和审查，对颁发拆除许可证和建设许可证之前的方案进行审查，许可证由市长签发，但市长必须按照国家建筑师的意见进行审批。

国家建筑师的意见分为 2 种：强制性意见（AVIS CONFORME）：该意见是强制性意见，除非向大区政府投诉，否则市长必须按照国家建筑师的意见进行审批；参考性意见（AVIS SIMPLE）：该意见是非强制性的，市长可不必完全听从国家建筑师的意见，自主做出审批决定。

1.3　法国城市更新相关的法律法规

1.3.1　相关法律法规

诞生于 1840 年的《历史性建筑法案》是世界上最早的文物保护方面的法典，1887 年法国继续颁布了《纪念物保护法》，重申了法国在文化遗产方面对传统建筑的保护标准，并组建了一个由建筑师组成的古建筑管理委员会，负责具体的保护工作。1913 年的《保护历史遗迹法》规定了国家具有保护历史遗迹的权力，也限制了房主的部分权利，规定房主对历史性建筑有修缮的义务，而且只有维修在"国家建筑师"

的指导下进行时，才可以从政府处获得补贴。

1962 年的《历史街区保护法》（也称"马尔罗法"）要求把有价值的历史街区划定为保护区，制定保护和利用规划，纳入城市规划的严格管理，对该区内的建筑不得随意拆除，维修也要经过"国家建筑师"的指导，符合要求的修缮才能够得到政府的补贴。

1973 年的《城市规划法典》第一次对规划文件的内容和形式做出明确和统一的规定，提出编制两个不同层次的规划作为地方城市管理的工具，即"土地利用规划"（POS）和"城市规划整治指导纲要"（SDAU）。

SDAU 是城市中长期发展规划，编制年限为 30 年，不具备法律效力，主要对土地使用、城市发展导向、基础设施布局、城市扩张、职住平衡、住房与城市交通等主题进行规划。

POS 主要目的是地块的使用，并不涉及整个城市的发展方针，具备法律效力。需要注意的是，POS 文件在编制过程前，已经将用地性质分为"城市用地"和"自然用地"两类，因此针对同一个地块，POS 可不失灵活性地根据土地用途来制定不同的容积率。

1958 年，为了解决战后的住房紧缺问题，法国在一些大城市的周边地区与私人投资者合作，兴建以住宅为主的小区，称为"优先城市化区"（ZUP-Zone à Urbaniser en Priorité），由于这一时期 ZUP 的开发过程获得了一定的成功经验，"协议开发区"（ZAC-Zone d'Aménagement Concerté）应运而生，为了进行复杂的城市开发，政府、地方集体、私人开发商、房地产业主等各参与方可以通过建立"协议开发区"，以合约的方式结成稳定的伙伴关系，私人开发商分担地方政府和集体全部或者部分的公共资金投入，以换取对应土地的开发权，各方在充分协商的基础上，共同制定"开发区详细规划"（PAZ-Plan d'Aménagement de Zone）取代了 POS。

另外，在国家政府规定的"历史保护区"中，更为详细的专项规划"城市遗产保护和再利用规划"将代替普通的 POS，成为该地区的规划管理文件。

1977 年巴黎通过的《巴黎市整顿方案》中明确规定把该城分为三部分：①历史中心区，即 18 世纪形成的巴黎旧街区，主要保持历史面貌，维持传统的职能作用，该区域内的整顿活动主要是改造老旧街道为步行街。② 19 世纪形成的旧区，主要加强居住区的功能，限制办公楼的建设，保护统一和谐面貌。③对周边的部分地区则适当放宽，允许新建一些住宅和大型设施，并加强区中心的建设，使边缘地区社会生活多样化，更富有活力。巴黎市中心沿塞纳河两岸 10km 为世界文化遗产，这一区域一般不添加新建筑，而是保持原有建筑和环境布局的历史风貌。

1983 年颁布的《地方分权法》创造了一种新的保护地区类型——建筑、城市和风景遗产保护区，它的目的在于对某一区内的建筑保护应以其本身的价值和特征作为客观的评判标准，而不是根据它们距离重要建筑的远近。从保护对象来看，建筑、城市和风景遗产保护区所要保护的不仅是某个建筑、某个街区，而是整个城市以及城市周围的自然环境，保护的目的则是为了体现整个城市特色以及城市中经过长期历史变迁形成的外部空间特征。建筑、城市和风景遗产保护区的审批不在国家层次，而是在大区及各省层次，由大区区长在民意调查后宣布通过。保护区范围内的各项建设仍然要通过国家建筑师的审批。

1980 年兴起的可持续发展理念对法国的规划界产生了重大影响，从此"环境保护"成为城市发展和国土利用的新主题，且成为城市规划中不可缺少的一部分内容，"地域规划与可持续发展计划"成为各地在编制总体规划中必不可少的一项内容。

1995 年《地域规划与发展指导法》批准了两项新的规划文件，一个是"大巴黎地区总体规划"及其大区所编制的政府强制性的地方规划，是必须遵循的指导方针；另一个是大区议会编制的"大区国土规划纲要"其为大区发展的规划方案。

1.3.2 巴黎现行的规划制度

巴黎现行的城市规划制度主要有两种类型：

①作为规范性城市规划的《巴黎地方城市规划》（相当对我国地块深度的控制性详细规划）；

②作为修建性城市规划的《历史保护区保护与利用规划》和《协议开发区规划》（相当于我国的修建性详细规划）。

《历史保护区保护与利用规划》适用于巴黎的两个历史保护区，即占地 126hm² 的马莱历史保护区（成立于 1965 年）和占地 195hm² 的七区历史保护区（成立于 1972 年），主要针对发生在其中地块上的任何建设行为，包括修复、维护、改建、扩建、新建、拆除以及土地利用的调整等，提供城市规划管理的法定依据，以达到全面保护、有机整治历史保护区的目的。《协议开发区规划》适用于由巴黎市政府根据城市更新改造的需要而设立的 17 个"协议规划区"（ZAC）。主要任务是针对协议开发区内的任何土地开发利用、道路广场修建、公园绿地建设以及任何地块上的房屋改建、扩建、新建等行为，提供城市规划管理的法定依据，以达到更新改造和复兴发展衰败街区的目的。《巴黎地方城市规划》适用于除两个历史保护区以及尚未建成的协议开发区之外的巴黎市和其他行政辖区，主要针对发生在区域内地块上的任何建设、拆除及土地利用的调整等行为，提供城市规划管理的法定依据，以达到维持城市的总体空间形态和正常功能运转的目的。

1.3.3 法国旧城更新机构

成立于 2004 年的"法国国家城市更新机构"（Agence nationale pour le renouvellement urbain 简称 ANRU）是依据《城市更新法案》以及"国家城市振兴计划"创立的一个专门负责管理城市更新的机构，旨在以行政窗口的形式简化在国家城市振兴计划实施中所遇到的复杂程序，并为各种城市更新项目提供资金支持。在 2016 年 7 月公布的问卷中可以看出，ANRU 主要负责旧城保护和更新方面的项目，法国国土领域内的街区经由 ANRU 和建筑师的认定后，所有和该街区相关的更新改造项目文件，除了城市规划部门报批之外，还需要由 ANRU 审核批准。并且经由 ANRU 批准过的街区的更新改造，可以领取政府减免税额低至 5.5% 的补贴。

1.4 历史建筑与街区的再利用——以巴黎贝西区改造为例

巴黎贝西区位于巴黎东部，塞纳河右岸，虽然地处城市中心紧挨着塞纳河，距离巴士底广场和巴黎圣母院并不遥远，却因被沿着塞纳河岸边穿过的蓬皮杜高速公路及纵深方向的贝西火车站铁路封锁，长期以来十分闭塞（图1）。17 世纪中期这里出现了第一个葡萄酒仓库，18 世纪开始这里一直被葡萄酒厂占据，之后得益于 19 世纪海洋贸易的蓬勃发展，贝西区逐步壮大，成为巴黎重要的酒水码头和仓库，各地的酒水源源不断地通过河运汇集到巴黎，再从巴黎分散到各地。

而随着技术革新和存储技术的日渐成熟，瓶装酒得到普遍的推广，酒仓的功能逐渐被人遗忘在历史洪流中，贝西地区的酒仓逐步没落，大批的酒仓被拆除，但由于贝西地区本身鲜明的乡村景观（酒仓范围内有近 500 棵珍贵古树）以及其区位的特殊性，20 世纪 70 年代该地区迎来了城市更新的转机。

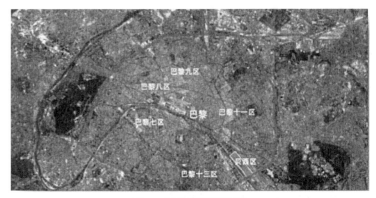

图 1 巴黎贝西区位图

　　早在 1973 年，巴黎市政府就通过了城市东南部的开发计划，1977 年的城市总体开发计划中更加明确和完善了这一计划，通过成立"协议规划区"在此区域内大规模地进行改造建设，以公共利益为先，兼具"复兴公共空间、激发城市活力"的任务，将历史保护与城市开发结合制定更新策略，保持原有的地下酒窖和地面的乡村风格建筑，进行街区内空间环境品质提升及住宅区修复建设等系列改造。

1.4.1　谨慎的城市更新策略

（1）改善交通条件

　　完善贝西地区的基础设施将会提高该地区的竞争力，因此地铁线 14 号线的开通，增加了贝西地区的可达性，改变了之前该地区尽管在城市之中却在物理上被隔离的状态。与之配套的就是增加通往该地区的地上交通线路，改善道路品质和停车设施便捷性，为整体开发提供最基本的先决条件。

（2）引入公共建筑

　　贝西体育中心是巴黎最大的室内体育设施，周围还配备了贝西商业中心，联合带动周边地块价值的提升。1994 年美国建筑师弗兰克·盖里的美国中心落入贝西区（图 2），其夸张的造型，将游客引入愈加繁荣的贝西区，提升了该街区的整体活力。

图 2　弗兰克·盖里的巴黎美国中心

（3）明确开发框架

　　从项目构思期开始，贝西地区就明确了整体开发框架（图 3）。以延续地区个性和保护历史遗迹为原则，将贝西区划分为 3 个整治与开发片区：塞纳河沿岸的贝西公园；贝西公园附近的住宅区；贝西公园东部第三产业为主的经济区。

图 3　贝西区开发框架

（4）调整产业结构刺激经济发展

　　贝西地区由原先的酒仓码头转型成为以居住、商业、娱乐、休闲、办公、高级宾馆、高端会展等产业为主的新兴城市功能区，激发了经济活力，促进就业，带动区域经济发展。

（5）住宅街区

　　住宅街区的设计决定了街区的居住品质。结合贝西街区新的定位，注定要更加开放包容兼具文化内涵，设计需实现空间关系的融合统一。项目通过多次举办概念性设计竞赛提高项目知名度，并邀请著名建筑师和多名城市更新建设方面的专家参与咨询，整体把控住宅和街区设计的品质。

　　建筑师们从巴黎传统的围合街区出发，考虑功能配置和多种要素混合。从一开始的混合住宅概念，扩展到公园、住区无界限，让整个街区不受束缚，充满活力，更加包容。

（6）建立全新的公共空间

　　最初的开发框架已经决定要建设一个公园，1987 年在为此举行的国际竞赛中，方案"记忆的花园"凭借其对历史的尊重和对现代开放空间需求的满足而获得了胜利，该方案通过新建城市路网，并有选择性地保留原有的城市肌理，新旧融合的方案隐喻城市记忆和区域文化。保留部分铁轨象征贝西区原本作为酒仓的忙碌象征，保留旧仓库营造出原有历史的美感和氛围。在保留旧回忆的同时，贝西公园部分空间采用现代园林的风格，整齐的草坪中间分布玫瑰园、葡萄园等 9 个园圃，提升了区域的环境和景观品质，也为居住区和商业区注入了绿色元素，赋予老街区新活力。

2　法国方式对中国的启示

巴黎作为法国首都，其特殊的政治地位及在世界范围内文化历史遗产方面的影响力，使得巴黎的建筑师和城市规划师在进行城市更新改造的过程中，更加注重历史遗产、风景和城市文脉肌理的保护。同时，借助深厚的历史底蕴及雄厚的文化资源，巴黎得以每年吸引全球无数游客，助力经济增长，巩固擦亮城市名片。因此，将历史文化保护传承应用到城市更新中，不仅是一种更新微改造策略，更是提升城市公共空间品质的手段，从而增添了城市多样功能，达成城市街区华丽转身目的，以吸引多元化人群，让街区保留长久魅力。

存量主导地区的更新统筹编制与实践
——以深圳龙岗区嶂背片区为例

娄　云*

【摘　要】深圳历经 40 多年的快速发展，目前发展到面对拆除重建类城市更新的复杂性与矛盾性的博弈进程中，现存的小地块的若干更新带来的功能改变对城市所产生的影响也不断加重，城市更新的重心逐渐转向综合片区统筹的发展方向。本文将从深圳的龙岗嶂背片区特征入手，重点讨论嶂背片区的现状情况，从更新统筹角度对嶂背片区改造不断探索，通过分析片区统筹的主要更新因素，提出针对城市更新片区优化角度更新统筹的改造方案，探究更新统筹的规划设计要点及方法，进而分析更新统筹规划与深圳城市更新的更新单元规划实践及审批的衔接。

【关键词】深圳市；龙岗区；城市更新；片区发展；更新统筹；管控

1　深圳的城市更新现状

伴随着城市的不断发展，国内诸多城市已经实质性地迈向了存量时代，党的十九届五中全会明确提出实施城市更新行动，这是党中央对进一步提升城市发展质量作出的重大决策部署，深圳的城市更新发展实际上也是践行高质量发展及社会主义先行示范的动力。

深圳不断面临着片区小地块独立开发的现象，更新单元趋小化对片区乃至城市效益的影响不利，造成了片区城市肌理分割，城市风貌缺乏统一的控制，不利于片区的整体发展及利益共享、责任的均摊，不仅造成空间碎片化发展，同时造成了区域协调难度不断增加，而且往往也导致了更新目前市场无动力或能量不足的困境，被剩下的地块更新的难度将更大，甚至无法进行更新。同时单元式、零散式的更新容易造成重大公共设施落地困难。

2　更新统筹的基本思路

2.1　针对目前城市更新管控体系的局限性

深圳的更新体系中的管控采取的是城市更新单元专项规划，通过《深圳市城市更新专项规划》为指导，结合全市的城市更新工作的纲领性文件而编制的具体地块建设的规则，涉及城市设计和空间形态、市政交通、开发利益等多维度的研究。在实际的操作中，由于上层次规划的深度难以指导到具体的城市更新单元规划，缺乏上层次的统筹，更新单元规划容易造成零散开发的现象。同时也面临着开发主体资本的趋利性问题，深圳市的城市更新是市场运作的模式，城市更新的本质是市场利益，开发主体往往会在

＊　娄云，中国城市规划设计研究院深圳分院规划师。

具体的规划中，不断追求开发主体的利益最大化，对周边的规划系统及其他更新项目就缺乏联系，同时更新单元的规划往往只考虑自身开发对周边的影响，而无法判断多个项目叠加对片区的影响带来了一系列片区的公共配套及市政交通等问题。

2.2 应对法定图则对城市更新管控的缺位

法定图则在城市更新的引导方面存在滞后性问题，法定图则由于大部分编制年代较早且修编工作滞后，与现状用地存在大量的不符情况，法定图则编制时难以考虑城市更新责任的权属及实施等问题，无法实现协商式规划。同时作为城市更新单元审批的重要法定依据的法定图则对城市更新管控存在管控的不足。一方面，编制法定图则的体系是城市规划的主管部门主导与城市更新主管部门不在同一体系，另外一方面，城市更新单元规划的制度特色在于既要依据法定图则，通过审批后又可替代法定图则，给城市管理者带来巨大的挑战。

2.3 更新统筹的必要性

为了解决面临的实际问题，深圳市不断摸索片区的更新发展方向及统筹力度，探索在各区更新项目中增强片区统筹规划的要求，在 2019 年出台《关于深入推进城市更新工作促进城市高质量发展的若干措施》，在措施中，明确提出要对片区进行更新统筹的研究，完善制度的设计。开始正式建立尝试三级管控的更新统筹模式，对完善更新规划体系、平衡政府与市场利益起到重要作用，为规则完善与优化留下与外部互动的空间及可行性。

3 深圳龙岗区嶂背片区更新统筹实践

3.1 嶂背片区概况

嶂背位于深圳市城市总体规划的副中心（龙岗中心）和东西向城市发展轴上，片区靠近龙岗中心区，东临宝荷路，南邻沙荷路，北临沈海高速，统筹更新范围共计 127.3hm²。距离市中心 40 分钟车程，距离机场 50 分钟车程。外围靠近沈海高速、龙岗大道等城市主干道，处于东西向交通节点，周边 1km 以内规划有地铁南约地铁站（图 1）。

嶂背片区以传统制造业为主，总体发展处于低端水平，社区 2018 经济总量约 43 亿元；（图 2 嶂背现状土地利用图）企业总量 296 家，其中规模以上企业 42 家，占企业总数的 14.3%，嶂背片区的区域产业

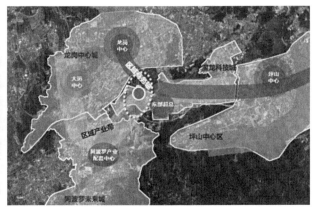

图 1 嶂背区位图
（来源：作者自绘）

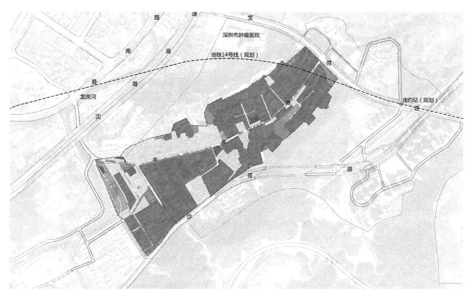

图2 龙岗区位图
（来源：嶂背更新统筹研究项目组）

形态以传统制造业为主，包括电子、塑料塑胶、五金、服装制造、家具家私以及印刷制品等，产业总体发展处于低端水平。

从蓝绿空间来看，西面临龙岗河，自然景观资源丰富，东侧为正中高尔夫球场，生态环境极佳，北侧500m范围内为三级甲等医院深圳市肿瘤医院。地形中间平坦，南北两侧较陡，部分地块分层分台地，坡度在26°~55°之间（图3、图4）。

图3 嶂背地形分析

图4 嶂背坡度分析
（来源：嶂背更新统筹研究项目组）

片区更新统筹的总建筑量约173万 m²，工业建筑占比63%，居住用地占比19.4%。工业区内功能区分不尽合理，公共服务均等化、优质化水平还不够。片区医疗、教育、交通水平等与周边还有较大差距。嶂背片区的更新潜力巨大，是龙岗少有的连片存量可更新的片区之一（图5）。

3.2 嶂背片区更新统筹的必要性

3.2.1 重要产业转型升级地区

嶂背片区位龙岗，龙岗片区致力于打造粤港澳大湾区数字创意产业中心，嶂背与周边产业资源（基

图5 嶂背现状建筑情况分析
（来源：嶂背更新统筹研究项目组）

现状建筑面积					现状毛
工业	私宅	商业	其他	合计	容积率
109.3	59.8	2.7	1.3	173.1	1.6

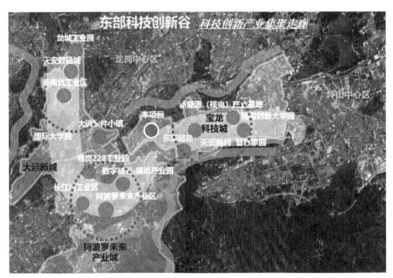

图6 嶂背周边产业分析
（来源：作者自绘）

金小镇、阿波罗未来科技城、宝龙高新园区等）形成联动互补发展，与高校形成联动。片区内有一定科技创新基础，拥有科技企业十几家，在新一代信息技术等方面具有发展潜力；未来可与文创、金融等产业融合发展（图6）。

在"十三五"国家战略性新兴产业发展规划背景下，立足于龙岗区文创及科创基础，龙岗将大力推动数字创意产业发展，其中嶂背主要承担数字创意产业孵化功能（图7）。同时嶂背的区位及产业基础也可以承接区域产业联动发展，以战略性新兴产业和未来产业为主导，构建区域大创新、大产业基地，发展生产性服务业及生活性服务业。目前龙岗也缺乏提质扩容空间，而嶂背片区则可借助城市更新统筹盘活存量土地，为龙岗中心区升级提供发展空间和创新驱动动力。

3.2.2 区内地块更新需求迫切

近年来，嶂背片区通过城市更新已有部分产业园区等项目落位。随着龙岗中心城区及周边更新项目的推进不断加速，片区的更新市场动力也越发强大（图8）。未来嶂背片区会随着植入集成创新和产业生态融合发展理念，导入未来产业和湾区级服务业，助力区域产业和龙岗未来发展，但在缺乏贴合实际的上层次统筹规划的管控指引下，片区的开发主体若干，且各个开发商往往更注重自身的项目利益，在

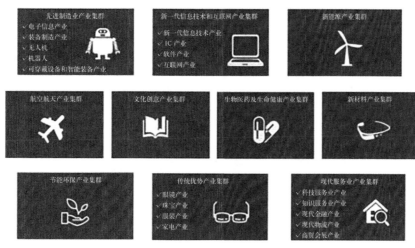

图 7　龙岗"十三五"产业分析

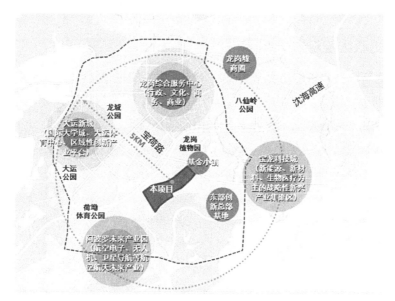

图 8　嶂背周边片区发展示意图
（来源：作者自绘）

片区的范围内难以协调系统性及公共利益，单一主体的开发商在满足既有更新政策后，以追逐最大市场利益为唯一目标，不利于嶂背片区及龙岗的整体发展。

3.2.3　法定图则修编滞后

嶂背片区目前法定图则在本研究范围内以现状保留为主，未划定城市更新单元，主导用地功能为普通工业用地（M1），用地面积 46.5hm²，占比 36.5%，东侧有约 20hm² 发展备用地（图 9）。单元范围内规划一所 45 班九年一贯制学校。修编时间较早，已严重滞后于嶂背片区的社会发展和龙岗整体东部发展的背景要求，且项目内有部分法定图则为发展备地，实际上已经形成连片的发展区，未来也需要进行产业的清退，难以发挥对片区更新的统筹指导作用。综上所述，无论是龙岗发展的宏观战略背景的要求，还是片区发展形势和实施管控的要求，以及片区的自身发展诉求，都紧迫地需要一个嶂背片区层面的统筹规划，这个统筹规划能更有远见、更具全局观地统筹嶂背片区的若干更新项目的建设时序和建设目标、规划系统。因此，嶂背片区更新统筹规划应运而生。

图9 嶂背片区法定图则

(来源：作者自绘)

3.3 嶂背片区更新统筹规划框架

在龙岗区的城市更新相关政策的指引下，从片区统筹更新的视角对嶂背片区进行整体研究。一方面，规划嶂背未来以"深圳东部创新产业集成中心、产城融合示范区"为总体目标，并结合建设现状、更新政策、现状权属等明确地区总体建筑规模及基础规模、转移规模、奖励规模等分项指标；另一方面，以片区的城市更新为行动的抓手，聚焦创新、技术及人才等服务，通过蓝绿织网、产业集聚、空间复合、配套共享和交通环网五大规划策略，构建"一轴两带"的总体规划结构（图10、图11）。沿着主要道路及核心节点形成鱼骨形空间结构，嶂背片区于山谷之间，绿色生态廊道连接南北生态山体、贯通生态系统，为高密度小镇注入绿色活力，为生态居住提供共享后花园、理想健身养生场所。通过规划统筹形成可实施的规划设计方案。

作为引导嶂背片区发展的重要蓝图愿景，片区更新统筹规划内容要点如下。

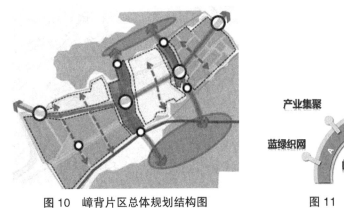

图10 嶂背片区总体规划结构图

图11 嶂背规划策略分析图

(来源：作者自绘)

3.3.1 蓝绿织网

打造区域生态系统，形成中央科技公园与串联片区的绿色网络（图12）。嶂背片区坐拥龙岗河、正中高尔夫、植物园、马鞍岭等景观资源，外部景观资源十分优越。但片区蓝绿空间品质却不尽如人意，由于项目有高差，基地内可利用的蓝绿空间较少，大部分是不可利用的边坡或陡坡，部分建成的绿地为街头绿地或条带状绿地，绿地的利用率较低，并未有效利用外部景观资源塑造高品质环境，城市生态空间不成体系。统筹规划通过沿城市主要道路为轴线，打通生态景观廊道，修复串联周边的生态资源。片区内部强调利用轴线形成创新公园和活动广场，立体化设计蓝绿空间系统。自东向西配合景观设计，打造一条贯穿全范围的林荫大道作为主轴线，集聚创新活力与生态空间于一体的生态绿廊，串联主要公共空间，连接南北生态山体贯通生态系统，为高密度小镇注入绿色活力（图13）。

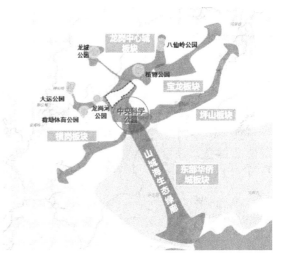

图12　嶂背蓝绿空间规划图
（来源：作者自绘）

图13　嶂背蓝绿空间规划图
（来源：嶂背更新统筹研究项目组）

3.3.2　产业集聚

培育新经济新动能产业服务中心，服务于龙城、横岗、龙岗区域的新兴领域的生产型服务业是未来的重要趋势。以嶂背工业区为起点，注重前端，大力发展数字创意产业，打造粤港澳大湾区数字创意产业孵化、培育高地，为周边提供科技创新服务，输送前沿科技及企业资源。以数字创意产业为核心导向，以新一代信息技术为基础支撑，构建"文创＋科技""金融＋科技"两大服务业产业轴。

在规划中东西两端各设置一个大型的高科技产业核心（双核），吸引高科技新秀以及创新产业入驻，规划主轴线同时作为创新走廊，引导更新地块的创新型产业用房沿创新复合廊道集聚布局，结合生态绿廊提供高品质、低成本、易共享的"双创"空间（图14）。科技服务低碳发展，在强调外在景观融合的同时，更加注重建筑、垃圾、水资源的循环利用开发，构筑生态低碳发展的精神内核。结合目前深圳的产业发展情况，考虑本项目承担着嶂背片区的启动功能，将会吸引很多初创型企业，产业空间部分打造成联合创业办公室及研发平台。以此为创业团队提供良好的交流平台、提供全链条式的企业服务体系，为文化创意产业、新互联网媒体等创意性产业的孵化和成长提供支持。

3.3.3 空间复合

南延城市绿轴，形成"复合城市"形态。片区现状城市形态以多层、小高层旧居住区、旧工业区为主，片区风貌与龙岗中心城区相比有较大的差距。近年来，随着片区内高层、小高层等片区村内自改的城市更新项目相继建成落地，亟须对片区整体空间形态进行有序的统筹布局。规划放眼未来理想的生活形态，将工作、居住、社交、娱乐、休闲以最便捷的方式连接，减少车行交通，在步行可达的范围内来进行配置。从中轴开始，空间从内向外，按照公共／商务－社交／娱乐－零售／餐饮／居住／休闲／游憩／健身，以分层渐变的方式，充分地在最短的距离里满足了一个人在一天甚至一周里所有的生活需要（图 15）。创造复合的空间形态，同时利用场地南北特殊的丘陵地形，将原本可能是发展限制的条件转变为本地独有的特色。建筑依山而建，并在不同建筑带间以空中连廊或悬空楼板的方式互相连接，将平面上不同的建筑层次之间再做横向的连贯，将整个城镇打造成一个三度空间完全连通的立体复合城市。通过土地的复合利用，提供集办公、服务、教育、生活、娱乐多元功能的"复合城市"，提高城市运行效率，塑造活力立体城市。

图 14　嶂背产业空间集聚规划图
（来源：嶂背更新统筹研究项目组）

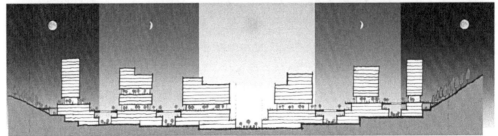

图 15　嶂背空间复合示意图
（来源：嶂背更新统筹研究项目组）

3.3.4　配套共享

以人为本，塑造南、北两个高品质共享服务中心。目前，片区内公共服务设施配套比较低端，难以满足现状需求，而且服务品质一般。随着片区的不断发展，要求片区公共服务水平和品质应需要结合人群的规划有新的提升。统筹规划基于以人为本理念，依据规划人口规模，集合未来的产业定位及服务的人群，以合理布局、按需配给、共享的配置原则，统筹确定片区规划公共服务设施的位置、数量与规模。规划围绕南、北两大公共空间核心，集中植入科技、文化、体育、教育、特色商业服务等设施，打造两大共享服务中心（图16）。

3.3.5　交通环网

建立网络化的交通环路及立体慢行网络。通过对从深圳驾驶到达场地方式的分析可知，项目场地与外界联系最重要的道路为宝荷路和沙荷路。这两条道路与场地衔接的位置未来将是该项目重要的门户区同时也是片区的主要道路连接系统。项目场地周边现有地铁3号线和14号线，统筹规划首先设置连接荷坳站和南约站及项目场地的公交接驳线路，以方便居民和外来客流的接驳，提升片区公交服务能力，同时优化片区对外交通。内部交通方面，首先利用更新地块增加多条支路，改善微循环交通；统筹规划新增有轨电车贯穿嶂背，交通中轴林荫大道将以步行、非机动车舒适优先的原则设计打造，四个核心区机动车道路下沉，机动车直接入库、道路与广场人车分流，强化小镇特色以人为本的规划理念（图17）。

图16　配套共享规划图
（来源：嶂背更新统筹研究项目组）

图17　慢行系统规划图
（来源：嶂背更新统筹研究项目组）

3.4 嶂背片区更新单元控制与实施分期

片区统筹作为创新性的统筹规划，在宏观法定规划的指导下，对中观层面的法定图则起到引导修编及统筹的作用。对下层次更新单元专项规划及计划立项提出统筹要求，编制片区统筹时通过单元控制导则达到规划的意图。

嶂背片区统筹通过单元控制导则的形式，传导片区的更新整体要求。规划将片区划分为12个更新统筹子单元，充分考虑每个单元的开发规模与配套设施、交通组织、公共空间以及景观风貌等内容，向下传导规划内容及意图（图18）。通过子单元的规模总量管控、配套责任捆绑、空间系统衔接等方面，加强对各更新单元的统筹引导，以保障片区内的重大公共设施及片区的整体系统能够完善。

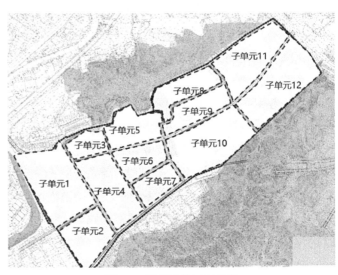

图 18　嶂背子单元划分图
（来源：作者自绘）

单元控制导则主要特点如下。

3.4.1 以实施为导向

子单元的导则编制在更新统筹的思路下，需要充分尊重改造主体意愿及更新实施的可行性，对片区进行一体化的空间设计及更新实施方案，需要明确统筹单元的权责边界，确保统筹规划高度落实，这样能引导后期法定图则的修编，引导建设方向。

3.4.2 全覆盖传导

片区统筹规划首先根据现状的权属情况首先划分哪些地块适合拆除重建，哪些适合综合整治以及现状保留，并将此作为统筹更新的基础。以道路中心线为主要边界，将嶂背片区以全覆盖的方式划分出12个更新统筹子单元，每个子单元包含若干权属地块，通过将地块划为子单元的模式能更好地控管每个子单元的更新系统对接。

3.4.3 刚弹管控结合

针对更新的责任及更新的系统对接方面，对于公园绿地、水系、配套设施用地、建筑退线、建筑高度等影响城市空间形态的重要指标进行刚性管控；对于地块具体的规划用途、公共配套设施的具体位置等可根据实际开发情况在子单元内调整；对于开放空间的具体选址位置，在保留大的对外系统对接的基础上，可通过弹性管控管理，通过刚弹性管控结合的方式控制规划编制的重要系统对接起来，同时也明确下一步编制更新单元规划时的具体要求。

3.4.4 承上启下对接更新单元

更新单元规划主要围绕权属及利益主体以城市更新的编制技术指引为指导，而片区统筹规划作为中间层次能发挥承上启下的作用，一方面细化和深化全市全区宏观规划，另一方面可弥补法定图则编制时间较远，在市场背景下的在时效性和实施性方面的不足，同时作为更新单元规划审查的重要依据，强化落实片区更新统筹在公共空间、公共配套、交通、城市设计等方面的要求。片区统筹以片区增量平衡研究为基础，明确片区的更新增量，并通过开发权转移等办法对增量进行分配，同时对片区的发展定位、规模及布局、公共配套及市政交通等进行统筹的规划分配。

4 结语

城市更新的发展，始终伴随着城市的不断革新，通过嶂背片区更新统筹的案例实践，可以看到片区更新统筹在城市更新管控体系中发挥着重要作用，较好地充当了政府管控与市场诉求之间的技术媒介，一是为约束性的规则和规范动态调整留下了与外部互动的空间，有利于规则、规范的优化完善；二是弥补了法定图则管控空隙，具有时效新、管控多维的优势。目前深圳各区正在积极通过案例及政策支持相结合的工作机制，加大片区统筹力度，探索研究创新片区更新统筹的更新组织模式。此外，城市更新所产生的文化保护、高密度的城市发展、分期实施等问题同样需要通过片区层面进行统筹引导，但并未在本案例中呈现，在后续研究和实践中可进一步探索。

参考文献

[1] 邹广. 深圳城市更新制度存在的问题与完善对策 [J]. 规划师，2015，31（12）：49–52.

[2] 岳隽，陈小祥，刘挺. 城市更新中利益调控及其保障机制探析：以深圳市为例 [J]. 现代城市研究，2016（12）：111–116.

[3] 林强. 城市更新的制度安排与政策反思：以深圳为例 [J]. 城市规划，2017，41（11）：52–55，71.

[4] 吕晓蓓，赵若焱. 对深圳市城市更新制度建设的几点思考 [J]. 城市规划，2009，33（4）：11–13.

[5] 阮并晶，张绍良，恽如伟，等. 沟通式规划理论发展研究：从"理论"到"实践"的转变 [J]. 城市规划，2009（5）：38–41，78.

博士生论坛

由经验总结向理论构建

基于"多元主体参与"的工业遗产更新策略研究
——以温州冶金机械厂更新改造为例

徐　静　谢来荣　戴晓雨　李炜妮*

【摘　要】多元主体参与能有效协调城市工业遗产更新过程中的利益矛盾。温州冶金机械厂经过近十年的更新，已在多元主体参与的模式下取得较好的改造成效。本文以温州冶金机械厂更新改造为研究对象，通过实际踏勘走访，聚焦其改造缘起和更新实施的全过程，梳理了其"多元合作推进""灵活空间使用""多样价值实现"的多元主体参与特征，分析其更新过程中存在的问题，并从"引入规划师角色""重组织空间单元""提升园区开放度"等角度提出针对温州冶金机械厂多元合作参与模式的提升策略。

【关键词】多元主体参与；工业遗产更新；温州冶金机械厂；浙江创意园

1　引言

伴随40余年改革开放的浪潮，我国城市化进程迅速推进，产业结构不断调整。传统工业逐渐面临淘汰与搬迁改制，老工业区出现功能型衰败。与此同时，国家土地征收政策的调整和中心区拆迁成本上升，使得产权结构更为简单的老工业区成为城市更新的首选。但是，早期大拆大建的更新模式，导致部分具有历史文化价值、技术科研价值及社会意义的工业遗产陷入湮灭的境况。

近年来，国家对工业遗产的重视程度与日俱增，大拆大建也早已不再适应精明增长的城市发展需要。工业遗产是城市发展轨迹的缩影，也是居民生活记忆的一部分，具有独特的历史特色和文化内涵。基于此，本文以温州冶金机械厂为研究对象，发掘其多元主体参与的主要特征与现存问题，提出针对性的多元合作参与模式的提升策略，以期为其他多元主体参与的工业遗产保护更新提供借鉴。

2　"多元主体参与"和工业遗产保护与更新

2.1　"多元主体参与"理论基础与内涵

多元主体参与大致可以追溯到三类理论来源：协作式规划（Collaborative Planning）、合作伙伴关系（Public-private Partnership）及公众参与。协作式规划源于哈贝马斯提出的"具有畅谈性的合理性"，即空间的设计与使用是不同利益者协商的过程，其在同等授权和充分知情的协商环境中才能达成相互理解与共识，从而形成有效、理性的协议。合作伙伴关系简称PPP，一般是指政府、营利性企业和非

* 徐静，华中科技大学建筑与城市规划学院。
　谢来荣，华中科技大学建筑与城市规划学院。
　戴晓雨，南加利福尼亚大学。
　李炜妮，浙江工业大学设计与建筑学院。

营利性企业基于某个项目而形成的相互合作关系。在这种方式下，合作各方可以获得比单方面行动更为有利的结果，责任和融资风险由合作各方共同承担。公众参与最早源于西方城市规划领域，后受到"二战"后西方政治学界的多元主义思想影响，指在社会分层、公众和利益集团需求多样化的情况下所采取的一种协调对策，强调的是公众参与城市社会发展的决策和管理过程，保证公众自下而上的参与和政府部门自上而下的管理形成合力。

总结而言，多元主体参与理论是相对于一元主体参与而产生的概念，是对传统政府一元主导城市规划乃至全权掌控城市发展决策模式的一种转变。多元主体参与是指政府、社会、市场、非营利性机构等多种利益相关者，基于某种平台进行合作协商，共同参与决策和管理某项事件，通过多方反馈和完善参与机制，达到共赢的目的。在多元主体参与背景下，政府由决策者的角色转换为服务者的角色，更注重采取合理方式消除市场经济运行所带来的"负外部效应"。

2.2 "多元主体参与"与工业遗产更新的耦合关系

在传统工业遗产保护开发模式中，市场主导与政府主导是较为常见的两类模式：市场主导类更新能够为工业遗产更新提供丰厚的资金准备，但由于资本天然的逐利性，容易忽略工业遗产本身的历史内涵；政府主导类更新能够较大程度保留工业遗产的历史特点，但更需要政府投资和长期补贴。可见，单独的市场或政府一元主导模式在市场经济蓬勃发展和公众参与逐渐成熟的大背景下已经不再适用。因此在工业遗产更新过程中，常常以政府、市场、社会、非营利机构其中的三到四类为主体，通过共同管理决策来达到多元主体共同发展的目的。

工业遗产保护与更新天然具有开发主体多元化、空间使用复合化、实现价值多样化等特征。工业遗产的开发主体既包括政府和开发商，又有艺术家及民间组织参与其中；置换的空间类型多种多样，主要包括商务空间、商业空间、文化展示空间、居住空间等；工业遗产开发所能实现的价值类型多样，既包括工业遗产本身的历史文化价值、技术科研价值及社会意义，也包括公共服务价值、文化创意价值、经济价值等厂房功能置换后所实现的新价值。

3 温州冶金机械厂更新过程和多元主体参与特征

3.1 工业遗产更新背景及过程

鹿城区是温州市乃至浙江省民营经济发展的典型代表，其工业化发端于民间家庭工业。20世纪八九十年代，31个工业区陆续建成，这些工业区随着城区的扩张，已逐渐不再适应工业发展的需要。2008年温州市鹿城区启动城市更新方案；2009年政府制定《"退二进三"实施方案》；2010年正式开展旧厂区连片试点；2011年中心城区内21个旧厂区改造全面铺开。

温州冶金机械厂位于浙江省温州市鹿城区，占地面积约30万 m²，位于高校园区内。南面为人才大厦，东南侧为浙江工贸职业技术学院，北边、南边、西边均被居住小区围绕（图1）。在供给侧结构性改革、产业结构转型的大前提下，冶金机械厂发展难以为继，成为位于城区内的废弃厂房。在鹿城区政府的城市更新方案启动的推进下，温州冶金机械厂率先开始工业遗产的更

图 1 温州冶金机械厂区位
（来源：作者自绘）

新改造，成为温州市鹿城区工业遗产更新的排头兵。

温州冶金机械厂的更新改造过程大约分为三阶段。立项阶段：在2007年，浙江工贸职业技术学院和温州日报报业集团合作，与冶金机械厂达成共识，准备通过自主更新的方式对其进行功能置换，各方通过合同达成协议，将机械厂改建为文化创意园，土地产权保持不变；实施阶段：从2007年初开始筹备改造计划，在2008年正式进行旧厂房改造工程；反馈阶段：2009年至今陆续进行局部细节的调整和再规划。2009年末，浙江创意园（原温州冶金机械厂）正式开园（图2），成为温州市首家集工业博览、产品设计、个性工作室、艺术时尚、特色餐饮于一体的文化创意园（图3~图5）。

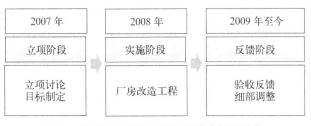

图2　温州冶金机械厂更新改造中的三阶段
（来源：作者自绘）

图3　厂房外部环境
（来源：作者自摄）

图4　厂房内部空间
（来源：作者自摄）

图5　浙江创意园入口标识
（来源：作者自摄）

3.2　多元主体参与特征

通过与浙江创意园管理人员、校方创客空间负责人、入驻企业负责人、创意园实习学生等8名被访者的深度访谈，收集质性资料，并查阅相关文献，本文总结出在温州冶金机械厂更新过程中所体现的多元主体参与特征如下。

3.2.1　多元合作推进：发挥所长，合作完成工业遗产更新，共建创意园区

温州冶金机械厂的更新过程中，政府并没有凌驾于规划之上，而是采用政府牵头的方式，组织引领多元主体相互依赖、相互配合。结合相关文献，按照对厂区更新过程中各方所扮演的不同角色，将其分为以下五个主体，分别为：政府部门、温州日报报业集团、温州冶金机械厂、浙江工贸职业技术学院、入驻企业。

政府部门是城市更新的统筹者，也是支持者、服务者，主要提供政策支持、审批监督、基础设施配套完善，还先后投入专项扶持资金和奖励1190万元。温州日报报业集团和浙江工贸职业技术学院是本案例工业遗产更新的主力，报业集团侧重宣传策划和媒体传播，职业技术学院提供人才、技术、硬件设施等支持及后续的管理服务，二者共同出资850万元组建浙江创意园董事会。温州冶金机械厂提供废弃厂区的场地和厂房等。依托产业置换，政府、企业、高校、旧厂四者联动，共同管理决策，完成对旧厂房的更新和改造，建成"浙江创意园"（图6、表1）。

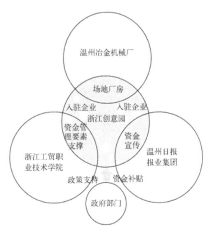

图6　温州冶金机械厂多元合作示意图
（来源：根据参考文献和采访资料整理）

温州冶金机械厂更新中的多元合作参与内容 表1

参与主体	参与内容
政府部门	审批监督；政策支持；专项扶持资金和奖励；周边基础设施完善
温州日报报业集团	资金筹备；策划宣传；媒体传播
温州冶金机械厂	场地和厂房提供
浙江工贸职业技术学院	资金筹备；人才、技术、硬件设施支持；服务管理

（来源：根据参考文献与采访资料整理）

3.2.2　灵活空间使用：协作参与，灵活使用厂区内空间，塑造创意氛围

在不同主体的参与协作下，废弃工厂厂房内的各类空间都得以灵活运用，产生了多样化的创意产业园功能配置形式，按照空间性质可分为三类空间：展厅空间、街道空间和入驻空间。其中入驻空间可以细分为餐饮单元、企业单元、教育单元。三大不同类型的空间背后，有关划分设计、管理运营等问题都由多元主体进行协商，工业遗产内部空间活力得到挖潜。此外，根据老建筑不同尺度的空间，进行突出历史特色、更具置入功能特色的改造和设计，使得园区工业遗产的建筑艺术价值、历史文脉价值得以延续。

政府部门是空间设计和规划建设的监督管理者，通过政策规定等限定园区内空间改造自由度的上限，严格保护工业遗产中有价值的部分。浙江工贸职业技术学院和温州日报报业集团作为园区的实际管理运营者，约束园区整体功能构成，并按照厂房空间特点、招商需要划分园区各个厂房的空间性质。此外，高校本身也将在园区中划出一部分作为校园创客空间的空间载体。入驻企业基于各自对于工业遗产内涵的理解，进行企业功能植入和个性化空间改造设计（表2）。

温州冶金机械厂更新中灵活的空间使用 表2

参与主体	参与内容
政府部门	限定空间改造自由度上限
浙江创意园	约束功能构成；空间性质划分；创客空间功能植入
浙江工贸职业技术学院	
温州日报报业集团	
入驻企业	各企业功能植入；个性化改造设计

（来源：根据采访资料整理）

不同类型空间所容纳的功能不同，其改造设计方式也非常灵活（图7）。餐饮单元中，天一角美食广场侧重老温州文化氛围营造（图8）；企业单元根据各个入驻企业特色进行风格化定制，如思珀整合传播有限公司（以下简称"思珀公司"）保留梁柱结构和混凝土外表，加之用个性化色彩进行改造设计，形成文创氛围浓厚的个性化独立办公空间（图9）；教育单元对空间改造程度较小，划分隔间作为创客空间的载体（图10）；展厅空间是各个入驻企业共享的作品展示空间，保留原有工业廊柱和水磨石工艺墙面，通过增加钢材质隔层切断大尺度厂房空间，在厂房内形成丰富多变的复式展览空间（图11、图12）；街道空间填充更多绿植和老工业机件，塑造场所内的工业风格（图13、图14）。

3.2.3　多样价值实现：各得其所，体现多元化空间价值，实现多效益并存

灵活的空间使用和多元化的合作推进，分别为工业遗产更新价值的体现提供了客观和主观两方面的基础。本文所讨论的价值是指在工业遗产更新的全过程中所体现的价值，既包括通过保护工业遗产所得到的工业遗产本身蕴含的价值，也包括通过合适的功能置换手段而获得的新功能所产生的价值。不同参

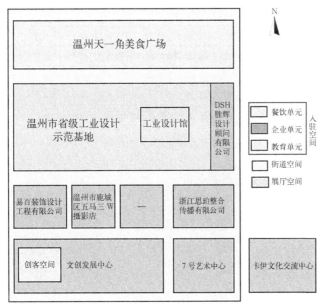

图 8　餐饮单元
（来源：作者自摄）

图 9　企业单元
（来源：作者自摄）

图 7　温州冶金机械厂厂区空间划分示意图
（来源：根据实地踏勘绘制）

图 10　教育单元
（来源：作者自摄）

图 11　展厅空间
（来源：作者自摄）

图 12　展厅空间
（来源：作者自摄）

图 13　街道空间
（来源：作者自摄）

图 14　街道空间
（来源：作者自摄）

与主体的参与程度不同，对应获得收益和价值也不同（图 15）。

以范式价值而言，温州冶金机械厂的更新与改造是温州市鹿城区的工业遗产更新样板案例之一，同时浙江创意园也是温州首个 LOFT（仓库）形式的创意园区，是"国家级广告产业试点园区""浙江省现代服务业聚集区"，每年政府机构和企业前来参观超百余次，园区接待参观学习的高校达百余所。

以经济价值而言，常规租金收益和产品价格收益是其主要的经济价值来源，随着运营的逐渐成熟，短期浙江创意园取得了经济效益的巨大丰收，2018 年园区总产值已达到 1.6 亿元，实现税收 900 多万元。

以文化价值而言，温州冶金机械厂本身是温州市鹿城区工业发展过程的见证者，是温州市居民的生活记忆载体，也是温州特色瓯文化的文化载体之一，工业文化、温州文化特色氛围浓厚。2012 年，园区面向校内外开设了瓯塑、瓯绣工艺美术课程和专业培训课程，培训人员 600 多人。此外，作为创意园，园区也是创意艺术文化的载体，创新能力极强，诸多入驻企业在国内外创新大赛中斩获佳绩。如思珀公司即是创意广告界的佼佼者。

以社会价值而言，浙江创意园汇聚了众多高品质实习基地，是高校学生的良好实践平台，校方入驻的创客空间也是高校学生创意思维落地的载体。对于社会文创产业发展而言，园区有着完整的工业设计

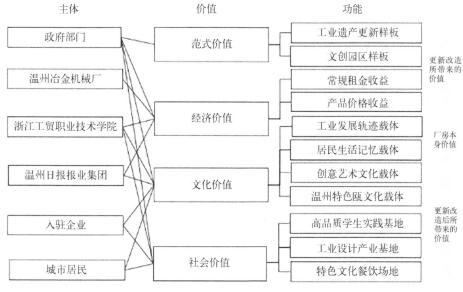

图 15　温州冶金机械厂厂区更新过程中的多元空间价值
（来源：根据参考文献和采访资料整理）

产业链，被评为"省级特色工业设计示范基地"。对城市居民来说，园区也是一个特色文化餐饮场地，如温州天一角美食广场代表着温州特色美食文化。

4　温州冶金机械厂更新改造中存在的问题

根据与入驻企业的访谈情况，本文总结得到温州冶金机械厂更新过程中所存在的三点问题。

4.1　内外环境协调度低

园区与外部环境的协调程度较低，内外统筹较少，导致园区内部存在基本权益受损的情况。例如园区的采光权没有得到很好保障。机械厂周边用地逼仄，更新改造后的创意园与周边用地间距不足，居住类用地、办公类用地两类用地直接贴合。《物权法》第八十九条规定："建造建筑物，不得违反国家有关工程建设标准，妨碍相邻建筑物的通风、采光和日照。"而厂区南侧的万科房地产高层板式住宅高度达 80m，与创意园南侧 LOFT 间距仅 20m（图 16），给创意园内的各个办公建筑自然采光都带来了较大影响，形成了较强的负外部效应。同时，由于保留厂房改建自由度有限，难以对建筑外墙做大范围的改动，且厂房本身建筑高度低矮（2~3 层），更激化了这一矛盾。

浙江思珀整合传播有限公司南朝向办公室
（拍摄时间：2018 年 9 月 7 日下午 3 时）

浙江创意园 loft
万科住宅小区

图 16　万科住宅小区对浙江创意园的采光遮挡情况
（来源：依据百度地图和实地踏勘情况自绘）

4.2　部分设施配套欠缺

在工业遗产更新后，应当对新植入业态进行相应的设施配套。而园区内配套设施仍有不完善之处，较为突出的是停车问题。浙江创意园园区专职工作人员 28 人，入驻企业 46 家，停车需求较大。由于地处城市中心区，地面空间有限，地下空间尚未开发，导致其作为一个办公商务类园区，却没有配备单独的停车空间。据访谈内容，园区内的员工一般选择距园区出入口较远的天一角社会停车场进行付费停车，导致员工停车开支大，停取车流程繁琐。同时，该停车场也时常处于饱和状态，不能满足员工停车需求。

4.3　风貌景观融合不足

温州冶金机械厂的独特工业建筑风貌是城市产业演进过程中一道独特的风景线，具有不可复制性和不可替代性，是城市公共文化资源的一部分，应当有较为统一的特色风貌。目前浙江创意园的管理运营者更侧重功能置换及置换后文创产业的发展。园区内部的建筑空间分属于各个入驻企业单独设计，导致园区内部的公共空间缺乏统筹性的空间设计和改造规划，园区开放程度不够，工业遗产风貌未成体系，不能很好地与城市景观体系衔接（图17）。

图17　园区风格各异的外墙装饰
（来源：作者自摄）

5　温州冶金机械厂保护与更新的多方合作策略

5.1　引入规划师角色，优化园区环境品质

温州冶金机械厂采用自主更新的方式，整体策划与管理主要由高校和报社共建的浙江创意园这一独立法人单位来完成，对园区空间并没有进行大的改动，而入驻企业仅对租用部分进行设计改造。纵观园区更新全过程可以发现，规划师并没有参与其中。正是这一原因，导致园区在基础设施配套和环境景观营造等方面都有所缺位，空间品质有待提升。

显然，欠缺的基础配套设施、纷乱的园区景观空间、不舒适的办公环境对于园区的长久发展是极为不利的。规划设计师角色的介入将大大弥补冶金机械厂在更新改造中的不足（图18）。基于创意园中的入驻设计企业众多、园区面积较小的特点，建议以创意园区为主办单位、鹿城区政府为协办单位，在园区内外召开园区景观设计或规划设计竞赛，依托温州日报报业集团的良好宣发优势，以设计竞赛形式找到合适的民间规划师，委托其完成规划设计工作，并给出相应的奖金和荣誉支持。参赛设计公司、创意园乃至政府单位都将在这种多元主体参与下获得共赢。此外，规划师同时也是各方诉求的协调者。在一个以多方合作为基础的产业园区中，园区的管理者更重视经济收益，入驻企业更注重环境品质，政府部门在注重创意园建设经济效益的同时，也重视其工业遗产更新保护情况。以规划师角色介入，协调各方利益诉求，推动共识，达到空间品质提升、创意园运营优化的目标。

5.2　重组织空间单元，满足各方空间诉求

入驻企业多种多样，其对于空间的诉求也各不相同。入驻空间可以大致划分为三类单元：餐饮单元、企业单元及教育单元。笔者根据实际访谈，得出以下空间要求（图19）：对于外部空间诉求，餐饮单元的

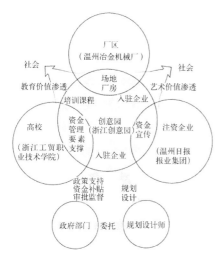

图18　策略改进后多元主体参与示意图
（来源：作者自绘）

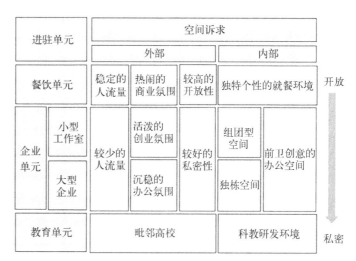

图19　不同进驻单元对于空间的诉求
（来源：作者根据访谈资料自绘）

希望能有热闹的商业氛围、较为稳定的人流量和较高的开放性；企业单元需要有较少的人流量和较好的私密性以满足其日常办公的需要，其中小型工作室需要更加活泼的创业氛围、大型企业需要更加沉稳的办公氛围；教育单元更需要毗邻高校，满足其产学研一体化要求。对于内部空间，餐饮单元需要具有独特个性的就餐环境以吸引城市内的消费者；企业单元则需要具有前卫创意的办公空间，其中小型工作室由于体量小，更需要细胞组团形空间满足其较低租金的需求，而大型企业则需要独栋空间满足其日常办公运作；教育单元需要科教研发环境满足其高创新活力需求。

因此，除了更宏观的规划师角色应当介入外，产业园管理方可按照上述三类空间单元，依照其空间诉求，进行园区布局改动。如可以在园区北侧沿街保留餐饮单元，咖啡吧、小餐厅等小型餐饮单元沿产业园外侧布置，将需要较好私密性的文创单元布置在园区内部。教育单元毗邻学校，与小型工作室共用LOFT厂房。

5.3　提升园区开放度，促进正外部效益外溢

温州冶金机械厂的更新改造是原土地产权不变、各主体自发合作组织更新的过程。与大多数由政府主导的工业遗产更新过程相比，温州冶金机械厂的更新更具私有权属意义，公共性则略为欠缺。温州冶金机械厂本身作为国有土地，同时也作为城市工业遗产的一部分，本身承担着鹿城区历史文化载体的功能，应当将其宝贵的文化价值和景观价值向市民开放，促进其正外部效益外溢。

浙江创意园本身产学研一体化的特征使得其文化教育价值较高，因此可以通过开办展览、公共课程等方式扩大园区的科教影响范围。比如以入驻企业为主办单位，以厂房展览空间为载体，以温州日报报业集团为宣传渠道，定期向社会公众开办工业设计文化展览、工业遗产文化展览、瓯文化公共课程、摄影艺术公共课程，将现有的面向公众的教育资源品牌化、模式化。既能丰富社会文化，也能扩大园区内企业的知名度和影响力，促进园区本身创意产业的发展。

从环境景观角度而言，园区可以开放部分围墙，将需要私密性空间的部分和需要开放性的空间隔开，将园区的一部分向公众开放。一方面可以打造丰富的业态、促进园区内的商业餐饮类入驻商户蓬勃发展，另一方面促进温州冶金机械厂的建筑肌理与城市建筑肌理融合，将园区内丰富的绿化、特色的街道景观融入城市景观体系。

6 结语

在工业遗产更新中，如何协调多元主体的利益与矛盾是个复杂问题。温州冶金机械厂经过政府、高校、报社、厂区、入驻企业等多方共同合作，不仅完成自我更新，其功能置换后的产业园也取得了良好的发展，成为自主更新的一个典型。期待未来工业遗产更新能在这些经验的基础上，积极开展多元主体参与的实践工作，探索自主更新协作模式。

参考文献

[1] 吉慧，曾欣慰. 城市更新中的工业遗产再利用探讨：以上海八号桥为例[J]. 城市发展研究，2017，24（12）：116-120.

[2] 杨茹岚. 基于多元主体参与的工业遗产保护与再利用策略研究[D]. 苏州：苏州科技大学，2016.

[3] 武志红. 我国运行 PPP 模式面临的问题及对策[J]. 山东财政学院学报，2005（5）：20-25.

[4] 胡云. 论我国城市规划的公众参与[J]. 城市问题，2005（4）：74-78.

[5] 赵彬元. 共生理论下的工业遗产保护与更新规划策略研究：以苏州苏纶厂更新改造为例[J]. 城市住宅，2021，28（1）：62-64.

[6] 梁玮男，李忠宏. 关于产业遗产保护与再利用的"共生"策略研究[J]. 国际城市规划，2010，25（4）：67-71.

[7] 陈业伟. 上海旧城区更新改造的对策[J]. 城市规划，1995（5）：32-34.

[8] 潘煜双. 建立现代企业制度 进行公司制改造：对温州冶金机械厂现有管理制度的调查[J]. 冶金财会，1997（9）：23-24.

[9] 金个. "浙江创意园"发展战略研究[D]. 南昌：华东交通大学，2020.

[10] 陈宗兴. 鹿城区旧厂区城市有机更新模式创新研究[D]. 长沙：湖南农业大学，2016.

对比视角下苏州城市更新实施机制的优化策略探讨

韦　虎 *

【摘　要】优化城市更新实施机制是促进城市更新实现城市集约高效发展的关键。本文将城市更新实施机制归纳为管理机构设置、政策法规制定、土地与资金管理和公众参与四个部分，梳理了苏州市城市更新实施机制现存问题；然后，基于地区对比视角，比较台北、广州、深圳、上海四地的城市更新实施机制，总结实践经验；最后，借鉴四地经验有针对性地提出苏州城市更新实施机制的优化策略，以期更好地推动苏州城市更新行动，并为其他相似城市的城市更新工作提供借鉴。

【关键词】城市更新；实施机制；优化策略；对比

引言

国家"十四五"规划纲要和 2020 年中央经济工作会议报告均明确提出"实施城市更新行动"，城市更新已然成为我国城市建设领域的主旋律。城市更新是城市可持续发展的必然选择，而城市更新实施机制是城市更新工作有效落实的重要环节，其完善性关系到城市更新全生命周期的稳定和发展。如何依据自身城市特点，优化城市更新实施机制，是城市规划领域亟待关注的重要问题。

截至目前，我国只有台北、广州、深圳、上海等少数城市更新较为成功，建构了规范且成体系的城市更新管控体系，而多数城市缺乏完备的更新制度体系。基于此，本文以城市更新实施机制为切入点，将其归纳为管理机构设置、政策法规制定、土地与资金管理、公众参与，并分析苏州城市更新实施机制现存问题；随后，选取台北、广州、深圳、上海为研究案例，通过文献查阅法和比较分析法研究四地实施机制的共性和个性，总结成功经验；最后，结合四地成功经验提出具有苏州特色的城市更新实施机制的优化策略。这不仅有利于规范苏州城市更新工作，而且有利于丰富城市更新实施机制的理论研究，为国内城市更新工作的开展提供理论和决策支持。

1　城市更新实施机制概念界定与研究进展

1.1　概念的界定

"机制"泛指一个工作系统的组织或部分之间相互作用的过程和方式。随着城市更新工作需要，相关学者将实施机制应用于城市更新工作中。例如，王洋认为实现旧城更新并达到城市可持续发展目标的核心是要建立操作层面系统的实施机制，包含城市规划、土地资产经营、运行保障等方面；黎志辉认为体制改革、资金筹措和政策的制定是城中村改造顺利实施的关键所在。由此可见，城市更新工作中的实施

---

* 韦虎，苏州科技大学研究生。

机制由多个子机制构成，包含决策、运行、管理、参与等。具体到本文，考虑到研究深度和采集资料难度，笔者将实施机制概括为管理体制和运行机制两个部分，更新实施机制研究主要围绕管理机构、政策法规、土地与资金、公众参与展开。

1.2 城市更新实施机制研究进展

国内针对城市更新实施机制的研究较少且涉及内容较为单一，主要从城市更新的管理和运行机制、政策法规、土地与资金、参与主体等展开研究。在管理和运行机制层面，叶磊从组织、运作和管理三个层面探讨了城市更新运行机制的构建路径。林华琪以深圳罗湖区为例，分析了城市更新管理中的事权配置，认为存在权责不对等、不明确、不稳定和信息传达失效等问题。在政策法规层面，邓志旺认为城市更新政策有利于指导城市更新工作的实施；朱海波认为制定《城市更新法》，搭建城市更新法律制度体系对城市可持续发展至关重要；程则全在对比研究国内城市更新成功案例的基础上，结合济南实际，提出了"1+1+N"的三级更新政策法规体系。在土地与资金层面，古小东等认为城市更新在土地开发、融资方式等方面应采取适当的创新方式；袁利平基于资金平衡，对广州城市更新提出了优化策略；严若谷等认为台湾城市更新的单元规划有助于整合土地权利，多种奖励制度和融资方式减轻了权利人的更新资金压力，促进了权利人自治更新。在参与主体层面，吕晓蓓回顾深圳市早期城市更新实践，强调了政府在城市更新中的主体地位；陈煊以研究了武汉汉正街更新过程中地方政府、开发商、民众的角色关系；胡茜认为创新多主体参与的城市更新公众参与制度对"十四五"时期推进城市更新行动十分重要。

综上，近年来，我国城市更新趋于从技术方向研究转为内部机制研究，内容涉及管理机构设置、更新立法保障、更新政策创新、公众参与等方面。但对更新实施机制的系统研究较少，在更新实施层面还未形成完整理论体系，缺乏共识。此外，多数研究成果缺乏实证研究，现实可操作性不强。因此，本文在比较典型城市更新成功案例的基础上，以苏州为研究案例，分析城市更新实施机制现状问题，提出机制优化策略，这不仅能够填补城市更新实施机制研究的实证空缺，也能有效反馈历史文化名城城市更新现状，指导政策的制定，有着较好的实践操作和理论补充价值。

2 苏州城市更新实施机制的现状与问题

2.1 更新管理机构现状与问题

自 2019 年苏州市机构改革以来，城市更新组织已基本形成由领导机构（市级领导机构）、管理机构（市级更新部门）、实施机构（区县更新部门）组成的三级更新管理体系（图 1）；部门管理由设在市自然资源和规划局的详细规划处（历史文化名城保护处）负责；区县人民政府负责本辖区内的城市更新工作，

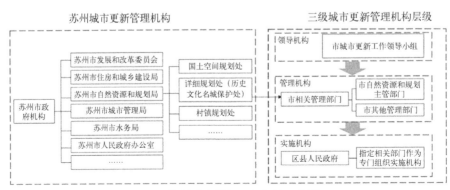

图 1 苏州城市更新组织架构示意图

一般指定市自然资源和规划局相关市辖区分局为专门的组织实施机构。

苏州各区的更新项目往往涉及多个管理部门，区自然资源和规划局负责组织编制更新实施方案并统筹城市更新工作，区文化体育和旅游局、区交通运输局等政府部门须对照自身职能配合相关工作。这种更新组织往往具有一定的临时性，在涉及跨行政边界的项目或需要更专业的协调和管理能力时，更新实施较为困难。即使是不涉及控规调整的微更新项目，如开辟一条慢行通道，都可能需要协调环保、交警、绿化、河道、消防等多个部门，以街道为主体推进更新工作困难较大。

2.2 更新政策法规体系现状与问题

苏州城市更新政策法规体系缺乏系统且针对性不强。一些城市（如台北和深圳）均已通过城市更新法规政策，而苏州没有目前尚未出台市级层面的地方性法规或是政府规章，缺少核心性的更新政策法规文件；另一方面，目前的更新政策种类（表1）不能涵盖苏州全市各类型的更新活动，在工业用地、老旧小区、城中村等操作层面的配套政策尚待完善，否则将引起更新项目混乱，造成更新难的问题。

苏州主要城市更新相关政策文件 表1

年份	文件名称
2002	《苏州市古建筑保护条例》
2003	《苏州市历史文化名城名镇保护办法》
2013	《关于进一步加强历史文化名城名镇和文物保护工作的意见》
2013	《关于鼓励积极盘活存量建设用地促进土地节约集约利用的实施意见》
2013	《关于优化配置城镇建设用地 加快城市更新改造的实施意见》
2015	《关于加快土地利用方式转变深化国土资源保护和管理的意见的通知》
2016	《苏州市工业用地弹性年期出让实施意见》
2017	《关于促进低效建设用地再开发提升土地综合利用水平的实施意见》
2017	《苏州国家历史文化名城保护条例》
2018	《苏州市江南水乡古镇保护办法》

2.3 更新土地管理与资金保障现状和问题

从苏州现行土地政策来看，原土地权利人进行自主改造模式已经开展，改造主体和改造方式也较为多样。例如，《关于促进低效建设用地再开发提升土地综合利用水平的实施意见》中提到"在符合规划的前提下，鼓励原土地使用权人通过自主、联营、入股、转让等多种方式对其使用的存量建设用地进行改造开发"。但在资金层面，一方面苏州目前存在更新资金来源单一且后续资金筹集困难的问题，虽然地方如枫桥街道在探索片区"退二优二"项目融资模式，但总的来说尚处于初期，须借鉴相关城市经验，拓宽资金筹措渠道。另一方面，苏州通过奖励机制吸引开发商参与更新运作，但目前奖励机制较为单一且缺乏创新，无法在有效吸引开发商投资建设的同时推动更新工作的公益性。

2.4 更新过程中公众参与现状与问题

城市更新往往涉及多方利益，广泛的公众参与十分重要。苏州在城市更新公众参与层面存在以下问题：一方面，从苏州市政策体系建设的角度，缺乏专门的公众参与政策，在更新的全过程中，不能切实保障公众参与的过程与结果；另一方面，许多公众的规划基础知识较弱，很难对更新工作进行利弊权衡，往往很难有效了解规划实质，后期是否可以引入相关非营利机构帮助民众了解更新项目，可以适当考虑。

3 对比视角下台北、广州、深圳、上海城市更新实施机制分析

城市更新是释放城市空间，满足发展需求的有效方式。中国台湾自 20 世纪 80 年代开始积极探索西方国家的城市更新经验，并于 1998 年结合城市建设实际需要，立法通过《都市更新条例》。深圳于 2009 年颁布了城市更新办法作为指导更新工作的核心依据，其后广州、上海等地也颁布了城市更新相关办法，对更新制度体系进行了探索（表 2）。经过多年实践，台北、广州、深圳、上海在城市更新方面积累了丰富的经验。选定四市为对比分析对象，主要考虑到其城市更新制度建设方面的实践创新先驱地位，及在全国产生的深远影响。

台北、广州、深圳、上海的城市更新办法 表 2

城市	核心文件	实施时间
台北	《都市更新条例》	1998-11-11
广州	《广州市城市更新办法》	2016-1-1
深圳	《深圳市城市更新办法》	2009-12-1
上海	《上海市城市更新实施办法》	2015-6-1

3.1 更新管理机构比较

（1）台北：都市更新处。台北市在政府所属的一级机关都市发展局下设置了都市更新处，负责处理都市更新相关业务。管理和审议工作适当分离，审议工作由各级都市计划委员会负责。

（2）广州：市城市更新项目建设管理处。2015 年，广州市在原有"三旧办"的基础上，成立了我国第一个市级城市更新局，作为市城市更新的专门机构。竖向看，市区联动，市城市更新局内部设立七个处室和四个事业单位，向下设区城市更新局，具体落实城市更新项目。横向看，机构平行，市城市更新局与市国土资源和规划委员会、市住房和城乡建设委员会等部门同级。由于市更新局作为独立型政府机构，在更新工作协调中会出现不同部门间审批时间长、效率低的问题。为此，2019 年广州市城市更新局撤并，设立城市更新项目建设管理处，其职能划入广州市住房和城乡建设局。

（3）深圳：市城市更新和土地整备局。2015 年，深圳成立市城市更新局，隶属于市规划和国土资源委员会。竖向看，市城市更新局内设四个处级部门辅助工作，下设区城市更新局，负责城市更新项目实施。横向上看，市城市更新局多涉及土地管理问题，需要和市土地整备局进行土地储备和项目实施上的对接，而市城市更新局同当时的市土地整备局处于平行关系，存在运作低效问题。2019 年，深圳开展了政府机关改革，原市城市更新局、土地整备局合并为市城市更新和土地整备局，归属市规划和自然资源局统一管理，为高质量推进城市更新和土地整备工作提供有力的制度保障。

（4）上海：市城市更新处。上海并未成立独立的城市更新局，仅在市规划和自然资源局下设立城市更新处，负责全市城市更新工作。各区县人民政府负责城市更新的组织实施。这一点与深圳相似，城市更新管理机构均由市规划和自然资源局负责。

从城市更新管理机构来看，四市均设置了专门的管理机构，进行工作指导和管理。将原有分散在规划、建设等部门的职能整合到一个专门的更新职能机构后，有利于权力集中，加强管控，提高运作效率。

3.2 更新政策法规体系比较

（1）台北：台湾地区的政策法规体系主要从省级和市级两个层次展开，省级表现为"1+8"的体系架

构，"1"是《都市更新条例》；"8"是八项子法如《都市更新条例施行细则》等；市级上就台北而言，为"1+N"的体系架构，"1"为《台北市都市更新自治条例》，修补了《台北市都市更新实施办法》的不足；"N"为多种技术标准和操作规范类文件。

（2）广州：以"1+3"政策为统领，配备多种辅助文件。广州市首先在全市层面出台《广州市城市更新办法》作为纲领性文件，即为"1"；同时针对旧村庄、旧厂房、旧城镇三种类型出台 3 个配套文件；此后，广州市根据自身特点，在管理层次、操作指引层次、技术标准层次不断补充细则和文件，完善政策体系。值得注意的是 2021 年广州启动更新立法工作，形成《广州市城市更新条例（征求意见稿）》，向社会公众公开征求意见。

（3）深圳："1+1"政策为核心，配备多种辅助文件。法规层面，出台《深圳市城市更新办法》和《深圳市城市更新办法实施细则》作为更新体系核心文件；在两者基础上，深圳又根据实际需要完善了从法规政策到操作指引及技术标准的多种配套文件。值得注意的是，2021 年《深圳经济特区城市更新条例》正式实施，对城市更新行业法治化发展具有重要意义（图2）。

图 2　深圳城市更新政策体系

图 3　上海城市更新政策体系

（4）上海："1+1"政策为统领，配备多项辅助政策。类似深圳，前一个"1"是《上海市城市更新实施办法》，为城市更新统领文件，但该文件不同于其他两个城市，其对城市更新类型进行了扩展，包括公共空间，社区微空间、街道等；后一个"1"是《上海市城市更新规划土地实施细则》，对实施办法相应内容进行细化规定。此外，上海市还提出多项配套政策，更好地落实更新工作（图3）。

从城市更新政策法规体系来看，四市均已形成较为完善的体系架构。首先各城市均出台了自身的《办法》或《条例》作为更新核心指导文件；其次，出台了《实施细则》对办法进行细化规定；此外，四市均颁布多套配套文件来指导、规范城市更新工作。值得注意的是，相对于其他两个城市，台北的政策法律效力较强，权威性更高；上海的更新政策文件基本覆盖了城市更新实施过程中的各个环节，更注重实施性。

3.3 更新土地管理与资金保障比较

在土地管理方面。深圳、广州在相关文件中鼓励原土地权利人自主或参与改造，有利于解决市场过度追求经济效益的问题；台湾地区以城市更新单元为规划手段，大力倡导民间自主更新，以"多数决"和"权利变换"的手段快速实现更新单元内的民众产权整合。此外，四个城市均强调对零散用地的合并利用。

在资金保障方面。台北和广州设置了城市更新专项资金，台北出台了《都市更新基金收支保管运用自治条例》，扩大了经费来源渠道；广州吸引多方融资，包括国家政策性贷款、土地和房屋权属人资金投入、商业银行贷、PPP、社会资本等举措。深圳和上海在这方面则没有较多涉及，但对城市更新主体给予了一定的优惠政策，以减少资金压力，加快工作落实。

在实施奖励方面。就上海而言，其提供容积率奖励，但须为社会提供相应公共空间，这有利于满足市场和社会两方需求。相比于上海，台北对提供公共产品或空间的开发者给予更多类型鼓励，包括容积奖励、税赋减免、帮助民间资源顺利进入开发阶段所设置的快速审批程序等；此外，政府还可以帮助开发者解决贷款难问题。两市的实施奖励不仅提升了开发者的动力，也推动了城市更新以公共事业为导向合理发展。

3.4 更新公众参与比较

广州、深圳和上海三地在自身的更新办法中提出了公众参与的相关章程，例如在更新规划的制定环节均规定了应进行规划公示、征求意见、公示期要求等，但对公众能否参与更新规划与政策制定、审批和实施的各个环节未做出明确说明。而台北对城市更新中公众参与的参与途径和环节均有明确规定，在城市更新全生命周期里，均要求举行听证会，保障公众参与。听证会这一形式很好地给予了相关权益人话语权，同时相关部门可以借助听证会了解群众意见，及时对工作做出调整，确保更新工作的可实施性。

4 苏州城市更新实施机制优化策略

4.1 设立负责自上而下更新项目的实施机构

借鉴四市经验，苏州可尝试设立专门负责城市更新的政府常设机构，作为实施更新项目的主体自上而下地制定更新计划、实施更新项目、监督实施成效。此外，参考相关经验，先在苏州各区县层面设立半临时性质的城市更新办公室负责更新相关事务，待时机成熟再转变成类似城市更新局的常设机构（图4）。

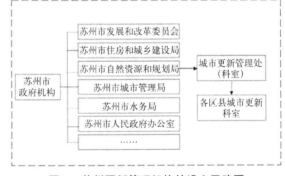

图4 苏州更新管理机构的设立思路图

4.2 构建层级分明的更新政策体系

借鉴四市经验，苏州可尝试构建"1+1+X"的城市更新政策体系。前一个"1"指的是从地方性法规层面着手，研究出台《苏州市城市更新条例》，从更高层次保障更新工作规范化和法治化。后一个"1"，是指从地方政府规章层面着手，研究出台《苏州市城市更新办法》，作为核心指导后续的实施细则和配套政策的制定工作。"X"是指在整合现有更新政策文件的基础上，针对不同更新对象、不同更新模式等需求，出台一系列操作指引和技术章程，加快推动城市更新工作落实（表3）。

更新政策体系构建思路图　　　　　　　　　　　　　　　　　　　　表3

效力层级	政策名称
地方性法规	苏州市城市更新条例
地方政府规章	苏州市城市更新办法
规范性及指引性文件	苏州市城市更新办法实施细则
	苏州市城市更新基础数据调查管理办法
	苏州市城市更新历史用地处置暂行规定
	苏州市城市更新单元规划审批操作指引
	……

4.3　实施创新多样的更新保障制度

在奖励机制方面，苏州作为历史文化名城，其更新中的奖励机制应坚持以公共利益为前提，为城市物质环境和功能带来全面改善。可借鉴台北经验，对在更新活动中提供公共空间和功能、保护历史建筑和传统风貌或者其他满足公益性要求的实施者，创新奖励机制。例如：帮助民间资源顺利进入开发阶段的快速审批程序，提供规划设计技术服务和指导；给予适度的贷款担保及延长还贷等。

在资金保障方面，苏州可设立城市更新专项资金，针对特定项目和奖励工作，做到专款专用；此外，应继续吸引优质社会资本参与城市更新，不断创新融资方式，借助"投资人+EPC"模式、PPP模式、贷款、资产证券化等多种方式筹集资金，解决更新工作中资金难的问题。

4.4　建立切实可行的公众参与机制

苏州可借鉴台北和欧美国家经验，制定专门的公众参与政策，同时优化更新三个阶段即城市更新计划阶段、规划阶段和实施与监督阶段中公众参与的流程（图5），增强公众的知情权，保障公众参与的过

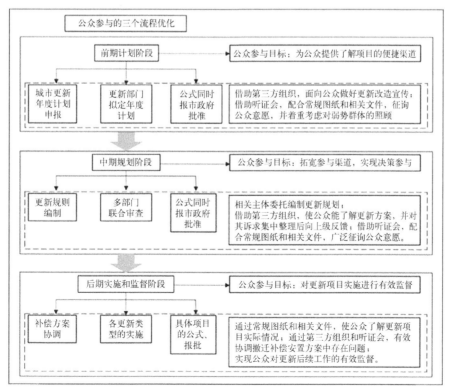

图5　苏州市城市更新公众参与体系优化示意图

程与结果。此外，可借鉴台北已有关于第三方组织的成功经验，引入与更新无关的非营利组织，为相关权益人提供更新工作的有关咨询和服务，并从中协调和避免矛盾，促进不同利益主体之间的良好的沟通和协作，保证城市更新工作有序进行。

5　结语

本文基于当前城市更新工作在实施过程中面临的困境，在对台北、广州、深圳、上海四地在城市更新实施机制上的实践进行横向比较并总结其成功经验的基础上，结合苏州实际提出苏州城市更新实施机制的优化策略，包括设立负责自上而下更新项目的实施机构、构建层级分明的更新政策体系、实施创新多样的更新保障制度、建立切实可行的公众参与机制，以期更好地推动苏州城市更新行动，并为其他相似城市的城市更新工作提供借鉴。

参考文献

[1] 杨瑞. 成都城市更新管理机制研究 [D]. 北京：清华大学，2013.

[2] 王洋. 城市中心区旧城更新实施机制研究 [D]. 武汉：武汉理工大学，2007.

[3] 黎智辉. 城中村改造实施机制研究 [D]. 武汉：华中科技大学，2004.

[4] 叶磊，马学广. 转型时期城市土地再开发的协同治理机制研究述评 [J]. 规划师，2010，26（10）：103-107.

[5] 林华琪. 深圳市罗湖区城市更新中的政府事权配置问题研究 [D]. 深圳：深圳大学，2017.

[6] 邓志旺. 城市更新政策研究：以深圳和台湾比较为例 [J]. 商业时代，2014（3）：139-141.

[7] 朱海波. 当前我国城市更新立法问题研究 [J]. 暨南学报（哲学社会科学版），2015，37（10）：69-76，162-163.

[8] 程则全. 城市更新的规划编制体系与实施机制研究 [D]. 济南：山东建筑大学，2018.

[9] 古小东，夏斌. 城市更新的政策演进、目标选择及优化路径 [J]. 学术研究，2017（6）：49-55，177-178.

[10] 袁利平，谢涤湘. 广州城市更新中的资金平衡问题研究 [J]. 中华建设，2010（8）：45-47.

[11] 严若谷，闫小培，周素红. 台湾城市更新单元规划和启示 [J]. 国际城市规划，2012，27（1）：99-105.

[12] 陈煊. 城市更新过程中地方政府、开发商、民众的角色关系研究 [D]. 武汉：华中科技大学，2009.

[13] 胡茜. "十四五"时期我国推进城市更新的思路与举措 [J]. 中国房地产，2021（7）：48-55.

[14] 杨东. 城市更新制度建设的三地比较：广州、深圳、上海 [D]. 北京：清华大学，2018.

[15] 刘波. 我国台湾地区都市更新制度研究 [D]. 郑州：郑州大学，2011.

[16] 韩文超，吕传廷，周春山. 从政府主导到多元合作：1973 年以来台北市城市更新机制演变 [J]. 城市规划，2020，44（5）：97-103，110.

[17] 王艳. 人本规划视角下城市更新制度设计的解析及优化 [J]. 规划师，2016，32（10）：85-89.

[18] 王晓雨. 城市更新中第三部门介入的模式与对策研究 [D]. 武汉：华中科技大学，2018.

贫困村脱贫绩效评估体系构建
——以蚂蚁堆村为例

索世琦[*]

【摘　要】我国目前社会正处于由脱贫攻坚到乡村振兴的过渡阶段，要做好两者的衔接工作，需要对原有的脱贫绩效进行评估。本文首先通过对云南省临沧市蚂蚁堆村脱贫攻坚实施情况进行研究，构建脱贫绩效评估体系，对村庄整体发展情况进行分析，判断出蚂蚁堆村目前发展正处于脱贫攻坚与乡村振兴发展的过渡期。最后，针对蚂蚁堆村评估体系中政策保障、经济发展和社会发展三大领域中存在的问题进行分析并提出发展建议。

【关键词】脱贫绩效评估；乡村振兴；国土空间规划

1 研究背景及综述

1.1 研究背景

2020 年末，中国已经如期完成了新时代脱贫攻坚任务目标。在党的十九届五中全会上，将"脱贫攻坚成果巩固拓展，乡村振兴战略全面推进"纳入"十四五"时期经济社会发展主要目标，接着又提出了"实现巩固拓展脱贫攻坚成果同乡村振兴有效衔接"的要求。脱贫攻坚以解决"两不愁三保障"为重点，乡村振兴在此基础上提出了更高的目标要求："产业兴旺、生态宜居、乡风文明、治理有效、生活富裕"，而对于深度贫困地区来说，相对贫困的问题依然存在。因此，我们需要针对其目前的脱贫发展情况进行评价，为乡村振兴之路提供方向。

1.2 文献综述

针对脱贫绩效评估方面的研究，学者们从不同角度做出了研究。

有学者对云南省 100 个省级扶贫示范村的旅游扶贫成效进行客观分析，以史密斯政策执行模型为框架，从政策制定、政策执行、目标群体以及政策影响四个方面构建乡村旅游扶贫政策执行绩效评价体系，为云南省在乡村振兴背景的乡村旅游政策绩效提升提供对策与建议。有学者结合利辛县扶贫工作现状，以资源配置理论、"3E"标准理论和可持续发展理论为基础，从精准识别、监督管理、脱贫效果 3 个方面构建出一套综合的精准扶贫绩效的评价体系。有学者对丽江市各区县精准扶贫绩效进行分析，基于各级政府文件分析，从投入与产出两个方面建立评价体系指标，最后提出对丽江市精准扶贫绩效的对策参考建议。有学者对广东省精准扶贫市绩效进行研究，运用结构方程模型构建出了广东省被帮扶市党委和政府精准扶贫绩效评价指标体系。有学者对云南省红河州精准扶贫绩效进行研究，运用层次分析法建立了

　　* 索世琦，华中科技大学建筑与城市规划学院研究生。

精准扶贫绩效评价体系。有学者运用层次分析法和熵值法，构建出临沂市精准扶贫绩效评价体系。

2　研究方法与数据来源

2.1　研究方法

（1）文献研究法

通过搜集相关文献并整理归纳，了解学者目前的研究进展以及脱贫绩效评价指标体系的建立标准。再结合国家以及云南省相关政策文件，针对目前所颁布的具体政策、有关村镇扶贫文件资料进行分析，为接下来的研究打好基础。

（2）实地调研法

为获得第一手资料，研究团队在 2021 年 3 月与 7 月前往云南省临沧市蚂蚁堆村，开展共计 15 天左右的调查研究。走访蚂蚁堆村每一处自然村，调研期间共计行程 800km。通过对村民进行访谈、与村乡级干部召开座谈会、走访临沧区各职能部门等多种形式，全方位、多层次地了解蚂蚁堆村的发展情况。

（3）问卷调查法

本次问卷调查的目的在于明确脱贫绩效评估中具体指标的完成情况，并且融入三级指标体系的构建当中。通过村委会向各村组居民发放问卷，共计回收 365 份问卷，占蚂蚁堆村总户数的 51.4%。对问卷数据进行处理分析，用于指标体系的完善。

（4）层次分析法与专家打分法

采用层次分析法（AHP）来分析数据，确定一级指标与二级指标的权重。同时，针对内容较少的指标，运用专家打分法，与相关专家及乡政府领导进行交流沟通，确定三级指标的权重。

2.2　数据来源

本次数据来自蚂蚁堆乡统计报告以及扶贫工作报告等，同时临翔区各职能部门也提供了相关资料。研究团队对蚂蚁堆行政村下各自然村进行实地调研，与居民访谈了解生活情况，开展座谈会乡镇干部和区级职能部门领导交流，对指标数据进行了统计，部分数据通过计算得出。

3　蚂蚁堆村基本情况介绍

蚂蚁堆村古名被称作"马驿堆"，古时临沧通往昆明、拉萨、大理等地的茶马古道，因马帮在此处歇脚、堆放货物而得名。蚂蚁堆村位于云南省临沧市蚂蚁堆乡东部，距离临沧市中心城区 25km，东临新民村，西临 214 国道、南临曼启村，北临曼毫村，是临翔区的"北大门"。目前，村中有户籍人口 710 户 2910 人，其中建档立卡贫困人口 240 户 1011 人，占总人口的 34.7%，属于深度贫困村。在政府与国家政策的帮助下，2018 年实现了全部脱贫。

4　评估体系构建

4.1　评价模型构建思路

评价模型由评价目标、对象、标准、方法、指标等内容构成，需要对评价的指标进行层次分类。构建评价模型需要将评价指标分为目标层、准则层和指标层，形成层次结构；其次，运用层次分析法，确定指标权重，对每一项指标制定相应的评价标准；最后，对指标赋值，完成指标体系构建。

4.2 评价指标选取

通过参照其他文献中脱贫巩固成效评价指标以及相关政策文件，再运用德尔菲法，通过对相关专家与乡镇领导的交流访谈，整理归纳，最终得到了脱贫巩固绩效评价指标体系。

4.3 指标评价标准确定

4.3.1 政策保障

政策保障是政府颁布政策的政策实施情况，分为7个要素，分别为脱贫情况、住房安全、就业扶贫、教育扶贫、健康扶贫、生态扶贫和特殊人群保障。针对实施情况进行评价和赋值，若完成为1，未完成则为0。所有指标均为脱贫最底线指标（表1）。

蚂蚁堆村脱贫巩固绩效评价指标体系 表1

关键领域	A	关键要素	B	关键指标	C
政策保障	A1	脱贫情况	B1	村庄脱贫比例	C1
		住房安全	B2	扶贫搬迁实施情况	C2
				危房改建实施情况	C3
		就业扶贫	B3	技能培训实施情况	C4
				转移就业实施情况	C5
		教育扶贫	B4	教育补贴实施情况	C6
				学校建设是否达标	C7
		健康扶贫	B5	医疗保险覆盖情况	C8
				医疗场所是否达标	C9
		生态扶贫	B6	经济补贴情况	C10
		特殊人群保障	B7	低保补贴情况	C11
				养老保险覆盖情况	C12
经济发展	A2	收入情况	B8	人均可支配收入	C13
				人均可支配收入增速	C14
		产业发展	B9	农产品人均产值	C15
				畜牧业人均产值	C16
				外出务工人均收入	C17
		集体经济	B10	农村合作社年收入	C18
社会发展	A3	饮水安全	B11	水质评价等级	C19
				人均水量分级	C20
				取水方便程度分级	C21
				供水保证率分级	C22
		交通扶贫	B12	路面硬化情况分级	C23
		电力扶贫	B13	通电情况分级	C24
		网络扶贫	B14	通网情况分级	C25
		公共设施	B15	党员活动中心建设情况	C26
				其他公共服务设施满意度	C27
		人居环境	B16	环境等级分类	C28

（来源：作者自绘）

（1）脱贫情况

脱贫情况要素通过村庄人口脱贫比例标准进行绩效评估。截至目前，建档立卡户贫困人口要实现脱贫，消除绝对贫困。

（2）住房安全

住房安全要素通过扶贫搬迁实施情况与危房改造实施情况两项指标进行绩效评估。截至目前，按照脱贫标准，政府对于需要搬迁的村民应该全部协助其完成易地扶贫搬迁工作。同时，对于房屋存在问题的住户，应全部实施农危房重建、加固的工作，并进行补贴。

（3）就业扶贫

就业扶贫要素通过技能培训实施情况和转移就业实施情况两项指标进行绩效评估。截至目前，需要完成原建档立卡户每户至少有一人参加技能培训的要求。对于符合条件的有意向外出就业的人员，应保障提供就业岗位，且收入达到一定标准。

（4）教育扶贫

教育扶贫要素通过教育补贴实施情况与学校建设情况两项指标进行绩效评估。截至目前，按临翔区教育补贴标准，蚂蚁堆村应实现普通学生与建档立卡户学生补贴的全面覆盖。同时，学校的各项建设应该符合《云南省贫困退出标准和脱贫成果巩固要求指标说明》中的要求。

（5）健康扶贫

健康扶贫要素通过医疗保险覆盖情况与医疗设施建设达标情况两项指标进行绩效评估，截至目前，应实现建档立卡户村民全部参加医保，同时，建制村应拥有村卫生室并达到基本标准。

（6）生态扶贫

生态扶贫需要满足对建档立卡户全部发放经济林补贴的标准。

（7）特殊人群保障

特殊人群保障通过低保补贴情况与养老保险覆盖情况指标进行绩效评估，按照临翔区颁布的政策要求，符合条件的所有人员应当全部纳入。

4.3.2 经济发展

经济发展是对村庄目前经济发展的情况评价。分为 3 个指标，分别为收入情况、产业发展与集体经济。通过查看相关标准来确定各个指标的底线与最高标准，底线为脱贫标准，赋值为 0，最高标准参照全面小康的标准制定，赋值为 1，通过指标所在范围区间按照比例在 0~1 之间进行赋值。

（1）收入情况

收入情况要素通过人均可支配收入与人均可支配收入增速两项指标进行绩效评估。人均可支配收入指标需要达到 4000 元（2020 年国家脱贫标准线人均）以上，达到 12000 元（2020 年全面小康标准）为最高。人均可支配收入增速需要达到 7.7%（2020 年临沧市农村平均人均可支配收入增速）以上。

（2）产业发展

产业发展要素通过特色农作物人均产值、畜牧业人均产值、人均务工收入三项指标进行绩效评估。通过对蚂蚁堆村各产业收入与村人口进行统计计算，得出每项指标的数据。与云南省指标和全国指标进行对比，确定最低标准与最高标准。

（3）集体经济

集体经济要素通过农村合作社收入情况来衡量，通过参考其他村庄合作社年收入标准，确定最低标准为年收入 10 万元，最高标准年收入达到百万元以上。

4.3.3　社会发展

公共服务管理是对村庄目前基础设施、公共服务设施、环境等方面的评价，分为6个因素，分别是饮水安全、交通扶贫、电力扶贫、网络扶贫、公共设施、人居环境。每个指标分为不同的层级。

（1）饮水安全

饮水安全要素通过水质、水量、取水方便程度、供水保证率四个指标进行绩效评估，其中水质标准按照饮水层级分为四级（安全水、饮用净水、普通天然矿泉水、天然雪山冰川矿泉水或稀有水源地用水）。水量标准按照每人每天可用水量可分为3级（可用水量在20~30L，可用水量在30~50L，可用水量在50L以上）。用水方便程度标准按照人力取水往返时间可以分为2级（往返时间在10分钟以内，往返时间在10~20分钟之间）。供水保证率指标，可以划分为3个级（90%~95%，95%~100%，100%）。

（2）交通扶贫

交通扶贫指标，按照标准可以分为3级：建制村通往县城道路路面完成硬化、自然村通往县城道路路面完成硬化、所有居民出行便利。

（3）电力扶贫

电力扶贫指标，按照标准可以分为2级：95%以上农户有生活用电、全部农户有生活用电。

（4）网络扶贫

网络扶贫指标，按照标准可以分为2级：90%以上的建制村通宽带网络、所有自然村通宽带网络。

（5）公共设施

公共设施通过党员活动中心建设和文化活动设施指标进行绩效评估，党员活动中心建设按照标准可以分为2级：每个建制村拥有党员活动中心，每个自然村拥有党员活动中心。文化活动设施建设按照问卷调研中居民对文化活动设施建设的满意度进行标准确定。

（6）人居环境

人居环境建设需要达到1档标准，按照列出的8条规定标准，指标分为8级。

4.4　指标权重确定

利用AHP层次分析法确定指标权重，将每一层级的元素进行两两比较，通过对两个重要性进行标度。最终在MATALAB软件中输入判断矩阵，进行运行计算，最终可得出相应矩阵的指标权重结果。

对各矩阵最大特征值进行计算，检查矩阵的一致性，各层级结果均满足要求。最终指标权重结果如表2：

指标层级分析权重表　　　　　　　　　　　　　　　　　　表2

关键领域	领域权重	关键要素	要素权重	关键指标	指标权重	综合指标权重
政策保障	0.2849	脱贫情况	0.2246	村庄脱贫比例	1	0.0640
		住房安全	0.0969	扶贫搬迁实施情况	0.6	0.0166
				危房改建实施情况	0.4	0.0110
		就业扶贫	0.1152	技能培训实施情况	0.3	0.0098
				转移就业实施情况	0.7	0.0230
		教育扶贫	0.1460	教育补贴实施情况	0.6	0.0250
				学校建设是否达标	0.4	0.0166
		健康扶贫	0.1387	医疗保险覆盖情况	0.7	0.0277
				医疗场所是否达标	0.3	0.0119

续表

关键领域	领域权重	关键要素	要素权重	关键指标	指标权重	综合指标权重
政策保障	0.2849	生态扶贫	0.0625	经济补贴情况	1	0.0370
		特殊人群保障	0.2164	低保补贴情况	0.5	0.0370
				养老保险覆盖情况	0.5	0.0739
经济发展	0.4977	收入情况	0.5396	人均可支配收入	0.8	0.2148
				人均可支配收入增速	0.2	0.0537
		产业发展	0.2970	农产品人均产值	0.25	0.0370
				畜牧业人均产值	0.25	0.0370
				外出务工人均收入	0.5	0.0739
		集体经济	0.1634	农村合作社年收入	1	0.0813
社会发展	0.2174	饮水安全	0.2248	水质评价等级	0.25	0.0122
				人均水量分级	0.25	0.0122
				取水方便程度分级	0.25	0.0122
				供水保证率分级	0.25	0.0122
		交通扶贫	0.2376	路面硬化情况分级	1	0.0517
		电力扶贫	0.2057	通电情况分级	1	0.0447
		网络扶贫	0.0679	通网情况分级	1	0.0148
		公共设施	0.1381	党员活动中心建设情况	0.6	0.0180
				其他公共服务设施满意度	0.4	0.0120
		人居环境	0.1259	环境等级分类	1	0.0273

（来源：作者自绘）

4.5 数据量纲化处理

衡量政策保障领域中的各指标完成度情况，分为完成与未完成，赋值 0 或 1。针对经济发展领域中的指标，规定各项指标的收入范围，将蚂蚁堆村各项经济指标数据量纲化处理，控制在 0~1 之间。对于社会发展领域中的指标来说，按照不同指标的具体标准，将各项指标进行分级定档，把蚂蚁堆村各项数据划分到具体层级中，最后将数据量纲化处理，控制在 0~1 之间。

4.6 绩效计算

对蚂蚁堆村脱贫攻坚绩效进行计算，公式如下：

$$K=\sum_{j=1}^{n} X_i Y_{ij} Z_{ij}$$

此处，X_i 代表第 i 类权重的系数，Y_{ij} 代表第 i 类指标第 j 项指标权重系数，Z_{ij} 是指此指标的无量纲化系数，K 代表最终绩效结果（表3）。

指标计算结果表　　　　　　　　　　　　　　　　　　　　　表3

关键指标	综合权重	归一化处理后数据	最终得分
村庄脱贫比例	0.0640	1	0.0640
扶贫搬迁实施情况	0.0166	1	0.0166
危房改建实施情况	0.0110	1	0.0110
技能培训实施情况	0.0098	1	0.0098
转移就业实施情况	0.0230	1	0.0230

关键指标	综合权重	归一化处理后数据	最终得分
教育补贴实施情况	0.0250	1	0.0250
学校建设是否达标	0.0166	1	0.0166
医疗保险覆盖情况	0.0277	1	0.0277
医疗场所是否达标	0.0119	1	0.0119
经济补贴情况	0.0178	1	0.0178
低保补贴情况	0.0308	1	0.0308
养老保险覆盖情况	0.0308	1	0.0308
人均可支配收入	0.2148	0.3675	0.0790
人均可支配收入增速	0.0537	1	0.0537
农产品人均产值	0.0370	0.1385	0.0051
畜牧业人均产值	0.0370	0.1279	0.0047
外出务工人均收入	0.0739	0.3182	0.0235
农村合作社年收入	0.0813	0.2558	0.0208
水质评价等级	0.0122	0.25	0.0031
人均水量分级	0.0122	0.3333	0.0041
取水方便程度分级	0.0122	1	0.0122
供水保证率分级	0.0122	0	0.0000
路面硬化情况分级	0.0517	0.5589	0.0289
通电情况分级	0.0447	0.9836	0.0440
通网情况分级	0.0148	1	0.0148
党员活动中心建设情况	0.0180	1	0.0180
其他公共服务设施满意度	0.0120	0.5918	0.0071
环境等级分类	0.0274	0.875	0.0239
总计	1	—	0.6279

（来源：作者自绘）

5　研究结果分析及总结

5.1　村庄整体发展情况分析

依据脱贫底线标准进行加权计算，蚂蚁堆村完成脱贫标准最终绩效指数为0.4266。依照共同富裕标准进行加权计算，蚂蚁堆村达到小康标准最终绩效指数为1。本次评估最终绩效指数为0.6279。由此可以看出，蚂蚁堆村脱贫攻坚任务目标圆满完成，目前朝着乡村振兴发展路上前进。因此，当下的重点任务是巩固好脱贫攻坚成果，在完成基础性保障工作之后，以城带乡，城乡互补，加快农业农村现代化发展。

从整体来看，蚂蚁堆村目前整体发展已经达到预期目标，但是整体发展距离实现乡村振兴仍有较大的距离，尤其在某些方面依然是短板。目前正处于脱贫攻坚到乡村振兴的五年过渡期间，在接下来的发展中，应充分利用现有本底资源，把握发展政策，补齐短板，实现乡村内生性发展。

5.2　政策保障分析

政策保障领域主要是针对蚂蚁堆村颁布实施的政策完成情况进行评价，包括住房、就业、教育、医疗、生态等方面的内容。通过乡政府脱贫报告研究和实地调研分析，我们认为，脱贫攻坚各项政策在蚂蚁堆村执行情况良好：截至目前，村人口全部实现脱贫，住房安全问题得到解决，就业扶贫、教育扶贫、健康扶贫和生态扶贫政策得到落实，特殊人群生活得到保障。

5.3 经济发展分析

5.3.1 村民收入提升潜力巨大

通过归一化数据结果可知，蚂蚁堆村收入情况绩效指数较低。截至 2019 年末，蚂蚁堆村人均可支配收入为 9848 元，高于脱贫底线指标 4000 元，但是，与全国农村人均支配收入 16021 元相比，依然存在着不小的差距。但是蚂蚁堆村人均可支配收入增速达到了 13.3%，与全国农村地区增速 9.6% 相比，提升速度较为明显。

5.3.2 产业发展较为落后

通过归一化数据结果可知，蚂蚁堆村产业发展绩效指数较低。蚂蚁堆村经济收入主要来源于第一产业，主要经济作物有核桃、茶叶、坚果、芒果等，农产品与周边地区类似，缺乏比较优势，在市场中竞争力不足。其次，农业生产仍以小农户为主，没有嵌入到现代化产业链中，农业产业化水平整体较低，未形成有影响的品牌。

5.3.3 集体经济发展需要加强

蚂蚁堆村全村共有两处农民合作社，分别为蚂蚁堆村茶厂和养猪场，2019 年村集体收入达到了 25.58 万元，与同市县区乡村比较发展一般，需要进一步发展，壮大集体经济。

5.4 社会发展分析

社会发展领域绩效评估数据由低到高分别是：饮水、交通、公共服务设施、人居环境、电力、网络。其中，饮水与交通绩效值远远低于其他绩效值。在调查中发现，蚂蚁堆村由于地势变化大且居住较为分散，导致饮水存在一定的问题，相当一部分居民以未经处理的山泉水作为生活用水，山泉水大多受外界环境因素影响，水质不稳定，水量也受到气候的影响得不到保证。蚂蚁堆村虽然已经实现建制村硬化路面通往县城的基本脱贫目标，但通往各自然村的硬化路面依然在修建中，受到地形条件的影响，村民出行较为不便，物流也受到一定程度的影响，阻碍了经济的发展。在问卷调查中，48.2% 的村民认为村庄交通建设存在问题。其他要素绩效指数较高，表明发展情况较好，但依然存在部分问题，例如：村民缺少娱乐设施、村庄人畜混居现象依然存在。

5.5 总结

蚂蚁堆村目前正处于由脱贫攻坚转向乡村振兴的关键阶段。要处理好两者的衔接问题，需要在巩固目前的发展基础上，牢记乡村振兴的五大目标内容，制定短期与长期的发展目标，在政策保障的前提下，实现经济与社会两方面协同发展，早日实现乡村振兴。

参考文献

[1] 梁瑞静. 云南省乡村旅游扶贫政策绩效评价研究 [D]. 昆明：云南财经大学，2021.

[2] 王家豪. 利辛县精准扶贫绩效评价对乡村振兴路径选择影响研究 [D]. 蚌埠：安徽财经大学，2021.

[3] 高其. 丽江市政府精准扶贫绩效评价研究 [D]. 昆明：云南财经大学，2018.

[4] 谢国杰. 广东精准扶贫绩效评价体系研究 [D]. 广州：广州大学，2019.

[5] 李鹤. 云南省红河州精准扶贫绩效评价研究 [D]. 昆明：云南农业大学，2017.

[6] 彭晨明. 临沂市精准扶贫绩效评价研究 [D]. 泰安：山东农业大学，2019.

参会论文

论文题目	作者
半城镇化地区基础教育设施配置标准及策略研究——以深圳市坪山区为例	白小梅
小城镇公共空间活化研究——以唐家湾古镇为例	陈博文
规划服务招商——厦门市"招商地图"的规划实践	陈芳莉
中小城市更新中的困局与制度创新	陈笑天　万艳华
城市双修视角下北京王平矿区更新策略	陈雪
国土空间规划下存量建设用地认定标准研究	陈艳红　周剑　王云平
基于"目标－指标"导向的全周期规划体检评估机制研究——以湖北省黄梅县为例	段名材　王智勇
多元主体下城市更新路径探索——以水围村为例	方劲松
基于街区尺度的城市功能布局精细化研究——以杭州市中心城区为例	冯佳宇
基于改进分析法、critic法的历史建筑价值评价——以东钱湖陶公村牌楼跟弄为例	傅特
后申遗时代泉州西街西段保护与更新利用研究	高加欣
红色历史文化资源点保护研究——以和记洋行为例	郭楚怡
韧性视角下厦门中山路历史文化街区优化研究	郭雪婷　黄培灿　黄昭键
公共利益视角下交通规划实施评估方法研究——以武汉市总体规划交通专项为例	韩叙
基于信息技术的国土空间用途管制探索与实践——以福清市为例	何旭海　张华　杜红涛　郭阳阳　庞玉良　孙国增　任洪坡　王庆国　陈小下
英国绿带政策对我国国土空间规划编制与实施的启示	何杨杨　乔杰
武夷山城村历史文化名村保护规划探析	贺捷
我国县域国土空间"双评价"理论与湖北巴东县实证研究	胡依依
城市低效存量土地再开发思路探讨——以温州市鹿城区为例	黄傅强　谢继昌　徐昊　唐志勇　潘文强
构建国土空间"全域地标"的规划策略探讨——以温州市为例	黄傅强　唐志勇　谢继昌　冯奔伟　潘文强
"补偿导向"的规划编制思路探讨——基于城市微更新视角下蒲州单元控规编制	黄捷　谢继昌　唐志勇　赵雪晴　徐昊
全域土地综合整治与国土空间生态修复的耦合	焦晓磊　孔令燊　张帅
国土空间背景下城市生态修复规划策略与方法	金山
浅谈北京市中心城区疏解腾退空间规划统筹引导策略	李惠敏　环迪　李毓美　梁安琪
系统反馈视角的县域城镇开发边界划定研究——以西部W县为例	李泊材　吴金宏　刘伟东
完善土地征收成片开发方案编制报批工作的思考——以古田县为例	李晓刚　周路　冯道杰
浅谈单列租赁住房用地计划	李英健
社会公正视角下城市老旧社区更新制度策略研究	刘承楷　宣雪纯
空间正义下老镇直管房弱势群体表达机制探究	刘锜　洪亘伟
国土空间总体规划基数转换研究——以呼伦贝尔市鄂温克旗为例	刘幸丽　孙森　张一龙
新时代背景下村域国土空间韧性治理路径探析	毛巧云　赵守谅　陈婷婷

论文题目	作者
国土空间规划体系下历史街区保护规划三性研究——以南京秦淮区为例	潘鹏程
武汉市城市更新实施模式及制度创新	彭南南
基于未来社区理念的老旧小区改造模式研究	邱小丽　吴一洲　杨佳成
共建共治共享：公园城市治理新格局的构建探讨	施艳琦　周歆
国土空间规划中生态空间法治建设的探索	苏柏丛
城市更新背景下历史风貌区保护策略与实践探索——以厦门市厦港旧城历史风貌区为例	孙若曦　吴丽萍　贺捷
规划统筹视角下城市更新地区社区重构实践探索——以厦门市湖里区金山街道为例	孙若曦　吴丽萍
国外土地管理制度体系发展研究及思考——以英、美、德、日、韩、俄六国为例	王曼琦
中国耕地功能类型区划分析	王绪鑫　范德志
第三方助力武汉昙华林片历史街区保护研究	王银平　刘小虎
基于"三河一山"城市绿道系统下的灞河段的设计研究	王周烨　李艳婷
语言学视角下传统聚落形态解析与再生研究	吴嘉琦
城市更新进程中历史风貌的有机传承研究——以赣州中心城区为例	吴丽萍　朱郑炜　贺捷
闽南红砖建筑聚集区保护与更新的规划探索——以厦门市新坡村为例	吴丽萍　罗先明　许雪琳　陈忠良
政策与实施维度下苏州更新体系构建思路探索	吴颖岷
"以产定村"的乡村空间治理策略	徐佳芳
专项支撑视角下的总体城市设计实施评估探索	杨蕊源　司美林　吕元磊　曹伟
生态安全视角的海岛城市规划实施影响评估——以浙江省舟山市为例	姚申益　吴一洲　章天成
聚焦偏远地区规划审批再提效——以云南省为例	易佳晨
城市包容性与地区就业结构改善	于巧凤
政府事权视角下北京、上海国土空间规划编制审批体系的比较分析及启示	余雷　刘合林
经济杠杆助推全域土地综合整治——以冷坑镇为例	张久东　黄炜　汤敏
国家公园视角下的"秦晋"沿黄协同治理路径与实践——以《陕西省沿黄生态城镇带规划》为例	张军飞
重庆市历史文化名镇名村保护规划编制方法探索	张蕾　蒋鸣涛　卢鏖滢
存量时期编制面向实施的分区规划创新实践——以《深圳市龙岗区国土空间分区规划（2020—2035）》为例	张小川　程崴知　王树声
枝江市城乡建设"十四五"规划实施研究	张洋　张振广　吴栋洲　袁密
基于草原牧区的"多规合一"村庄规划研究——以呼伦贝尔市团结嘎查为例	张禹　孙淼　柳红月　陈芳圆
产权视角下老镇传统街区更新困境与路径研究——以苏州市八坼街区为例	郑鹏
全域旅游视角下的历史文化遗产保护与发展规划研究——以和林格尔县国土空间规划为例	郑晴
厦门片区综合开发实施机制探索	郑雅彬　蔡莉丽　邹慧敏
厦门市近期成片改造和开发策略研究	郑雅彬　卜昌芬　韦希　蔡莉丽
乡村振兴下的以产带兴——以河北省泽畔村为例	郑泽　张久东　陈敬敏　郭丽静
从政府治理向多元治理——以芙蓉街－百花洲历史街区为例	周荷蕊
探索新时代迈向共同富裕的"小城镇、大战略"——基于浙江省三个产业特色镇的实践研究	周兰　王震　陈晨
生态保护红线优化评估的探索与成效研究——基于宁德市的相关工作实践	周璐　邱爽　李佩娟　郭增佳